高等院校“十三五”规划教材·经济管理类

统　计　学

（第二版）

主　编　姚春艳　赵寅珠　鞠骐丞

哈爾濱工業大學出版社

内容简介

本书深入浅出地介绍了统计学方法的理论及应用，特别强调统计方法的应用，主要内容包括：总论、统计数据的搜集、统计数据的整理和显示、综合指标、动态数列、统计指数、统计推断、相关分析和回归分析、统计分析与评价。本书突出操作性与应用性，便于读者学以致用。

本书适合高等院校财经管理类各专业学生使用，对企业管理人员及统计分析人员也有学习和参考价值。

图书在版编目(CIP)数据

统计学/姚春艳，赵寅珠，鞠骐丞主编.—2版.—哈尔滨：哈尔滨工业大学出版社，2018.8

ISBN 978-7-5603-7465-9

Ⅰ.①统… Ⅱ.①姚… ②赵… ③鞠… Ⅲ.①统计学-高等学校-教材 Ⅳ.①C8

中国版本图书馆CIP数据核字(2018)第142402号

责任编辑 杨秀华
封面设计 刘长友
出版发行 哈尔滨工业大学出版社
社　　址 哈尔滨市南岗区复华四道街10号 邮编150006
传　　真 0451-86414749
网　　址 http://hitpress.hit.edu.cn
印　　刷 黑龙江艺德印刷有限责任公司
开　　本 787mm×1092mm 1/16 印张13.75 字数343千字
版　　次 2018年8月第2版 2018年8月第1次印刷
书　　号 ISBN 978-7-5603-7465-9
定　　价 35.00元

前　言

统计是认识客观世界的重要手段。随着社会的发展,统计的运用领域越来越广,而且不论是在经济管理领域,还是在军事、医学、生物、物理、化学等领域的研究中,人们对数量分析与统计分析都提出了更高的要求。为适应市场经济对人才的需求,把握统计学为认识社会规律服务的方向,本书全面系统地阐述了统计学的基本原理和基本方法。这些基本原理和基本方法已成为统计工作实践的必要手段、经济管理的有效工具、科学研究的得力助手,在实际工作中得到了广泛应用。

本书共九章内容,分别是总论、统计数据的搜集、统计数据的整理和显示、综合指标、动态数列、统计指数、统计推断、相关分析和回归分析、统计分析与评价。考虑到统计学教学的实际需求,本书力求简明扼要,注重统计思想和方法的阐述;各章配有练习题供教师教学及学生自学选用。

本书由北华大学姚春艳、哈尔滨华德学院赵寅珠、北华大学鞠骐丞主编。具体编写分工为:姚春艳负责编写第一章、第二章、第七章、第九章,赵寅珠负责编写第三章、第四章、第五章、第八章,鞠骐丞负责编写第六章,最后由姚春艳负责全书的审定、修改和定稿工作。

由于编者水平有限,加之时间仓促,书中难免有不当或疏漏之处,恳请有关同行和读者批评指正,以便不断修订完善。

编　者

2018年5月

前　言

统计是认识客观世界的重要手段。随着社会的发展，统计的应用领域越来越广，而且不论是在经济管理领域，还是在军事、医学、生物、物理、化学等领域的研究中，人们对数据分析与统计分析都提出了更高的要求。为适应市场经济对人才的需求，把握统计学为认识社会规律服务的方向，本书全面系统地阐述了统计学的基本原理和基本方法。这些基本原理和基本方法已成为统计工作实践的必要手段，经济管理的有效工具，科学研究的得力助手，在实际工作中得到了广泛应用。

本书共九章内容，分别是总论、统计数据的搜集、统计数据的整理和显示、综合指标、动态数列、统计指数、统计推断、相关分析和回归分析、统计分析与评价。考虑到统计学教学的实际需求，本书力求简明扼要，注重统计思想和方法的阐述，各章配有练习题供教师教学及学生自学选用。

本书由北华大学姚春艳、哈尔滨学院赵宏琳、北华大学韩娱琪担任主编。具体编写分工为：姚春艳负责编写第一章、第二章、第七章、第九章，赵宏琳负责编写第三章、第四章、第五章、第八章，韩娱琪负责编写第六章，最后由姚春艳负责全书的审定、修改和定稿工作。

由于编者水平有限，加之时间仓促，书中难免有不当或疏漏之处，恳请有关同行和读者批评指正，以便不断修订完善。

编　者

2018年5月

目　录

第一章 总 论

【学习目标】

本章的目的在于使学生从总体上对统计学有基本的认识，使其在学习之后对统计学的学科性质和学习任务有一个整体的了解。

【学习要求】

➢ 了解统计学的产生、发展，统计学的研究对象和特点；
➢ 明确统计工作的任务；
➢ 在理解的基础上，熟练掌握统计学的基本范畴。

第一节 统计学的产生和发展

一、统计活动的产生和发展

统计实践活动先于统计学的产生，早在四五千年前，统计实践活动自人类社会初期，即还没有文字的原始社会起就有了。当时人类为适应社会经济发展的需要，就开始了各种各样的统计实践活动。例如，结绳记事，分配食物等。

在奴隶社会时期，当时的统计阶级出于对内统治和对外战争的需要，进行征兵和收税，因此需要了解土地、人口、粮食和牲畜的数量，就有了人口、土地等官方记录。我国在公元前22世纪已有人口、土地的记载。在欧洲古希腊罗马时期，就开始了人口和居民财产的统计活动。公元前3050年，埃及为建造"金字塔"，在全国进行了人口和财产的调查。

在封建社会，统计有了进一步发展。在中国，历代封建王朝都十分重视统计。战国时期商鞅提出强国应了解13个方面的数字资料，其中包括粮食、各类人口、农业生产资料及自然资源等。秦汉时有地方田亩和户口资料的记载，唐代时出现了计口授田统计计算方法，宋明建立了田亩鱼鳞册土地调查制度，还有明清的保甲户登记制度等。可见，中国封建社会的户籍统计和田亩统计等都有了很大的发展，其方法、制度和组织都达到了世界先进水平。在中世纪的欧洲，许多国家利用统计来搜集有关人口、军队、世袭领地、居民职业、财产、农业生产资料等，并编制了比较详细的财产目录。

统计获得广泛、迅速的发展是在资本主义社会。在资本主义社会取代封建社会后，经济文化有了进一步的发展，社会分工日益发达，从而引起社会对情报、信息和统计的新的需要。17世纪至18世纪资本主义处于上升时期，工业、商贸、交通、航运业等进入了空前发展的阶段，为适应社会经济快速发展的需要，统计开始从国家管理领域扩大到人口、税收、土地、商业、航运、外贸、物价、工业等领域和社会经济活动的各个方面。从18世纪起，欧洲出现"统计狂热"时期，许多国家先后设立了专门的统计机构，搜集各个方面的统计资料，出版统计刊物，倡议建立国际统计组织，积极推动召开国际统计会议。

二、统计学的萌芽期

统计学的萌芽期,也被称为古典统计学时期,始于17世纪中叶到18世纪中、末叶,当时主要有政治算术学派和国势学派。

(一) 政治算术学派

政治算术学派产生于17世纪中叶的英国,主要代表人物是威廉·配第(William Petty,1623—1687)和约翰·格朗特(John Graunt,1620—1674)。

英国古典政治经济学的创始人威廉·配第的代表作《政治算术》一书,是经济学和统计学史上的重要著作。书中用"数字、重量、尺度"等定量的分析工具,对英国、荷兰和法国这三个当时主要发达国家的经济实力进行了比较分析,并从贸易、税制、分工、资本和利用闲散劳动力等多方面提出了英国的发展之路。配第首创的数量对比分析的方法,为统计学的建立奠定了方法论基础。该书的出版标志着统计学的产生,由于威廉·配第对统计学的形成有着巨大的贡献,因此被推举为统计学的创始人,并将其所代表的学派命名为政治算术学派。

约翰·格朗特从事了50多年的伦敦市人口出生和死亡的计算工作,写出了第一本关于人口统计的著作——《人口自然死亡率》,这为统计学作为一种从数量方面认识事物的科学方法开辟出了更广阔的发展前景。

政治算术学派在当时的欧洲大陆广泛传播,并逐渐形成了两大分支,即以信奉配第为主的经济统计派和以信奉格朗特为主的人口统计派。

(二) 国势学派

国势学派产生于德国,又称为记述学派,创始人是17、18世纪德国海尔曼·康令(Hermann Conring,1606—1681)和戈特弗里德·阿亨瓦尔(Gottfried Achenwell,1719—1772)。国势学派搜集大量实际资料,分门别类地系统地记述了有关国情国力的重要事项,如人口、领土、政治、军事、经济、宗教、地理、风俗、货币等。1749年,戈特弗里德·阿亨瓦尔在《近代欧洲各国国势学论》著作中,首先使用了"统计学"这个名称。但几乎不用数字而只用文字形式对国情国力进行系统的描述,几乎完全偏重于品质的解释,而忽略了量的分析,所以人们也把它叫作记述学派,并认为国势学派有统计学之名,而无统计学之实。

三、统计学的近代期

统计学的近代期是18世纪末到19世纪末。该时期的主要贡献是建立和完善了统计学的理论体系,并逐步形成了以随机现象的推断统计为主要内容的数理统计和传统的以政治经济现象描述为主要内容的社会统计两大学派。

(一) 数理统计学派

数理统计学派产生于19世纪中叶,创始人是比利时的朗伯·阿道夫·雅克·凯特勒(Lambert Adolphe Jacques Quetelet,1796—1874),代表作是《社会物理学》。凯特勒在统计学发展中的最大贡献是把概率论引入了统计学,从而使统计学产生了质的飞跃。他把统计学发展成为既研究自然现象,又研究社会现象的通用方法,极大地丰富了统计学的内容。凯特勒的研究成果在自然科学、经济学、生物学等科学中得到不断的应用,逐渐形成一门独立的学科。1876年,韦特斯坦在《关于数理统计学及其在政治经济学和保险学中的应用》的论文中,将这门新兴的独立学科定名为数理统计学。

凯特勒完成了概率论和统计学的结合,并使统计学发展中的三个渊源:国势学、政治算术和概率论相互借鉴,相互渗透,发展成为具有现代意义的统计学。因此,凯特勒被称为数理统计学的奠基人和“近代统计学之父”。

(二)社会统计学派

社会统计学派产生于19世纪后半叶,创始人是德国的克尼斯(K. G. Knies,1821—1898),主要代表人物有恩斯特·恩格尔(Ernst Engel,1821—1896)和乔治·冯·梅尔(Georg Von Mayr,1841—1925),1850年,克尼斯在《独立科学的统计学》中,提出了把“国势论”作为“国势学”的科学命名,把“统计学”作为“政治算术”的科学命名,从而结束了对统计学研究对象长达200年之久的争论。

社会统计学派认为,统计学的研究对象是社会现象,目的在于明确社会现象内部的联系和相互关系。统计方法应当包括社会统计调查中的资料搜集、整理及分析研究。他们认为全面调查,包括人口和农业普查居于重要地位,以概率论为依据的抽样调查,在一定范围内具有实际意义和作用。

社会统计学派实际上是融合了国势学派和政治算术学派的观点,又继承和发展了凯特勒强调的研究社会现象的传统,并把政府统计与社会调查结合起来形成社会统计学。

四、统计学的现代期

从19世纪末开始,统计学进入了现代统计学时期。在这个时期,数理统计学与社会统计学逐步融合成为统一的现代统计学。

19世纪末欧洲大学里开设的“统计分析科学”是现代统计学的开端。从20世纪至今,数理统计由于在社会科学、自然科学和工程技术科学等领域被广泛应用而获得迅速发展。与此同时,社会统计学采用科学的调查方法,并将行政管理目的与科学研究目的相结合,逐步形成将政府统计与社会调查相联系的社会统计学。随着社会统计的发展,统计机构的建立和健全,统计方法不断完善,数理统计方法被广泛地用于分析研究社会经济现象和对其发展状况与趋势进行预测,并提出科学的建议,这就促成了社会统计学与数理统计学融合成为统一的现代统计学。人们对统计学学科性质的认识也自传统的“实质性社会科学”转向一般方法论科学。

从整个世界的角度来看,统计学的发展有三个明显的趋势:第一,统计学依靠数学的发展而迅速发展;第二,统计学涉猎的领域越来越广泛;第三,统计学借助现代的技术所发挥的功能越来越强。从统计学的发展趋势分析,统计学已从一门实质性的社会性学科,发展成为方法论的综合性学科。随着社会的发展和人类实践的需要,统计学也会不断地发展和演变。

五、我国的统计和统计学

中华人民共和国成立初期,我国按照苏联的统计模式,初步构建了全国集中统一的统计工作体系,为我国在高度计划经济条件下的社会主义建设提供了大量的资料。改革开放以后,我国的统计工作体系不断完善,统计管理体系、统计指标体系、统计调查方法体系、国民经济核算体系和统计数据整理的技术手段都有了改进和提高,不仅满足了国家宏观管理的需要,而且对开展经济分析和统计科研提供了大量的基础数据,使我国的经济管理科学化程度不断提高。

我国的统计学界,在中华人民共和国成立前也存在着数理统计学派和社会统计学派,两派的观点都是从外国传来的。中华人民共和国成立初期,我国照搬了苏联的统计理论,认为只有社会经济统计学才是唯一的统计学,从而在根本上否定了数理统计学是统计学的组成部分,严重妨碍了整个统计学的发展。改革开放以来,人们被禁锢的思想终于获得解放,经过长期、广泛的认识和探讨,我国统计学学科建设取得了重大突破和质的飞跃。1996年10月,中国统计学会、中国数理统计学会、中国现场统计学会联合举办全国统计科学研讨会,这次会议达成了中国各统计学科、各统计学派之间相互借鉴、相互融合、共同发展的思想,确立了统计学科体系的基本框架:肯定了统计学是包括社会经济统计学和数理统计学在内的一般方法论性质的科学,这为今后我国统计学的发展奠定了坚实的基础。

六、统计学的分科

经过300多年的发展,统计学已经成为一门横跨社会科学和自然科学领域,具有方法论特征的复合性和综合性学科。从总体上看,统计学的具体分科如下:

1. 按统计研究的性质分

(1)理论统计学。它阐明了统计学的基本理论和方法。如统计学原理、数理统计学等。

(2)应用统计学。它是以统计方法在各专业领域中的应用和各专业的数量规律性研究的特有统计方法为对象的统计学科。如金融统计学、生物统计学等。

2. 按统计方法的特点分

(1)描述统计学。它是指通过对统计资料的搜集、整理、综合计算及分析等形式,来反映客观现象的数量特征和数量关系的统计方法论。

(2)推断统计学。它是指根据部分资料的特征,对全部或大部分时类现象的特征进行估计、检验及分析研究的方法论。

(3)应用统计技术。它是指在现代统计方法中将描述统计方法与推断统计方法有机结合,应用于某一领域的专有统计推断统计方法。如相关分析、统计预测等。

3. 其他分类

按统计工作的领域不同,统计学可分为统计指标学、统计调查学、统计决策论等;按应用统计的领域不同,统计学可分为思维科学统计学、社会科学统计学、自然科学统计学等。

第二节 统计学的特点和方法

一、统计学的概念

对于统计学的定义,科学界普遍认可的是在《不列颠百科全书》中对统计学的描述:“统计学是搜集、分析、表述和解释数据的艺术和科学。”今天,“统计”一词已被人们赋予多种含义,因此很难给出一个简单的定义。在不同场合,“统计”一词可以有不同的含义。它可以指统计数据的搜集活动,即统计工作;也可以指统计活动的结果,即统计数据;还可以指分析统计数据的方法和技术,即统计学。

统计数据的搜集是取得统计数据的过程,是进行统计分析的基础。如何取得准确、可靠的统计数据是统计学研究的内容之一。

统计数据的整理是对统计数据的加工过程,目的是使统计数据系统化、条理化,符合统计分析的需要。数据整理是数据搜集与数据分析之间的一个必要环节。

统计数据的分析是统计学的核心内容,是通过统计描述和统计推断的方法探索数据内在规律的过程。

统计工作一般被称为统计实践活动,统计实践活动的成果就是统计资料,把统计工作、统计资料上升到理论就是统计学,所以也将其称为理论科学或者统计理论。形成统计理论之后,它反过来又指导我们的统计实践活动。这本书中所介绍的内容都属于统计理论的内容。因此,统计学是通过搜索、整理、分析数据等手段,研究大量社会现象的总体数量方面的方法论科学。

二、统计学的研究对象、特点

统计学的研究对象是自然及社会经济统计的认识活动过程,即认识自然及社会经济总体数量方面的一种调查活动过程。

统计活动既是一个认识过程,又是一个组织管理过程。因此,可以从以下两个角度来研究。

第一,从认识活动过程的角度来研究。它是指研究统计认识活动的规律和方法,即研究如何正确反映客观总体现象的数量方面。其中心内容是:自然及社会经济认识活动是怎样进行的,它的活动方式和方法受什么因素制约,用什么方法、遵循什么原则才能反映自然及社会经济总体的实际情况,怎样深入认识自然和社会经济总体及其发展的数量规律性,等等。

第二,从统计学活动组织管理过程的角度来研究。这种研究和成果称为统计组织管理学。这个学科过去积累了大量资料,并进行了不少研究,它的理论体系正在形成中。

因此,在明确了统计学的研究对象为自然及社会经济统计的认识活动过程之后,还要进一步明确:它的研究内容是自然及社会经济总体认识活动过程的规律和方法。

社会经济统计是对社会经济现象的一种调查分析活动,它具有以下特点。

(一)数量性

统计学的特点是用大量数字资料说明事物的规模、水平、结构、比例关系、普遍程度、差别程度、发展速度、平均发展速度、平均规模和水平、发展规律等。统计的研究对象是客观现象数量方面,但不是单纯地研究经济现象的数量方面,也就是不仅包括数量的多少,数量之间的关系,还包括在质与量的密切联系中研究经济现象的数量方面,比如质量互变的数量界限等。需要指出,统计研究客观现象的数量是从定性认识开始的,是以客观现象的规定性为前提的。

(二)总体性

统计的研究对象是客观总体现象的数量方面;研究的目的是反映总体现象的数量特征。但是,总体是由许多个体组成的,统计研究必须先从调查个体现象开始。通过大量观察和综合分析才能够反映出现象总体的数量特征。如人口统计是要反映和研究一个国家或一个地区全部人口的综合数量特征,而不是要了解和研究某个人的特征,但是它是从对每个人的调查开始的。人口统计是这样,其他统计活动也是这样。

(三)变异性

统计研究同类现象总体的数量特征,它的前提是总体各单位的特征表现存在着差异,而且这种差异并不是由某种固定的原因事先给定的。例如,一个地区的居民人口有多有少、居民的文化程度有高有低、住户的生活消费水平有升有降等差异,这才需要研究该地区的人口总数、居民文化结构、住户平均生活消费水平等统计指标。如果各单位不存在这些差异,也就不需要做统计了;如果各单位之间的差异是按已知条件事先可以推定的,也就不需要用统计方法进行统计了。

(四)社会性

社会经济统计的社会性主要表现在两个方面:一是社会经济统计的研究对象是社会现象的数量方面,反映人们从事社会经济活动的条件、过程、结果以及它们之间的相互关系,包括物质的占用关系、分配关系、交换关系以及其他社会关系;二是统计是一种社会调查活动,在一定环境中进行,统计人员的社会观点和经济观点,直接影响着统计工作的过程和结果。社会性是社会经济统计区别于数理统计和自然科学技术统计的一个特点。

需要注意的是,在大数据时代下,统计学不仅是一门独立学科,而且已经和许多学科形成交叉,比如生物医学、工业工程、行为科学和管理科学等,共同推动着学科的发展。

三、统计学的研究方法

统计学研究对象的性质,决定了统计学的研究方法,解决研究方法问题是解决统计研究过程一切问题的关键之一。因此,研究方法问题在统计学中居于重要地位。统计学的研究方法主要包括大量观察法、统计分组法、综合指标法、统计模型分析法和统计推断法等。

(一)大量观察法

大量观察法是统计学所特有的方法。所谓大量观察法是指在对事物了解的基础上,对总体的全部或足够多的单位进行统计观察和登记并掌握与问题有关的全部事实的方法。由于客观现象的复杂性及其联系的普遍性,总体内各单位受各种因素的影响方向和程度是不同的,必须在对被研究对象做全面分析的基础上观察足够多的调查单位,并加以汇总、综合、分析研究,才能抵消个别偶然因素的影响,形成对现象总体的正确认识。大量观察法主要用于统计调查阶段。

(二)统计分组法

统计分组法就是指根据一定的研究目的和现象的总体特征,将总体各单位按一定的标志,把社会经济现象划分为不同性质或类型的组别。运用统计分组法可以对现象进行定性和定量研究,揭示现象的各种类型特征,研究现象的内部结构情况,分析现象之间的依存关系。统计分组法是统计研究的基本方法,主要用于统计整理阶段。

(三)综合指标法

综合指标法是在大量资料整理的基础上,计算各种综合指标,对大量现象的数量方面进行分析的方法。例如,某市 2017 年事业单位的平均年工资为 56 000 元,某市 2017 年国内生产总值为 450 亿元等,都是综合指标。综合指标法在进行分析时,可运用各种统计分析方法和总量指标法、相对数法、平均指标法、动态指标法、指数法、相关与回归分析法等,以研究现象的数量关系和发展变动趋势。综合指标法是统计分析的基本方法。

(四)统计模型分析法

统计模型分析法是根据一定的经济理论和假设条件,用数学方程去模拟客观经济现象相互关系的一种研究方法。利用这种方法,可以简化客观现象之间的复杂关系,对社会经济现象之间的数量关系进行比较科学的和近似的描述,从而为研究社会经济现象数量关系及其变化,进行科学的评估、预测和决策提供依据。如相关分析法、回归分析法和统计预测法。

(五)统计推断法

以一定的置信标准,根据样本数据来判断总体数量特征的归纳推理方法,称为统计推断法。在统计活动中,通常所观察的单位只是部分单位或有限单位,而所要判断总体对象的范围都是大量的,甚至是无限的,这就需要根据局部的样本资料,对全部总体量的特征做出置信判断。例如,要说明一批台灯的平均使用寿命,只能从该批台灯中随机抽取一小部分进行检验,借以推断这一批台灯的平均使用寿命,并以一定的置信程度来推论所做结论的可靠程度。因此,统计推断方法是从个别到一般,从具体事件到抽象概括,从而推断总体数量特征的方法。统计推断法可以用于总体数量特征的估计,也可以用于对总体某些假设的检验。这种方法是统计分析的重要方法。

第三节 统计工作过程

一、统计的作用

统计是国家实行科学决策和管理的一项重要基础工作,是党、政府和人民认识国情国力、确定国策、制订计划的重要依据,在国家宏观调控和监督体系中,在企业的经营决策和企业的管理中,具有非常重要的地位和作用。

(一)统计的具体作用

1. 反馈信息

统计信息反映的是国民经济和社会发展的总体情况,是社会经济信息的主体,是国民经济核算的中心,它为确定战略目标、制定规划和计划提供信息基础,并通过部门加工信息,为社会和各级领导决定政策、指导工作、了解情况提供依据。

2. 提供咨询

统计运用监督手段,对社会经济以及科技运行情况进行统计监督,及时发出预警,起到了宏观调控的检测器和校正器的作用,对决策、计划措施的执行情况进行监督,为国民经济的宏观控制和微观管理服务。

(二)统计的三大功能

统计的信息、咨询、监督的职能,组成了一个有机的整体,凝聚成一个合力,并发挥其整体效应,这就是统计的整体功能。按照现代管理科学理论,国家管理系统应由科学的决策系统、高效的执行系统、灵敏的信息系统、完备的咨询系统和严密的监督系统所组成。统计系统作为国家管理系统的重要组成部分同时兼有信息、咨询、监督三种职能。

统计信息职能是指运用科学调查方法,灵敏、系统地搜集、处理、传递、存贮和提供大量的以数量描述为基本特征的社会经济信息。信息职能是统计最基本、最主要的职能,信息服务的基本要求是“快、精、准”。

统计咨询职能是指利用大量的统计信息资源,运用科学的分析方法和先进的技术手段,进行深入分析和专题研究,为社会提供咨询建议和决策方案。

统计监督职能是指根据信息反馈来检验、评定和修正决策方案,同时利用已掌握的统计信息,严密监督社会、经济、科技等方面的发展变化,适时分析,及时预警,从而为社会经济持续稳定的发展发挥作用。

三种职能,相互作用,相辅相成。其中信息的职能是最基本的职能,咨询的职能是统计信息职能的延续和深化,而监督职能是在信息、咨询职能基础上的进一步拓展,并通过信息反馈来评判、检验决策方案是否科学可行,及时对决策执行过程中出现的偏差提出矫正意见。

二、统计工作的任务

要充分发挥统计的整体功能,就必须完成好统计工作的各项任务。《中华人民共和国统计法》(简称《统计法》)规定:"统计工作的基本任务是对国民经济和社会发展情况进行统计调查、统计分析、提供统计资料和统计咨询意见,实行统计监督。"其具体任务表现在以下几个方面:

(1)为党和各级政府机构进行宏观调控、决策提供资料。

(2)为制定政策和计划提供依据,并检查、监督政策和计划执行情况。

(3)开发统计信息资源,为企事业单位的经营管理及时提供信息和统计咨询。

(4)为社会公众了解情况、参与社会活动提供资料。

(5)为进行宣传教育和从事科学研究提供资料。

三、统计工作过程

统计工作的基本任务表明统计工作是对社会进行调查研究以认识其本质和规律性的一种工作,这种调查研究的过程是我们对客观事物的一种认识过程。就一次统计活动来讲,一个完整的认识过程一般可分为统计调查、统计整理和统计分析三个阶段。

统计工作过程的这三个阶段并不是孤立的、截然分开的,它们是紧密联系的一个整体,其中各个环节常常是交叉进行的。例如,在小规模的统计调查中,经常把统计调查和统计整理结合起来,同时在对统计数据进行调查和整理的过程中,就有对事物的初步分析,在整理和分析过程中仍需进一步调查。统计工作的各个阶段都有一些专门的方法,这些方法将在本书以后各章节中系统介绍。

第四节 统计学的基本范畴

一、统计总体和统计单位

(一)统计总体

统计总体,简称总体,是指客观存在的在同一性质基础上结合起来的许多个别事物的整体。当把某一客观现象作为统计研究对象时,所要研究现象的整体就可称为统计总体。例如,我们要研究商业企业基本情况,那么所有的商业企业就组成一个统计总体;研究我国普通高等院校情况,全部普通高等院校就是统计总体。

统计总体可以是人,可以是物,也可以是事件或现象等。例如,研究某班学生的学习情况时,该班全体学生就是一个统计总体;研究某奶牛场牛奶产量时,该奶牛场的全部奶牛就是一个统计总体;研究某市交通事故时,该市所有交通事故就是一个统计总体。

总体可分为有限总体和无限总体。有限总体指总体所包括的总体的单位是可数的,无限总体指总体所包括的总体单位是不可数的。如职工人数、工业企业总数、科学家数等都是有限总体;连续生产的某种小件产品的生产数量、大海里的鱼资源数等都是无限总体。

统计总体具有大量性、同质性、差异性三个特点。

1. 大量性

因为统计研究的社会经济现象是多元复杂的,因而统计总体就不能只是个别的、少数的事物,而是由足够多的单位所组成的集合体,而且只有大量性才能反映总体的一般特征。

2. 同质性

同质性是指构成总体的各个单位必须在某一方面具有共同的性质,这是构成统计总体的前提条件。

3. 差异性

差异性即变异性,是指构成总体的个别单位在某些方面是相同的,但在其他方面的性质又是有差异的。差异性是统计的前提条件,没有差异就不需要统计。例如,我国全部商业企业这个总体是由许多商业企业构成的(大量性),每个商业企业的经济职能相同(同质性);各个商业企业之间同时也存在着差别(差异性)。

(二)总体单位

总体单位是指构成统计总体的个别事物。例如,以我国全部普通高等院校为总体,每一个普通高等院校就是总体单位;以某一企业为总体,该企业的每一名职工就是总体单位。

随着研究目的的不同,同统计总体一样,总体单位也既可以是人,可以是物,还可以是事件或现象等。许多单位是以自然计量单位来表示,它们都是不能加以细分的整数单位,如人、台、架等;而许多单位则是以物理计量单位来表示,单位可大可小,可以加以细分,如时间、长度、面积、容积等。

总体和总体单位是相对而言的。随着研究目的和范围的变化,同一事物在不同的情况下可以是总体单位,也可以转化为总体。如调查某市全体商业企业情况,每一个商业企业就是总体单位;如果调查某一个商业企业情况,这个商业企业就由总体单位转化为统计总体了。

二、标志和标志的表现

(一)标志

标志是指总体单位所共同具有的某种属性或特征。例如,工人作为总体单位,他们都具备性别、工种、文化程度、工会、工资等属性或特征。

标志按其性质分可分为品质标志和数量标志。品质标志表明总体单位的属性特征,一般用文字说明,而不能用数量表示,如性别、文化程度、民族等。数量标志表明总体的数量特征,是用数值表示的,如年龄、工资、工龄等。

标志按其变动情况分为不变标志和可变标志。无论品质标志还是数量标志,当某个标志在各个总体单位上的具体表现相同时,该标志是不变标志。不变标志是许多个体结合成为总体的前提,组成总体的各个单位必须有一个或几个不变标志。例如,以全国国有商业企业为总体,每个企业都具有经济成分和商业企业这两个不变标志。当某个标志在总体各个单位上的表现不尽相同时,该标志为变动标志,组成一个总体的各个总体单位都具有许多变动标志。例如,在全国国有商业企业这个总体中,各企业的经营范围、营业面积、劳动生产率、商品销售额等标志都是不相同的,是变动标志。

(二)标志的表现

标志的表现是指标志特征在各单位的具体表现。品质标志的标志表现用文字表述,如“汉族”“大专”等。数量标志的标志表现是具体数值,如职工的工龄8年或10年,商品销售额100万元或400万元等。

三、变异和变量

(一)变异

变异是变动的标志,具体表现在各个单位的差异,包括量(数值)的变异和质(性质、属性)的变异。如:性别表现为男、女,这是属性变异;年龄表现为18岁、25岁、28岁等,这是数值上的变异。统计的目的就是登记各种变动标志在各个总体单位上的具体表现,经过分组、汇总、综合来分析现象的数量特征。

(二)变量

变量就是可变的数量标志。例如,商业企业的职工人数、商品流转额、流动资金占用额等数量标志,在各个商业企业的具体表现都是不尽相同的。

变量值就是变量的具体表现,也就是变动的数量标志的具体表现。例如,企业的职工人数是一个变量,甲企业职工人数100人,乙企业职工人数150人,丙企业职工人数200人等,100人、150人、200人,都是职工人数这个变量的变量值(标志值)。

按变量值的连续性可把变量区分为连续变量和离散变量两种。连续变量的变量值是连续不断的,相邻的两个数值之间可以做无限的分割,一般可以表现为小数。例如,人的身高、体重、年龄等都是连续变量。离散变量的变量值是间断的。例如,职工人数、商业企业数、机器设备台数都只能按整数计算,不可能有小数。

四、统计指标和指标体系

(一)统计指标

统计指标是反映总体数量特征的社会经济范畴。例如,我国2016年国内生产总值为743 585亿元,它是根据一定的统计方法对总体各单位的标志表现进行登记、核算、汇总而成的统计指标,说明我国国民经济这个数量特征。这个数量指标的名称是“国内生产总值”,指标的数值是“743 585亿元”。因此,一般来讲统计指标由指标名称和指标数值两部分构成,它体现了事物质的规定性和量的规定性两方面要求。统计指标是与统计总体密切联系的一个范畴,具有数量性、综合性、具体性的特点。

1. 数量性

数量性是指统计指标都是可以用数字表现的,不存在不能用数字表现的统计指标。

统计指标的数量性,也是由社会统计的研究对象所决定的。只要弄清楚社会现象数量方面的确切含义,明确社会经济的首要特点是它的数量性,对统计指标的这个特点,就会有正确的理解。

2. 综合性

综合性指统计指标说明的对象是总体而不是总体单位(个体),它是许多个体现象数量综合的结果。统计指标既是同质总体大量个别单位的总计,又是个别单位标志值差异的综合。当确定了总体、总体单位和标志之后,就能根据一定的统计方法将各单位和各单位的标志值登记、分组、汇总成各种说明总体数量特征的统计指标。如以某地区的商业企业为总体时,可以汇总计算得出全地区商业企业总数、职工人数、商品销售额、工资总额和平均工资等指标。如工资总额和平均工资,各个企业工资额大小的差异不见了,各个职工工资水平的差异也不见了,显示出的是全地区的商业企业的工资总额和职工工资的一般水平。可见,统计指标的形成必须经过从个别到一般的综合过程,通过个别单位数量差异抽象化,来体现总体的综合数量特征。所以,任何统计指标都具有综合性这一特点。

从以上的阐述中,可以看出,统计指标与统计标志有密切的关系,但绝不能把二者混为一谈,二者也是有明显区别的:一是指标说明总体某一综合数量特征,而标志说明总体单位特征;二是指标可以用数量表示,而标志有不能用数量表示的品质标志。二者的联系:一是许多统计指标的数值是由总体单位的数量标志汇总得到的;二是指标和指标之间存在变化关系。综上所述,指标与标志的主要区别如表 1.1 所示。

表 1.1　指标与标志的主要区别

项目	反映的对象	反映的特征	性质
指标	总体	数量特征	综合性
标志	总体单位	数量特征、品质特征	单一性

3. 具体性

统计指标的具体性是指统计指标所反映的是具有一定的社会经济内容的量,而不是抽象的概念和数字,统计指标是客观存在的社会经济事实的数量表现,它同说明未来期望达到的计划指标是不同的,需要根据统计资料对未来进行估计与推算、计算预测值,这类预测值也不是统计指标。

指标按其所反映的数量特点不同,可分为数量指标和质量指标两种。

数量指标又叫总量指标,包括总体总量和标志总量。数量指标说明社会经济现象规模的大小、数量,是反映事物广度的统计指标。例如,人口总数、工厂数、工业总产值、商品销售额,其表现形式一般为绝对数。

质量指标是数量指标的派生指标,是说明总体内部数量关系和总体单位水平的统计指标,可以反映事物的深度。如发展速度、劳动生产率、利税率等,其表现形式一般为平均指标和相对指标。

(二)指标体系

1. 指标体系的意义

统计指标体系是由若干个相互联系的统计指标组成的,一个整体社会经济现象本身的联系也是多种多样的。例如,在商品流转统计中,商品购进、商品销售和商品库存是相互联系和相互制约的统计指标,由这些统计指标组成的一个整体就是商品流转统计指标体系。又如,一个工业企业是人力、物资、资金、生产、供应和销售相互联系的整体运动,用一系列的统计指标来反映,这就组成了工业企业的指标体系。再如,商品销售额=商品销售价格×商品销售量;粮食总产量=亩产量×播种面积等,也叫统计指标体系。

建立统计指标体系有着重要的意义。借助于指标体系,可以深刻认识事物的全貌和发展过程;利用统计指标体系,可以查明产生各种结果的主要因素;了解指标之间的相互联系,可以根据已知指标来计算和推测未知指标。

2. 指标体系种类

统计指标体系大体上可分为两大类,即基本统计指标体系和专题统计指标体系。

基本统计指标体系是反映国民经济和社会发展及其各个组成部分的基本情况的指标体系。它包括反映整个国民经济和社会发展情况的统计指标体系（国家统计指标体系）、各地区和各部门的统计指标体系以及基层统计指标体系。它们纵横交错，既有各自独立的作用，又协调统一，相辅相成。

专题统计指标体系是对某一个经济问题或社会问题制定的统计指标体系。例如，商品流转统计指标体系、经济效益统计指标体系、人民物质文化生活水平统计指标体系等。

练　习　题

一、思考题

1. 在统计学产生和发展的不同历史时期产生了哪些学派？各个学派的学术观点是什么？
2. 统计一词有几种含义？它们之间有什么关系？
3. 统计学的研究对象和统计的目的是什么？
4. 社会经济统计的特点有哪些？
5. 社会经济统计的基本方法有哪些？
6. 统计工作的职能包括哪些方面？
7. 统计工作的基本任务是什么，具体包括哪些方面？
8. 统计工作过程有哪几个阶段，各阶段主要使用的统计方法有哪些？
9. 什么是统计总体、总体单位、标志、变异、变量和变量值？并举例说明。
10. 总体与总体单位有什么关系？
11. 什么是统计指标？它有哪些特点？其作用是什么？
12. 统计指标与统计标志有什么区别和联系？
13. 试举例说明统计指标的种类有哪些。

二、单项选择题

1. 统计科学产生于（　　）。

A. 原始社会　　B. 奴隶社会　　C. 17 世纪　　D. 社会主义社会

2. 统计学是一门（　　）。

A. 方法论科学　　B. 方法论的社会科学

C. 执行科学　　D. 方法论的自然科学

3. 统计学的研究对象是（　　）。

A. 研究客观现象的特殊数量方面

B. 研究客观现象的特征和规律性

C. 为国民经济计划的制订提供资料

D. 对国民经济计划执行情况进行检查和监督

4. 研究某市工业企业生产设备情况，总体是（　　）。

A. 该市全部工业企业　　B. 该市每个工业企业

C. 该市工业企业的全部生产设备　　D. 该市工业企业的每一台生产设备

5. 对全市商业企业营业员进行研究，总体单位是(　　)。
A. 各个商业企业　B. 一个商业企业
C. 全市每一位营业员　D. 一个商业企业的所有营业员
6. 研究某企业职工情况，则"工龄"为(　　)。
A. 品质标志　B. 不变标志　C. 变量　D. 变量值
7. 标志是(　　)。
A. 表明总体特征的　B. 表明总体单位特征的
C. 说明总体数量的　D. 说明总体单位数量的
8. 下列变量中属于连续变量的是(　　)。
A. 中等学校个数　B. 企业个数　C. 学生年龄　D. 学生人数
9. 下列标志中属于数量标志的是(　　)。
A. 性别　B. 文化程度　C. 职业　D. 年龄
10. 数量指标一般可用(　　)。
A. 绝对数表示　B. 相对数表示　C. 平均数表示　D. 百分数表示
11. 质量指标(　　)。
A. 由数量指标加总得到　B. 由数量标志综合得到
C. 由品质标志综合得到　D. 由指标数值计算得到
12. 统计指标的数量性特点是指(　　)。
A. 统计是研究数量的　B. 统计研究主要是定量分析
C. 统计指标反映总体单位的数量特征　D. 数量指标和质量指标

三、多项选择题

1. 社会经济统计的主要特点是(　　)。
A. 数量性　B. 总体性　C. 同质性　D. 具体性　E. 社会性
2. 统计总体的基本特征表现为(　　)。
A. 大量性　B. 数量性　C. 同质性　D. 差异性　E. 社会性
3. 研究全民所有制商业企业的情况，各个企业的经济类型属于(　　)。
A. 品质标志　B. 数量标志　C. 变动标志　D. 不变标志　E. 以上均不是
4. 下面反映学生学习状况数量标志的是(　　)。
A. 学习态度　B. 学习方法　C. 旷课时数　D. 听课效果　E. 课外时间利用率
5. 指出下列标志中的数量标志是(　　)。
A. 教育水平　B. 技术职称　C. 轮胎寿命　D. 文化程度　E. 工作年限
6. 指出下列标志中的品质标志是(　　)。
A. 政治面貌　B. 企业所属部门　C. 籍贯　D. 商店营业面积　E. 民族
7. 下列属于离散变量的有(　　)。
A. 商店数　B. 体重　C. 人数　D. 身高　E. 机器台数
8. 数量指标可以是(　　)。
A. 总量指标　B. 相对指标　C. 平均指标　D. 实物指标　E. 货币指标
9. 质量指标可以是(　　)。
A. 总量指标　B. 相对指标　C. 平均指标　D. 实物指标　E. 货币指标

10. 下列指标属于质量指标的有(　　)。

A. 人口数　B. 商品销售额　C. 劳动生产率　D. 职工平均工资

E. 人口自然增长率

11. 研究某企业职工情况,下列是统计指标的有(　　)。

A. 年龄　B. 平均工资　C. 男职工所占比重　D. 女职工所占比重　E. 所在部门

四、其他类型题

根据统计研究的不同目的,在题表 1.1 空格内填入各基本概念的内容。

题表 1.1

研究的目的	总体	总体单位	品质标志	数量标志	变量值
了解某市工业企业的经营情况					
了解某校学生的基本情况					
了解某地区汽车的基本情况					

第二章　统计数据的搜集

【学习目标】

统计设计与统计调查分别是统计工作的第一与第二阶段。本章在讲述统计设计的基本问题的基础上，重点讲述了如何进行统计调查，才能为统计整理和统计分析提供准确、及时、全面、系统的统计资料。

【学习要求】

- 统计搜集的意义和内容；
- 掌握各种统计调查基本方式的应用条件；
- 掌握制订统计方案的基本问题并能审计统计调查方案；
- 了解各种调查方法在实际中的应用。

第一节　统计数据搜集的基本理论与方法

人们从数量上认识客观对象，就必须通过调查或试验来搜集数据。要搜集什么数据，采用哪种方法去搜集数据，才能保证数据的搜集工作适时、有效进行，这就需要研究搜集资料的理论与相应的方法。

一、统计数据搜集的概念及意义

（一）统计数据搜集的概念

统计数据的搜集，即统计观察或统计调查。对于自然现象和科学技术，取得统计数据的手段，主要是试验。对于社会经济现象，一般不能通过试验取得统计数据，只能进行调查以确认有关事实。因此对于社会经济现象，取得统计数据的主要手段是统计调查。

（二）统计数据搜集的意义

调查是人们正确认识事物的基础，离开了社会实践，离开了对实际情况的调查，人的认识就成了无源之水、无米之炊，得不到正确的结论。统计调查和一般社会调查一样，都属于一般调查研究活动，它是根据统计的任务，运用科学的方法，有计划、有组织地向调查单位搜集材料的工作阶段。这个阶段搜集的材料不仅包括对原始数据的调查，也包括对加工资料的搜集活动。

统计调查是统计工作的开始阶段，是统计整理和统计分析的前提。统计调查在整个统计工作中，担负着提供基础资料的任务。它是指通过接触实际情况，占有原始资料，取得感性认识，再经过资料的交流整理，综合分析，从而提高到理性认识。所以，如果对于统计调查没有一个正确的认识和运用科学的方法，势必会造成统计整理和统计分析无法弥补的错误。统计调查工作的质量如何，直接影响到整个统计工作的质量，影响到整个统计工作的成果。所以统计调查是统计工作的起点和基础环节，它在统计工作中占有特别重要的地位。

统计调查的基本要求是:准确性、及时性、全面性、系统性。

所谓准确性,是指调查搜集的资料应符合实际情况,真实可靠。准确是保证统计资料质量的首要条件,也是整个统计研究工作成败的关键。统计调查必须准确地反映经济、社会、自然等的实际情况,保证各项调查资料真实可靠。统计工作能否顺利完成,在很大程度上取决于所搜集的资料是否准确。如果调查资料数字不准,情况失实,那么根据这样的资料进行整理和分析,必将得出错误的结论。因此,统计资料的准确性是统计工作的生命。

所谓及时性,就是指及时完成各项调查资料的搜集及上报,从时间上满足各部门对统计资料的需要。如果搜集的统计资料是准确的,但由于提供不及时,就会如"雨后送伞"一样,起不到应有的作用。同时,统计资料的及时性,也是事关全局的问题,任何一个调查资料上报不及时,都会影响全面的综合工作,甚至贻误整个统计工作。

所谓全面性,是指按照调查计划的规定,对要调查的单位和项目的资料,全面地进行搜集。

所谓系统性,是指搜集的统计资料要有条理,不要杂乱无章,应该是便于整理,便于汇总的。

二、统计调查的种类

由于社会经济现象的错综复杂性和统计研究任务的多样性,在组织统计调查时,应根据不同的情况采用不同的调查方式和方法。统计调查的种类,指的是各种不同的调查方式。根据不同的调查对象和调查目的,可将统计调查区分为不同类别。

(一)按组织形式不同,分为统计报表和专门调查

统计报表,是指按一定的表式和要求,自上而下统一布置,自下而上逐级提供和报送统计资料的一种统计调查方式。统计报表包括了国家的政治、经济、文化生活等各方面的基本统计指标。这种调查方式是我国搜集国民经济重要的和基本的统计资料的主要方式。它大多以定期统计报表形式出现,大多属于经常性调查。

专门调查是为了研究某些情况或某种问题而专门组织的统计调查,这种调查一般属于一次性的调查。包括普查、典型调查、重点调查和抽样调查。

(二)按调查对象范围不同,分为全面调查和非全面调查

全面调查就是对调查对象中的每一个单位都一一进行调查的一种调查方式。全面统计报表和普查都是全面调查。如2010年,为了研究我国人口数量、性别比例、年龄结构、接受教育程度等人口问题而进行的第六次全国人口普查,就属于全面调查。

非全面调查,就是对调查对象中的部分单位进行调查的一种调查方式。典型调查、抽样调查、重点调查都是非全面调查。例如,为了解某地居民的消费水平情况,并不需要对该地区所有的居民进行调查,只需要搜集部分居民各个收入层次的实际资料进行调查。

(三)按调查时间的连续性不同,分为经常性调查和一时性调查

经常性调查是指随着调查对象的变化,随时将变化的情况进行连续不断的登记。例如产品产量、商品销售额、主要原材料的消耗等,这些指标数值变化较大,必须进行经常性登记,才能满足需要。当然,就进行调查的单位来说,往往要经过一定时间(如日、旬、月)才向调查对象搜集资料。但对需要进行登记的有关标志的承担者,即调查单位来说,仍需要不间断地进行记录,才能随时提供准确的数据。它所取得的资料一般都是时期资料。

一时性调查就是指间隔一段时间,一般是比较长的时间(如一年或数年)进行的调查。

如对固定资产总值和生产设备数量的调查。由于这些指标的数值在一定时间内变化不大，因此往往可以采取一时性调查的方式搜集资料。一时性调查大多是对时点现象所进行的调查，因此可以定期进行，也可以不定期进行。

三、统计调查的方法

统计调查的方法指的是搜集调查资料的具体方法。常见的有直接观察法、报告法、采访法、通信法。

（一）直接观察法

直接观察法指调查人员亲临现场对调查对象直接进行观察、检验、点数和计量等。如对库存商品的盘点、对农产品产量的调查、对生猪存栏头数的清查都是利用直接观察法。直接观察法的最大特点是直接取得第一手资料。其优点是取得资料准确、可靠；缺点是需花费大量的人力、物力、财力和时间，工作效益低，在任务紧迫的情况下不宜采用。

（二）报告法

报告法也称凭证法，是以各种原始记录核算资料为基础填写调查表，并向有关部门提供统计资料的一种调查方法。我国现行的各企业、事业、机关填报的统计报表，运用的就是这种方法。该方法在正常情况下，能提供比较准确的数字，但需要较多的人力、物力。

（三）采访法

采访法是指调查人员按事先拟定好的调查提纲向调查者提问，根据其答复来取得资料的一种调查方法。它包括口头访问法和被调查者自填法两种。

1. 口头访问法

口头访问法是指由调查人员向被调查者按调查项目要求提问，将提问结果记录下来的一种调查方法。这种方法的优点是调查人员与被调查者直接接触，因此所得资料比较准确、可靠；缺点是需要较多的人力和时间。

2. 被调查者自填法

被调查者自填法就是由调查人员将调查表格交给被调查者，并说明填表要求、方法和注意事项，由被调查者自己填写调查内容的一种调查方法。目前进行的城镇职工家庭收支情况调查，就是采用的这种方法。

（四）通信法

通信法是指调查单位利用通信方式将调查表格寄给被调查者，并请对方填写好调查内容后寄回调查表格的一种调查方法。例如，工厂、企业和消费者协会向用户或消费者寄发调查表，调查产品或商品的质量以及使用情况等。

以上各种调查方法，在实际应用时，可根据调查对象的特点，结合具体情况灵活选择使用。有时根据需要，还可以同时结合使用几种调查方法。

第二节　统计调查的方案

统计调查的工作量大，内容繁杂，研究目的和任务要求调查资料的准确性、全面性和及时性，为了做好本阶段的工作，在调查工作开始之前，必须制订出一个周密的调查方案，对整个阶段的工作进行统筹考虑、合理安排，保证统计调查工作的效率和质量。

下面以人口普查为例，说明一个完整的统计调查方案应包括的主要内容。

一、确定调查目的

统计调查是为一定的统计研究任务服务的,在制订调查方案时,首先要确定调查目的,即调查中要研究解决的问题和要取得的资料。如果应该调查的内容没有列入该计划,不需要的项目反而去调查了,这就会使整个调查工作陷入盲目性,造成工作上的混乱。因此,只有调查目的明确了,才能正确确定调查的对象、内容、范围和方法,才能做到有的放矢。例如,2010 年 11 月 1 日零时进行的全国第六次人口普查的调查方案中,明确规定这次调查的目的就在于:全面掌握全国人口的基本情况,为研究制定人口政策和经济社会发展规划提供依据,为社会公众提供人口统计信息服务。可见,在这一调查方案中,调查目的是具体和明确的。

二、确定调查对象和调查单位

统计调查的目的确定以后,就可以进一步确定调查对象和调查单位。确定调查对象和调查单位,就是为了回答向谁调查、由谁来具体提供资料的问题。调查对象就是根据调查目的所确定的统计总体。例如,人口普查的调查对象就是全国的人口总体。

调查单位是进行调查登记的标志值的承担者。如我国进行的第六次人口普查,全国的人口总体(具有中国国籍,并在中国国境内常住的自然人)就是调查对象,每一个人就是调查单位,明确调查单位,还要同填报单位区别开来。填报单位是填写调查内容、提供资料的单位,它可以是一定的部门或单位,也可以是调查单位本身,这要根据调查对象的特点和调查任务的要求确定。如对某企业职工经济收入情况进行调查,调查对象就是企业内所有职工,调查单位是每一个职工。如果调查表要求每个职工自己填写,则填报单位就是每个职工,这时,调查单位和填报单位是一致的;如果以车间为单位进行填报,则填报单位就是车间,这时的填报单位和调查单位是不同的。

三、确定调查项目,拟定调查表

调查项目就是所要调查的内容,以及所要登记的调查单位的特征。调查项目一般就是调查单位各个标志的名称,包括品质标志和数量标志两种。

调查项目确定后,就要将这些调查项目科学地分类排队,并按一定顺序列在表格上,这种供调查使用的表格就叫调查表。它是统计工作中搜集统计资料的基本工具。调查人员依据这一工具来进行统计调查,不仅能条理清楚地填写调查资料,而且还便于调查后对资料的汇总。调查表是调查方案的核心部分。

调查表的内容一般由表头、表体和表脚三部分组成。

表头,用来说明调查表的名称以及填写调查单位(或填报单位)的名称、性质和隶属关系等。表头上填写的内容一般作为核实和复查各调查单位时的依据。

表体,这是调查表的主要部分,包括具体的调查项目、栏号和必要的计量单位等。

表脚,一般包括调查者(填报人)的签名和调查日期等,目的在于明确责任、发现问题,同时也便于查询。

调查表一般分为单一表和一览表两种。

单一表(又称卡片式)是将一个调查单位的调查内容填列在一份表格上的调查表。它可以容纳较多的项目,且便于分类整理和汇总审核。

一览表就是把许多个调查单位和相应的项目按次序登记在一张表格里的调查表。它便于合计和核对差错,但一般要在调查项目不多时采用。表2.1就是这种形式的调查表。

表2.1 全国人口普查登记表

乡(镇、街道)普查区

姓名	与户主关系	性别	年龄		本人成分	民族	文化程度	职业
			出生年月日	周岁				

四、确定调查时间和调查期限

调查时间是调查资料的所属时间。调查时间可以是时期,也可以是一定的时点。如果所要调查的是时期现象,调查时间就是资料反映的起止日期;如果所要调查的是时点现象,调查时间就是规定的统计标准时点。调查期限是进行调查工作所要经历的时间,包括搜集资料、登记调查表和报送资料等整个工作过程所需要的时间。调查期限的长短根据任务量的大小以及人力、物力、财力等情况进行确定,应尽可能缩短调查期限,以保证统计信息的时效性。如第六次全国人口普查,因为人口数量是时点,所以规定的标准调查时点是2010年11月1日零时。

五、制订调查的组织实施计划

严密细致地进行组织工作,是统计调查得以顺利进行的保证。调查工作的组织主要包括以下内容:建立统一的组织领导机构,确定调查的参加单位和人员,确定调查的方式和方法,做好调查前的准备工作(宣传教育、调查人员培训、文件印刷等),规定资料的报送方法和经费预算等。

另外,制订较大规模的统计调查(如人口普查)方案,还需要进行调查试点工作。通过试点,来检验调查方案的可行性,积累组织实施的经验。

第三节 问卷的设计

一、问卷的概念

在现代社会研究和社会调查中,问卷得到越来越广泛的应用。除社会学外,政治学、教育学、经济学、心理学等学科也经常利用问卷来搜集资料。问卷还是各种民意测验、舆论调查、市场调查必不可少的工具。

问卷,即有问有答的调查表。这种调查表是社会研究中用来搜集资料的一种工具。尤其是在抽样调查中,一般都使用问卷调查。

我们可以通过调查问卷了解总体中个别事物的状况,但这并不是我们的最终目的,我们的最终目的是通过大量调查问卷为我们提供的数据,了解某一社会经济和管理现象的发展规律。例如,随着科技的发展,电子书出现了,若想了解人们阅读书籍的变化趋势:阅读的时间长短,什么年龄段喜欢阅读什么类型的书籍,哪些因素影响人们阅读书籍等,就必须通过大量的调查才能得出结论。这就要对许多人提出一系列相关的问题,再从他们的回答中,了解现代人们阅读书籍的变化呈现什么样的趋势。这其中需要用到调查问卷,所以有必要设计统一的问卷。我们在设计调查问卷的时候要做到:第一,确保调查研究规范化,即使提问和答案的内容与形式一律标准化;第二,确保调查研究程序化,即使调查访问按问卷规定的提问和回答的顺序进行;第三,确保调查研究科学化,即提高搜集资料的可靠性和分析资料的准确性。

问卷调查的优点:花钱少,时间短,匿名性好,样本可以较大,地域可以很广,资料便于用计算机处理等。问卷调查的缺点:所得资料的质量和问卷的回收率往往难以保证,同时对样本的文化水平有一定的要求,在填写问卷过程中出现的各种误差也不易发现和纠正。

二、问卷的结构

问卷各式各样,内容也是千差万别,但是纵观所有的问卷,概括来说主要包括五个部分:导言、指导语、问题与答案、编码、资料登录地址。

(一)导言

导言应该简明扼要、通俗易懂地向被调查者说明该项调查的内容、意义和调查者的身份。导言的篇幅不要过长,但是导言的作用是相当重要的,所以不可草率了之。

导言的基本内容具体包括以下几点:

(1)调查者自我介绍,说明调查者自己的身份和调查研究单位的名称。

(2)说明调查的目的及其重要性。简明扼要说一下为什么要做此项调查,以及做此项调查的意义是什么。在介绍调查的目的意义的时候,可以直接说明,也可以比较笼统婉转地说明。

(3)消除应答者的思想顾虑。例如,首先说明调查是以匿名形式进行的,不是调查个人的情况,而是通过大量的个人情况反映总体的各种情况。其次说明调查是以随机抽样的形式进行,并不是刻意挑选的调查对象。所以,请应答者在回答问题的时候,不必有任何负担和顾虑。

(4)请求给予合作并表示感谢。例如,“希望能得到您的真诚的合作,谢谢!”

(二)指导语

指导语是用来指导被调查者填写问卷的说明。此外,有些指导语放在有关问题后面,用括号括起来,它的作用是指导被调查者填写该问题。例如,问“您最喜欢《新华文摘》什么栏目【可多选】”。就是指导被调查者在下列选项进行选择的时候,可以根据自己的情况进行多项选择。凡是问卷中有可能使回答者不清楚的地方,都应予明确的指导。

(三)问题与答案

问题与答案是问卷的核心内容。问题是指向应答者提出而要求回答的事实、态度、行为和愿望等。

在每份问卷中,都会提出许多问题,在不同的问卷中又会提出许多不同的问题。问题的内容和性质千差万别,但归纳起来大致可以分为四个方面的问题,具体表现:第一,事实方面的。比如性别、年龄、身高、体重、职业、受教育程度、工作年限、家庭人口、家庭收入等,这是比较容易回答的低层次问题。第二,态度、观念、志趣方面的。比如你认为企业内部工人和技术人员的关系是否融洽,是融洽、一般,还是不融洽。第三,行为方面的,包括已经做出的行为和将要做出的行为。比如星期日或节假日你是否愿意与父母一起度过?第四,理由方面的,即要求被调查者对自己的观点、态度和行为做出解释,说明自己为什么会这样做,说出理由。比如您对《新华文摘》栏目设置和调整有何意见或建议?上述四个方面的问题是有层次的,即从简单到复杂,排列问题时也要按照先易后难的顺序进行编排。

答案反映了研究对象的不同状况和水平。答案有两种形式。

第一种形式是事先规定答案。即在制定问卷时,对同一问题给出几种固定的答案或方案供被调查者选择。例如,您通过何种方式阅读《读者》?自费订阅、公费订阅、零售购买、借阅、其他。列出五种选择供被调查者进行选择。在设计此类问题时,有如下几种格式:

(1)填空式。提出问题后,在问题后面画一条横线,让被调查者自己填写内容。它一般适用于容易填写的问题,常常只需要填写数字。例如:

请问您的身高?____厘米。

您现在的住房建筑面积有多大?______平方米。

(2)二项式或否式。即问题可供选择的答案只有两个,被调查者只能选择其中一个进行回答。例如:

您的性别?　　①男　or　②女

(3)多项式。即问题可供选择的答案在两个以上,根据问卷的要求,回答者或只能选择其中一个,或可以选择其中几个答案。例如:

您所在企业的所有制形式是______?

①全民所有制;②集体所有制;③中外合作制企业;④外资独资企业;⑤私营企业

(4)矩阵式。即把两个或两个以上的问题集中起来,用一个矩阵来表示。如表 2.2 所示。

表 2.2　矩阵式格式一

问题	满意	无所谓	不满意
您对公司的工作环境			
您对公司的作息时间			
您对公司的惩罚规定			

(5)直线式。主观态度方面的问题常常不容易一格一格地挑选,态度的两段构成是一个连续体。对于这类问题可以用直线式,让被调查者在直线的任何一点上做出回答。如图 2.1所示。

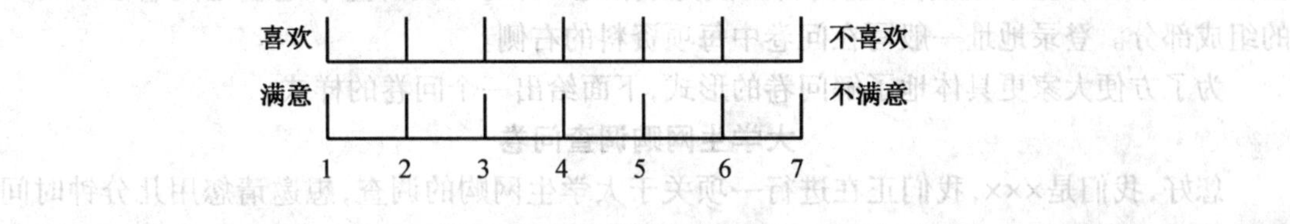

图 2.1　直线式

(6)序列式。即有些问题是需要被调查者对所给出的全部答案做出反应,并区分出重要程度。对于这类问题,可采用序列式。序列式主要有以下两种格式:

格式一:从几个答案类别中挑选一个最重要的。例如:

在餐厅就餐,您最关心的问题是什么?

①卫生问题____

②价格问题____

③供餐时间问题____

④饭菜品种和质量问题________

⑤其他(请说明)______

格式二:从一系列答案类别中挑出最重要的几个。例如:

在餐厅就餐,您最关心的问题是什么?(限填2~4个)

①卫生问题____

②价格问题____

③供餐时间问题____

④饭菜品种和质量问题________

⑤其他(请说明)______

第二种形式是只提问题,不规定答案。这种形式非常简单,在设计时,只需要提出问题,然后在该问题下留出一定的空白即可。例如:

您对学校食堂有哪些改进建议?______________

(四)编码

编码是赋予每一个问题及其答案一个数字作为它的代码,目的是使资料数量化,以便测量和统计。在实际调查中,研究者大多数在设计问卷时进行编码,方便后期整理分析问卷的时候,将被调查者的回答转换成数字,以便输入计算机中进行处理和定量分析。例如:

你的工作积极性怎样?

(1)很高;

(2)高;

(3)一般;

(4)低;

(5)很低。

这里人的工作积极性是有量的属性,但是若没有经过数量化处理是非常模糊的,研究者为了把它们的水平程度测量出来,进行分析,所以要给它们编码。

(五)资料登录地址

资料登录地址是指明每一项资料在汇总时,登录在什么地方,它在事实上起着资料索引的作用。资料的登录工作是根据资料的地址登录的,将来调用资料也要按照这个地址去查找。如果没有登录地址,调查资料无法完成汇总工作。所以,登录地址是问卷必不可少的组成部分。登录地址一般写在问卷中每项资料的右侧。

为了方便大家更具体地了解问卷的形式,下面给出一个问卷的样式。

大学生网购调查问卷

您好,我们是×××,我们正在进行一项关于大学生网购的调查,想邀请您用几分钟时间帮忙填答这份问卷。本问卷实行匿名制,所有数据只用于统计分析,请您放心填写。题目选项无对错之分,请您按自己的实际情况填写。谢谢您的帮助。

请于2018年5月1日之前,通过以下任何一种方式参与此次活动:

1.扫描二维码(略);

2.将问卷填好后传真至:××××-××××××××;××××-××××××××;

3.将问卷填好后邮寄至:××省××市××区××路××号;邮编:××××××;

4.将问卷填好后传给邮箱:××××@××.com。

请在您选择的答案前□中打“√”,或在空白处填写相应文字。

Q1 您的性别?

□ 1. 男

□ 2. 女

Q2 您所在的年级?

□ 1. 大一

□ 2. 大二

□ 3. 大三

□ 4. 大四

□ 5. 研究生

Q3 您过去 3 个月是否曾经在网络上购买东西?

□ 1. 是

□ 2. 否

Q4 您选择网络购物的主要原因是?

□ 1. 方便快捷,节省时间

□ 2. 品种齐全

□ 3. 价格便宜

□ 4. 时尚有趣

□ 5. 实体店难以买到

□ 6. 网购时间不受限制

□ 7. 其他

Q5 您主要在哪些网站上购买东西?

□ 1. 淘宝网

□ 2. 京东商城

□ 3. 卓越亚马逊

□ 4. 当当网

□ 5. 拍拍网

□ 6. 唯品会

□ 7. 网易考拉海购

□ 8. 其他

Q6 您在网上主要购买哪些东西?

□ 1. 服饰鞋帽

□ 2. 饰品

□ 3. 电子产品

□ 4. 生活日用品

□ 5. 化妆品

□ 6. 书籍

□ 7. 其他

Q7 您选择这些网站购物,主要看重哪些因素?

□ 1. 产品种类的丰富性

☐ 2. 网站页面设计
☐ 3. 网站广告宣传和促销
☐ 4. 销售商家信用度
☐ 5. 商家服务态度和互动程度
☐ 6. 网站/品牌知名度
☐ 7. 退换货便利性
☐ 8. 产品价格
☐ 9. 产品质量描述
☐ 10. 发货及送货速度
☐ 11. 售后服务
☐ 12. 购买者评论
☐ 13. 其他

Q8 您平时网购的频率是?
☐ 1. 每天一次或以上
☐ 2. 每周 4 ~ 5 次
☐ 3. 每周 2 ~ 3 次
☐ 4. 每周 1 次
☐ 5. 每月 5 ~ 6 次
☐ 6. 每月 2 ~ 3 次
☐ 7. 每月 1 次
☐ 8. 少于每月一次

Q9 您平均每个月花费在网购上的费用是多少钱?
☐ 1. 100 元以内
☐ 2. 100 ~ 300 元
☐ 3. 301 ~ 500 元
☐ 4. 501 ~ 1 000 元
☐ 5. 1 000 元以上

Q10 您喜欢的促销方式有哪些?
☐ 1. 免邮费
☐ 2. 打折
☐ 3. 送分送礼物
☐ 4. 赠送优惠券
☐ 5. 其他

Q11 网购时,您经常使用哪种付款方式?
☐ 1. 网上支付
☐ 2. 货到付款
☐ 3. 信用卡
☐ 4. 银行转款
☐ 5. 其他

Q12 您对网银、支付宝、财富通等网络支付手段的态度是?

□ 1. 放心,方便快捷又安全
□ 2. 比较放心
□ 3. 不放心,感觉不安全

Q13 网购时,对于货物,您通常采用哪种邮递方式?
□ 1. 平邮
□ 2. 快递
□ 3. EMS
□ 4. 其他

Q14 网购时,您对于货物送达能够接受的最长时间是?
□ 1. 1 天
□ 2. 2 ~ 3 天
□ 3. 4 ~ 5 天
□ 4. 6 ~ 7 天
□ 5. 8 ~ 10 天
□ 6. 无所谓

Q15 网购过程,您最担心的因素是?
□ 1. 支付的安全性
□ 2. 商家的诚信
□ 3. 图片和实物有差距
□ 4. 产品质量不合格
□ 5. 运货过程货物受损
□ 6. 其他

Q16 总体而言,您对网购是否满意?
□ 1. 非常满意
□ 2. 比较满意
□ 3. 一般
□ 4. 不满意
□ 5. 非常不满意

Q17 您对网购有什么改善建议?
答:____________________

三、问卷设计的要求

第一,明确问卷设计的目的。问卷只是研究者在调查过程中用来搜集资料的工具,所以,设计问卷应该要考虑最初的需要。对每个问题和答案的设计,应充分考虑被调查者,多从被调查者角度考虑,尽力为他们回答问卷提供方便。

第二,问题的表述要清楚。提问的意义要准确、清楚,文字应尽可能简明扼要;要使用一般的语句,尽量避免使用专业术语,所列问题不能超过被调查者的能力;提问不能带有暗示,即不能带有感情色彩和倾向性;一个问题询问一件事、一个人或一个意思,而不要在一个问题中同时提出两个及两个以上的问题;每个问题要规范化、标准化,即问卷上提出的每个问题、变量和指标都要有明确规定,要使所有的回答者能做出统一的正确理解。

第三,问卷中的问题应尽量避免社会禁忌和敏感性问题,对敏感性问题在设计问卷时应遵守保密的原则。比如,"您离过婚吗?""避孕手段使用情况?""性问题调查""不轨行为的调查""您的私人财产多少?"等,都属于敏感性的问题调查。进行这类问题调查的时候,如果不注意方式方法或者措辞等,就会被拒绝调查或者得不到真实的答案。

第四,问题的排序应当具有逻辑性。把被调查者熟悉的问题放在前面,比较生疏的问题放在后面;把简单的问题,比如性别、年龄、职业、收入等基本情况放在前面,把较难回答的问题放在后面;把能引起被调查者兴趣的问题放在前面,把容易引起他们紧张、焦虑、不安的问题放在后面等。一般是按照从近到远、从浅到深的逻辑顺序排列。

第四节　统计调查的基本方式

一、统计报表

(一)统计报表的概念

统计报表是指按照国家的有关法规的规定,以统一的表格形式、统一的指标内容、统一的报送程序和时间,自上而下地统一布置统计调查任务,由填报单位自下而上、逐级、定期地提供统计资料的一种统计调查组织方式。统计资料以原始资料为填报依据,它的实施范围广泛,调查内容和调查周期相对稳定。

统计报表是我国对国民经济实施宏观调控和业务指导的重要工具,是全面、及时、准确地获得统计资料的有效方法,特别是在以往的计划经济体制下,统计报表是主要的统计调查方式,即使在社会主义市场经济中,这个统计调查的组织方式,在某些方面仍有不可替代的作用。国家为了加强宏观调控,制定符合社会和经济发展客观规律的方针、政策,指导和监督各地区、各部门、各企业单位的经济活动,必须及时掌握和依据全面的统计资料;而各地区、各部门、各企业单位也需要定期向上级如实报告自己经济活动的基本资料和有关数据,以便于上级有关部门的指导和监督。这种客观要求,决定了国家必须建立统一的统计报表制度。我国在多年的统计实践中,使统计报表的作用得到了最大限度的发挥。由于统计报表费时、费力、中间环节多,信息反馈慢,如今不再作为获得统计资料的主要和唯一的形式,而是同各种调查方式科学地结合起来,综合运用。

统计报表的种类,可以按照不同的角度划分:按调查的范围,分为全面统计报表和非全面统计报表;按填报单位的不同,分为基层报表和综合报表;按报送周期长短,分为日报、旬报、月报、季报、半年报和年报;按报表的内容和实施范围不同,分为国家统计报表、部门统计报表和地方统计报表。

(二)统计报表制度及内容

按照国家统计法规制定、实施和管理的一整套办法,称为统计报表制度。

现行的统计报表制度的内容主要包括报表目录、表式、填报说明三部分。

1.报表目录

报表目录是对报表名称、报送日期、填报单位、填报范围和报送方式等进行说明的一览表。

2. 表式

表式是指报表的具体格式。它是统计报表制度的主要部分,统计资料就是根据表式填报取得的。表式的内容包括主栏项目、宾栏项目和补充资料项目,以及表名、表号、填报单位、填报日期、报送单位负责人和填表人签字等。

3. 填报说明

填报说明是对填写表格的有关问题的解释。主要包括:

(1)填报范围。即统计报表的实施范围,它规定了每种报表的填报单位、各级主管部门或统计部门的综合汇总范围。明确填报范围,可以避免填报单位漏报;在填报范围发生变动时,也可依次调整统计资料,保证不同时期统计资料具有可比性。

(2)指标解释。它是对报表中的统计指标的概念、计算口径、计算方法和计算时应注意的问题所做的说明。

(3)统计目录。它是统计报表中应填报的项目和指标,以及与之有关的分类与分组。

统计目录是填报单位填报统计报表的重要依据。例如,填报所属行业应依据《国民经济行业分类》填写,填报产品产量、销售量指标应根据《全国工农业产品分类与代码》填写。填报的项目、指标名称必须是在目录中列示的。

(三)统计报表的资料来源

统计报表的资料来源于基层单位的原始记录和统计台账。原始记录和统计台账是各种经济核算的基础,也是填制统计报表的重要依据。没有健全的、规范化的原始记录和统计台账制度,要做好统计报表的填报工作是不可能的。

1. 原始记录

原始记录是基层单位通过一定的表式,用数字或文字对生产经营的过程和结果所做的最初记录,是未经过任何加工整理的初级资料。例如,生产工人每天把生产的产品数量、质量和工时利用情况进行登记形成的工作票;成品检验合格入库,仓库管理人员开出的入库单;销售员领用材料、销售商品开出的出库单和销货单;单位职工填写的基本情况登记表,等等,都是原始记录。

原始记录具有记录范围广泛、记录内容真实、记录经常发生、记录项目具体和记录人员群众性的特点。它是统计报表和其他调查资料的来源,是基层企业进行会计核算、统计核算和业务核算的重要依据,也是企业开展劳动竞赛、考核职工工作成绩、进行科学管理的重要依据。

2. 统计台账

统计台账是根据定期统计报表和企业经营管理的需要,以一定的表格形式,按时间顺序分类登记和定期汇总统计资料的一种账册。它是从原始记录到统计报表的中间环节。如工业企业统计台账有产品产量台账、半成品台账、设备利用台账等。

统计台账以原始记录、计算表、汇总表为依据,将统计资料登记汇总工作分散到日常工作中去,并逐日累积,日清月结,为编制统计报表做好准备,使有关数字可以在编制统计报表时可以直接使用。这样,不但能使统计资料系统化、条理化,保证统计资料的数字质量,使统计报表及时上报,而且也为领导及时掌握情况进行分析研究提供资料依据。统计台账还是系统地积累和保存历史资料的重要形式。

统计台账示例见表2.3。

表 2.3 工业总产值及主要产品产量

企业名称： 表号：B202

主要部门： 制表机关：国家统计局

年 月

产量及产品产量	计量单位	计划			实际				
		本年	本季	本月	本月	本季	本年本月累计	去年同月	去年同月累计
(甲)	(乙)	(1)	(2)	(3)	(4)	(5)	(6)	(7)	(8)
一、工业总产量（按不变价格计算）	万元								
二、全体人员平均人数	人								
三、主要产品产量									

主要部门负责人盖章： 企业负责人盖章： 填表人盖章：

报出日期： 年 月 日

二、普查

(一)普查的意义

普查是根据特定的统计目的而专门组织的一次性全面调查。它一般用于调查属于某一时点的总体现象的总量，如一个国家或地区的总人口数、土地总面积、全部生产设备等。普查也可以反映一定时期的现象总量，如出生人口总人数、死亡人口总数等。

普查是一种其他方式不可替代的非常重要的调查方式，世界各国在反映本国综合实际的国情国力调查中，都采用普查的方式。普查对于国家了解和掌握人力资源、财力资源和物资资源数量及其利用情况，从实际出发制订国民经济和社会发展长远规划，制定政策和计划，以及安排人民物质文化生活，都有重要意义。

(二)普查的特点

1. 普查是一次性调查

普查一般用来调查属于一定时点上客观现象的总量，时点现象的总体数量在时期内往往变化不大，不需要进行连续登记。普查是只有间隔一段较长的时间才需进行的一次性的全面调查。例如，我国第六次人口普查时点为 2010 年 11 月 1 日零时，它与 2000 年进行的第五次人口普查相隔了 10 年。当然普查并不排斥调查属于时期现象的项目，但总的来说，它所了解的主要是属于时点现象的项目。

2. 普查是全面性调查

普查的对象范围广，总体单位数量大，指标的内容详细，并且规模宏大，所以，普查比任何其他方式的调查更能掌握大量、全面的统计资料。如人口普查的内容不仅仅是人口数量，还有各种构成资料和社会特征资料，如性别构成、年龄构成、民族构成、生育率、死亡率、教育特征、经济特征等各方面的情况。

3. 普查的工作量大

普查涉及面广、时间性强、复杂程度高、对组织工作的要求高，需要消耗大量的人力、物力和财力，因而普查不一定经常进行。

（三）普查的组织

普查的基本组织方式有两种：一是组织专门的普查机构，配备一定数量的普查人员，对调查单位进行直接登记；二是利用调查单位的原始资料和核算资料，分发一定的调查表格，由调查单位进行填报。但是，即使采用后一种组织方式，仍需要设立一定的组织机构，配备一定的专门人员，组织领导整个普查工作。普查要求准确性高，时效性强。在组织普查时要遵循如下基本原则：

1. 规定统一的调查标准时间

有了统一的标准时间，所有调查项目都反映同一时间上的状况，这样才能避免因调查时间不一致而造成资料的重复和遗漏。如我国历次全国人口普查都规定了统一的标准调查时间。

2. 统一调查项目

调查项目一经规定，不得任意改变或增减，以免影响综合汇总，降低统计资料的质量。同一性质的普查应尽可能使历次普查项目一致，以便进行对比分析。

3. 统一调查方法和步骤

在普查范围内的各调查单位或调查点，应同时进行调查，取得一致的调查方法和步调，并尽可能在最短的期限内完成，避免资料的重复和遗漏。

4. 选择调查时间

应根据普查任务，选择最适宜的普查时间。一般来说，应尽量保持相邻两次普查的时间间隔基本相等，以便进行前后两次普查资料的动态对比，反映现象的发展趋势和规律。

三、重点调查

（一）重点调查的意义

重点调查是一种专门组织的非全面调查，它是在全部单位中选择一部分重点单位进行的调查。所谓重点单位是指全部单位中的一小部分，但它们的某一主要标志总量在总体的标志总量中却占绝大比重。调查这部分单位的情况，就可以反映出被研究现象的基本情况和基本趋势。例如，为了解我国工业企业发展的基本情况，对一些国有特大型企业进行调查，如鞍山钢铁集团公司（简称“鞍钢”）、首钢集团（简称“首钢”）等，它们的数量不多，但在国民经济的发展中，无论是资产总量，还是利税，都占全国所有工业企业相关指标的较大比重。对这些为数不多的重点单位所进行的调查，属于重点调查。

重点调查的作用是能够在大大节省人力、物力和财力的情况下，迅速取得调查总体基本情况的资料。

（二）重点调查的方法

重点调查的方法可以根据调查任务的需要灵活选择。既可以组织专门机构对重点单位的某些数量标志进行一次性调查，也可以对重点单位布置统计报表，进行经常性调查，以便于系统地观察和研究。重点单位可以是一些单位，也可以是一些城市或地区等。选择重点单位应注意以下两点：

（1）重点单位的数量，依调查人而定。一般选出的重点单位应尽可能少些，且标志值在总体标志总量中所占的比重应尽可能大些。

（2）选中的单位，应该有健全的管理机构、稳定充实的统计队伍，以便能准确、及时地取得调查资料。

四、抽样调查

抽样调查是按随机原则在调查对象中抽取一部分单位进行观察,用以推算总体数量特征的一种调查。

抽样调查是专门组织的非全面调查。由于全面调查的范围广,工作量大,要耗费大量的人力、物力和财力,而且有时也不需要或不可能进行全面调查,但又要了解客观现象的总体情况,就可以采用抽样调查的方式。抽样调查将在后面章节再做详细介绍。

五、典型调查

典型调查是根据统计调查的目的和要求,在对研究对象总体做全面分析的基础上,有意识地从中选出一个或几个有代表性的典型单位,进行深入细致的调查研究的一种非全面调查。

典型调查有以下特点:

(1)典型调查的实质是深入细致的调查,可用来研究某些比较复杂的专门问题。

(2)典型调查的单位少,因而指标可以多一些,也可节省人力、物力和财力。

(3)典型调查是一种比较灵活的调查方式。

典型单位的选择和确定,是根据研究任务,在对调查对象进行初步分析的基础上,有意识地加以选择的。

选择对象单位,应根据调查的目的和任务的要求,在对研究对象进行全面客观分析的基础上,选择具有普遍指导意义的典型单位。如为了研究获得成功的经验或总结失败的教训,就应该选择调查对象中先进或落后的作为典型单位;如果是为了解总体的一般数量表现或一般发展趋势,则可选择中等的带有普遍性的那部分单位作为典型单位。典型单位可以是固定的,也可以是临时选取的。

典型调查的方法有开调查会、个别访问、现场观察、查阅资料等,其中开调查会是最常见的方法。

练 习 题

一、思考题

1. 统计调查可以按哪些标志分类?分为哪几类?
2. 经常性调查和一时性调查有哪些区别和联系?
3. 统计调查方案包括哪些内容?
4. 怎样确定调查时间?
5. 试举例说明调查单位和填报单位有什么区别和联系。
6. 统计报表有哪些种类?

二、单项选择题

1. 统计调查搜集资料归根到底是对(　　)。

A. 原始资料的搜集　　B. 次级资料的搜集

C. 原始资料和次级资料的搜集　　D. 统计资料的搜集

2. 专门调查一般属于(　　)。

A. 全面调查　　B. 非全面调查　　C. 一时性调查　　D. 经常性调查

3. 经常性调查一般是对(　　)。

A. 时期现象的调查　B. 时点现象的调查　C. A 和 B 都对　D. A 和 B 都不对

4. 直接观察法的最大特点是(　　)。

A. 取得资料准确可靠　　B. 人力、财力、物力花费小

C. 时效性好于局限性　　D. 直接取得第一手材料

5. 当前我国取得事业、机关单位统计资料的主要方法是(　　)。

A. 直接观察法　　B. 报告法　　C. 采访法　　D. 口头询问法

6. 对某市工业企业未安装设备进行普查,调查对象是(　　)。

A. 各工业企业　　B. 一个工业企业　　C. 各种未安装设备　　D. 一台安装设备

7. 统计报表体系中的基本部分是(　　)。

A. 综合统计报表　B. 国家统计报表　　C. 部门统计报表　　D. 地方统计报表

8. 经常性调查要随着被研究对象的变化,连续不断地进行登记以取得资料,下列调查中属于经常性调查的是(　　)。

A. 每隔若干年进行一次工业普查　B. 对 2001 级毕业生就业状况的调查

C. 对近年来物价变动情况进行一次摸底　D. 按旬上报钢铁产量

9. 有意识地选择三个农村点调查农业收入情况,此调查方式属于(　　)。

A. 重点调查　　B. 普查　　C. 抽样调查　　D. 典型调查

三、多项选择题

1. 是专门调查同时又是一时性调查的方式有(　　)。

A. 统计报表　　B. 典型调查　　C. 重点调查

D. 抽样调查　　E. 普查

2. 下列属于非全面调查的有(　　)。

A. 为了解职工家庭生活情况,从全部职工中选择部分职工调查　　B. 重点调查

C. 典型调查　　D. 非全面的统计报表　　E. 抽样调查

3. 下列调查属于全面调查的有(　　)。

A. 普查　B. 对全国所有钢铁企业的钢产量都进行调查　C. 全面的统计报表

D. 抽样调查　　E. 我国 2010 年 11 月 1 日零时进行的人口调查

4. 常用的统计调查方法有(　　)。

A. 直接观察法　　B. 报告法　　C. 采访法

D. 口头访问法　　E. 通信法

5. 下列调查属于经常性调查的是(　　)。

A. 产品产量调查　　B. 原材料消耗量调查　　C. 商品销售量调查

D. 对在职科技人员进行调查　E. 物资普查

6. 统计报表要求以一定的原始记录为基础,填报时要按照(　　)。

A. 统一表式　　B. 统一指标　　C. 统一报送时间

D. 统一报送程序　　E. 自下而上的顺序

7. 一时性调查(　　)。

A. 指间隔一定时间进行的调查

B. 是对时点现象进行的调查

C. 可以定期进行

D. 可以不定期进行　　E. 是对时期现象进行调查

8. 统计报表按主管系统和报表内容不同,可分为(　　)。

A. 国家统计报表　　B. 综合统计报表　　C. 部门统计报表

D. 地方统计报表　　E. 基层统计报表

9. 普查是(　　)。

A. 专门调查　　B. 一时性调查　　C. 全面调查

D. 一般用来调查时点现象　　E. 非全面调查

四、其他类型题

1. 请分别为下列各项调查拟订调查方案:

(1)对某高校学生的身体素质情况进行调查研究。

(2)对本校图书馆全部藏书情况进行调查。

(3)对本市各家保险公司的保险代理人素质进行调查。

2. 分析下列各种调查,并说明各属于哪种调查方式。

(1)为了研究某地区农业生产成果,抽取部分土地进行粮食生产的调查。

(2)对已扭亏为盈的企业进行调查,以了解扭亏工作的效果,推广成功经验。

(3)为了解钢材库存情况,上级机关向各单位颁发一次性调查表要求填报。

(4)对全国各铁路交通枢纽的货运量、货物种类等进行调查,以了解全国铁路货运情况。

(5)抽检少数产品,对某批产品的质量进行评价。

(6)对特大型国有企业的产值、利润等情况进行调查,以了解我国国有工业企业的经营状况。

3. 请同学们讨论分析以下观点。

(1)有人认为,统计研究采用的方法是大量观察法,典型调查时对个别单位进行调查,不符合这种方法,它是属于"销量观察法"的,因而不是统计研究的内容,你对此有什么认识?

还有人认为,统计是研究社会经济数量关系的,典型调查主要在于了解事实和情况,属于统计调查,你对此又有什么看法?另外,你认为典型调查在统计调查中地位如何?

(2)为什么进行全国性大规模普查必须统一规定标准时点?

第三章 统计数据的整理和显示

【学习目标】

统计资料要进行科学的整理。学习本章的目的主要在于掌握统计整理的理论与方法,包括分组、汇总和统计表的设计。

【学习要求】

- 明确统计整理在统计研究中承前启后的地位;
- 掌握分组的方法和汇总技术;
- 认识统计分布是统计整理的重要表现形式;
- 学会统计表的编制并能熟练地运用。

第一节 统计数据整理的内容与程序

一、统计数据整理的意义

统计数据整理,可简称为统计整理。它是根据统计研究的目的和任务对统计调查获得的大量原始资料进行科学加工,使之系统化、条理化,从而得到能够反映事物总体特征的资料,为统计分析做好准备的工作过程。

统计数据的整理从不同的角度可以有广义和狭义两种不同的理解。广义上说统计整理包括两层含义:一是对统计调查所搜集的原始资料进行加工整理;二是对第二手资料的整理。本书的统计数据整理是第一层含义,即狭义的统计整理。

统计整理是统计工作的第二个阶段。统计调查阶段,搜集并占有了大量原始统计资料,这些统计资料是个别的、散乱的、不系统的,因而不能反映事物的全貌和总体特征。只有对这些数据进行加工整理,才能更深刻地说明事物的本质,揭示事物发展的规律。

统计整理是统计调查的继续,也是统计分析的前提。统计整理在整个统计工作中起着承上启下的作用。统计整理方法的正确与否,将直接影响到客观情况描述的准确性及其分析的可靠性。

二、统计整理的原则和程序

统计整理的目的是从对个别事物的认识过渡到对总体的认识。在统计整理工作中,应该首先对所研究的社会经济现象进行深刻的政治经济分析,在此基础上运用最基本的、最能说明问题本质特征的统计分组和统计指标对统计资料进行加工整理,这就是统计整理必须遵循的原则。

统计整理的主要内容是分组、汇总及编制统计表图。在整个统计整理过程中既有理论性问题,又有综合汇总的技术问题,是一项细致的工作。需要有组织、有计划地实施。它的

基本程序是:

(一)设计和制订统计整理方案

科学合理地制订统计整理方案是保证统计整理有计划、有组织进行的首要步骤。统计整理方案应该紧紧围绕统计研究目的,具体内容包括:统计整理的组织形式、确定分组和分类目录、选定统计资料审核方法、制定汇总的流程、确定整理结果的表现形式及统计资料的管理与积累等。

(二)对统计数据的审核

在对原始资料进行分类汇总之前,必须对它进行审查、核对。这样才能保证统计整理以及统计分析建立在可靠的基础之上。

(三)分组和汇总

按照一定的组织形式和方法,对原始资料进行统计分组和汇总是统计整理阶段的中心工作环节。分组就是将统计资料按某种标志分类;汇总就是在分组基础上计算出各组的单位和合计总数,同时计算出各组指标和总体的综合指标。

(四)统计数据的表现——统计图表

通过统计整理后的统计资料包括两方面的内容,即数据资料和相关的文字资料。统计数据的条理化、科学化、规范化必须通过一定的形式表现出来,让人一目了然。统计数据的表现可以有多种形式,其中最主要的是统计图表。统计表和统计图是显示统计数据最有效的工具。

(五)数据的积累和保管

从长期和历史的角度上看,长期积累的统计资料形成了历史资料。统计整理应包括对数据的积累与保管,有利于历史资料的形成,便于统计资料的横向和纵向比较。

在进行统计整理之前,必须对调查得到的原始资料进行审核,以保证统计资料和统计整理的质量。这是一项不可缺少的准备工作。对原始资料的审核主要包括资料的准确性、及时性和完整性三个方面的内容,发现问题应及时加以纠正。

三、统计资料的审核

(一)审核资料的准确性

准确性是审核的重点。对资料准确性的审核是通过逻辑检查和计算检查两个方面进行的。逻辑检查是指审核原始资料的内容是否合理、有无相互矛盾或不符合实际的地方。计算检查是指通过计算复核表中的各项数字有无差错、各项指标的计算方法是否恰当、计算单位是否正确、有关指标间的平衡关系是否得到保持等。

(二)审核资料的及时性

审核资料的及时性是指检查资料是否符合调查规定的时间、资料的报送是否及时等。

(三)审核资料的完整性

审核资料的完整性是指检查报送单位是否有不报、漏报的现象,被调查单位提供的资料是否齐全,等等。

对于通过审查发现的问题和错误,应及时予以查询和纠正。

第二节　统计分组

一、统计分组的意义

统计整理的首要步骤就是对统计调查的原始资料进行分组。统计分组就是根据统计研究的目的和任务,按照选定的变异标志将总体划分为若干部分或组别,使组与组之间具有差别性,而同一组内的单位保持相对的同质性。例如,社会产品按其经济用途分为第一部类和第二部类,即生产资料的生产和消费资料的生产;在工业部门内,根据年产量或投资总额等,将工业企业划分为大型企业、中型企业和小型企业三组;居民按居住地区,一般可分为城市和乡村两组。通过统计分组,可以区别现象在质的方面的差别、在数量上以及在空间上多个方面的差别。

社会经济现象是复杂多样的,现象之间有其共性的一面,也有其个性的一面。有了共性,就构成事物的同质总体;有了个性,就使总体各个单位之间存在某些差别,有了这些差别才有可能和必要进行分组。统计分组的目的就是要将同质总体中有差别的单位区分开来,同时又将性质相同的某些单位组合在一起,以便通过相应的指标,对总体中所有单位在质量上、数量上、空间上存在的差异进行分析,进一步认识事物的本质特性及其发展的规律性。可见,统计分组不仅是统计整理的基础,也是使认识深化的重要手段,统计分组是统计研究中最基本的方法之一。

二、统计分组的作用

统计分组在统计研究中的作用,主要有以下三个方面。

(一)划分现象类型

在这种定性的分类或分组中,划分经济类型具有重要意义。例如企业或生产单位,按生产资料所有制形式划分为全民所有制企业、集体所有制企业和其他经济类型的企业,然后再整理这些类型组的产值、职工人数、劳动生产率、成本降低率等指标数值,就可以从数量方面说明不同类型现象的数量特征,反映不同类型现象的本质及其发展规律性。

社会经济现象的类型各异,其中最重要的类型是指直接反映社会生产关系的类型,因为它可以直接反映一定的社会经济结构的特点。比如,我国产业一共分为三大类:第一产业、第二产业和第三产业;工业划分为采矿业、电力热力燃气及水生产、制造业和供应业;农业划分为农、林、牧、渔四大类型等。有关农业的划分具体如表3.1所示。

表3.1　我国农林牧渔业总产值　单位:亿元

类型	2012年	2013年	2014年	2015年
农业	46 940.5	51 497.4	54 771.5	57 635.8
林业	3 447.1	3 902.4	4 256.0	4 436.4
牧业	27 189.4	28 435.5	28 956.3	29 780.4
渔业	8 706.0	9 634.6	10 334.3	10 880.6
合计	89 453.0	96 995.3	102 226.1	107 056.4

资料来源:《中国统计摘要》,中国统计出版社2016年版,第108页。

(二)反映总体的内部结构

通过统计分组,可以计算各组数值在总体中所占的比重或各组之间的比例关系,从而反映总体的结构情况,说明现象总体的性质和特点;根据不同时期中结构的变动情况,可以说明现象总体发展变化的过程。例如在表3.2中,可以从第一产业、第二产业、第三产业分别在1978年、1995年、2005年和2015年四年中所占比重的比例变化,看出改革开放以来我国国民经济的调整情况。

表3.2 我国国内生产总值构成

	1978年		1995年		2005年		2015年	
	绝对数/亿元	比重/%	绝对数/亿元	比重/%	绝对数/亿元	比重/%	绝对数亿元	比重/%
第一产业	1 028	28.0	12 136	19.9	22 420	12.2	60 863.0	9.0
第二产业	1745	48.2	28 680	47.2	87 365	47.7	274 277.8	40.5
第三产业	873	23.8	19 979	32.9	73 433	40.1	341 566.9	50.5
合计	3 646	100.0	60 794	100.0	183 218	100.0	676 707.8	100.0

资料来源:《中国统计摘要》,中国统计出版社2016年版,第21、23页。

(三)分析现象之间的依存关系

社会经济现象之间存在着不同程度的相互联系、相互依存关系。同时社会经济现象的数量变化又受自然技术因素的影响。利用统计分组,可以反映现象之间的联系和依存关系,借以说明两个标志的联系和方向,具体说明现象之间的相互依存关系的程度。例如从表3.3中可以看出施肥量与小麦亩产量之间的依存关系,即随着施肥量的增加,小麦亩产量也相应提高。

表3.3 施肥量与小麦亩产量资料

施肥量/kg	0	5	10	15	20	25	30	35
小麦亩产/kg	70	105	140	175	210	245	255	250

统计分组三个方面的作用往往是相互联系、相互补充的。

三、统计分组的方法

统计分组的关键在于选择分组标志和确定各组界限。要充分发挥统计分组的作用,必须在正确的理论指导下进行科学的分组。

(一)分组标志的选择

分组标志就是划分总体单位为各个性质不同的组的标准或根据。例如工业企业可以按生产资料所有制或计划完成程度分组,则所有制或计划完成程度就是统计分组的标准,称为分组标志。选定了分组标志,就要在分组标志的变异范围内,划定各个相邻组之间的性质界限和数量界限。如果分组标志选择不当,分组结果就难以正确反映总体的特征;如果划不清各组的界限,就将失去分组的意义。为使统计分组具有科学性,保证统计整理的准确性,应该正确选择分组标志,分清各组的界限,反映各组的性质差别。

任何事物都有许多标志,要在许多可供选择的标志中选取能反映总体性质特征的标志,必须遵循以下基本原则:

1.要根据统计研究的具体任务和目的,选择统计分组标志

对于同一总体,由于研究的任务和目的不同,应分别采用各种与研究目的有密切关系

的标志作为分组的标准,使统计分组提供符合要求的分析资料。例如为了研究某地区各种经济类型的工业企业在整个工业部门中所占的比重以及所起的作用,就应按工业企业生产资料所有制这一标志进行分组。如果研究的目的是要了解工业企业经营成果,则应选择劳动生产率、生产成本、利润率等作为分组标志。

2. 要在对被研究对象进行理论分析的基础上,从中选择具有本质性特征的重要标志作为分组标志

在总体的若干标志中,有的标志能够揭示总体的本质特征,是有决定性意义的重要标志;有的则是非本质的、无足轻重的标志。只有选择能够说明问题本质的重要标志作为分组标志,才能得出触及问题实质的重要的分组。例如研究国民经济的现状、发展和平衡关系时,按所有制进行分组、按国民经济部门进行分组等,都是重要的分组;又如按地区、按隶属系统、按企业规模等分组,对于检查分析政策和计划执行情况,具有重要意义。

3. 要结合研究对象所处的具体历史条件或社会经济发展的条件,选择分组标志

因为能够反映现象本质的重要标志,具有条件性、地区件和历史性,所以某一个标志在一定时间、地点、条件下,可以作为最重要的标志,但在另一时间、地点、条件下,由于时过境迁,某一个标志可能失去其重要意义。例如为研究工业企业规模与劳动生产率等因素之间的关系,需要按企业规模进行分组。而反映企业规模的指标和职工人数、生产能力、固定资产价值、产值等,究竟应选择其中哪种标志作为分组标志,需视具体条件而定。在技术不发达或劳动密集的条件下,适宜用职工人数的多少来表示企业规模的大小,而在技术进步的历史时期或技术装备比较先进的条件下就应考虑采用固定资产价值或年产量等作为分组标志。同时,还应注意即使处于相同的历史条件下,在不同的经济部门或生产部门,由于它们经济发展的条件、生产性质、经营方式的不同,也应该区别情况,选择不同的分组标志和级别。例如在我国已进入四化建设的今天,有些农作物产区仍然处在粗放经营的条件下,可用耕地面积表示生产单位的规模;而具有集约化生产特点的地区,则应选用产量的多少来反映生产单位规模的大小。可见,选择分组标志时不能千篇一律、一成不变,而要依一定的时间、地点、条件,考虑研究对象所处的历史条件,这才有现实意义。

(二)确定各组界限

选择了正确的分组标志,还要将被研究现象准确地划归到各组中。在具体分组时,首先要做到各组之间应该有明确的界限,保证各组内性质相同、组外性质相异,组与组之间在分组标志下应有明显的区别,即被研究现象中的每一个单位只能划入某一个组中。例如用性别作为分组标志,将人口分为“男”和“女”两组,这两个组是互相排斥的。作为被研究的人口总体中每一个人,不是划归为“男”组,就是划归为“女”组。其次,要使总体中所有单位各有所归,符合穷尽原则。

四、统计分组的种类

(一)按品质标志和数量标志分组

按分组标志的性质可以分为品质标志和数量标志两类,可以按品质标志分组,也可以按数量标志分组。

1. 按品质标志分组

品质标志是以事物的性质属性来表现的标志。按品质标志分组,就是根据统计研究的目的,选择反映事物性质属性差异的品质标志作为分组标志,在品质标志变异的范围内,划定各组的性质界限,将总体区分为若干个性质不同的部分或组别。例如人口总体按性别分为男、女两组,工业企业总体按所有制分为全民所有制企业、集体所有制企业、个体经营企业和其他类型企业四组。

按品质标志分组有些比较简单,因为在按一个品质标志进行分组的条件下,组数较少,而且有少数品质标志所表现的差异比较明确和稳定,因而组与组之间差别明显,界限也容易确定。上述人口按性别的分组、企业按所有制的分组就属于这种情况。

但在多数情况下,这类分组相当复杂,涉及的组数较多,而主要问题就在于组与组之间的性质界限不易划分。例如国民经济按部门分组、人口按职业分类、产品按用途分类等。这种按品质标志进行的复杂分组,通常称为分类法。在我国统计工作实践中,这种分类法应用很广、作用显著,由此对重要的品质标志分组,编有标准的分类目录,以统一全国的分类口径,便于各个部门掌握和使用。

2. 按数量标志分组

数量标志就是以数量的多少来表现的标志。按数量标志进行分组,就是根据统计研究的目的,选择反映事物数量差异的数量标志作为分组标志,在数量标志值的变异范围内划定各组的数量界限,将总体划分为性质不同的若干个部分或组别。例如人口按年龄分组、企业按计划完成程度分组、钢铁企业按年产量分组等。按数量标志分组的结果,形成变量数列。

在统计整理和统计分析中,变量数列广泛应用,借以观察某种指标的变动及其分布状况。

数量标志的具体表现,就是许多不等的变量值。在少数情况下,根据变量值的大小不等来确定分组的数量界限是比较容易的。例如工人按看管机器的台数分组,可以分为1台、2台、3台……又如企业按计划完成程度分组,一般可以分为完成计划100%以下、完成计划100%和完成计划100%以上三个组。

但在多数情况下,按数量标志分组时,要使分组的数量界限能够确切地反映各组的性质上的差别,其分组界限往往不易确定,即使是同一种资料,也会产生多种分组形式。因此,对于比较复杂的按数量标志的分组,应该根据统计研究的目的,选定数量标志,经过科学分析,先确定总体有多少个性质不同的组别,然后按实际情况研究确定各组之间的数量界限。例如为了研究企业规模与劳动生产率等方面的关系,可以按企业规模分为大、中、小型三组。分组的数量标志可按产品年产量或固定资产价值等划分。而分组的数量界限还应根据不同行业的具体情况,确定不同的数量标志。如在钢铁企业中的钢铁联合企业,年产钢100万吨及以上者为大型企业,10万~100万吨为中型企业,10万吨以下则为小型企业。

总之,按数量标志进行分组,要从各组的量的变化中反映各组的质的特征。其中还涉及变量值的多少、变动范围的大小、变量的类型等问题,以及相应确定组数、组限和组距等方法,留待下一节叙述。

(二)简单分组、复合分组和分组体系

进行统计分组时,由于采用分组标志数目和使用方法的不同,有简单分组、复合分组、简单平行分组体系、复合分组体系四种情况。

1. 简单分组

对总体只按一个标志进行的分组称为简单分组。例如人口总体只按性别一个标志进行分组,社会产品按其经济用途分为生产资料和消费资料两组。显然简单分组只能说明总体在某一方面的差别情况。

2. 复合分组

对同一个总体采用两个或两个以上的标志,按顺序、连续进行的分组,称为复合分组。例如工业企业先按所有制这一标志进行分组,然后再按规模大小这一标志将已划分的各组又划分为大、中、小型三组,结果形成如下的双层重叠的组别:

(1)全民所有制企业。

大型企业、中型企业、小型企业。

(2)集体所有制企业。

大型企业、中型企业、小型企业。

(3)其他所有制企业。

大型企业、中型企业、小型企业。

进行复合分组,应首先根据统计研究的目的和要求,按照总体的特征和复杂性,选择分组标志,其次确定各个标志的主次顺序,然后依次进行分组。如上例中,所有制为主要标志,先按这一标志对工业企业总体进行分组,然后再结合其相对次要的规模标志进行分组。如有需要,还可以按照第三个标志如计划完成程度将各组划分为未完成计划、完成计划和超额完成计划三组。采用复合分组,可以对总体做比较全面而深入的分析。

但是,复合分组的组数将随着分组标志个数的增加而成倍地增加。如在上例中,采用三个分组标志,按每一标志分成三组,就有 $3^3=27$ 组。组数过多则每组中的总体单位数就相应地减少,反而不易揭示事物的本质特征。

3. 简单平行分组体系

如果对同一总体选择多个标志分别进行简单分组,这几个简单分组就形成平行分组体系,借以反映总体的全面特征。例如,为了深刻认识我国工业企业总体的构成情况,可以分别按经济类型、轻重工业、企业规模、工业部门进行如下的简单分组:

(1)按经济类型分组。

全民所有制企业、集体所有制企业、其他类型工业。

(2)按轻重工业分组。

轻工业、重工业。

(3)按企业规模分组。

大型企业、中型企业、小型企业。

(4)按工业部门分组。

冶金工业、电力工业、煤炭工业、石油工业、化学工业、机械工业、建材工业、森林工业、食品工业、纺织工业、造纸工业。

上述四个简单分组是相互联系、相互补充的,形成一个平行分组体系。

4. 复合分组体系

复合分组形成的体系就是复合分组体系。由于复合分组已将多个标志结合起来,因此包括了多层错综重叠组别,已经形成了复合分组体系。

例如,对高等学校学生总体可先按学科分组,然后在此基础上再按本科或研究生、性别等标志进行复合分组。其分组体系如图3.1所示。

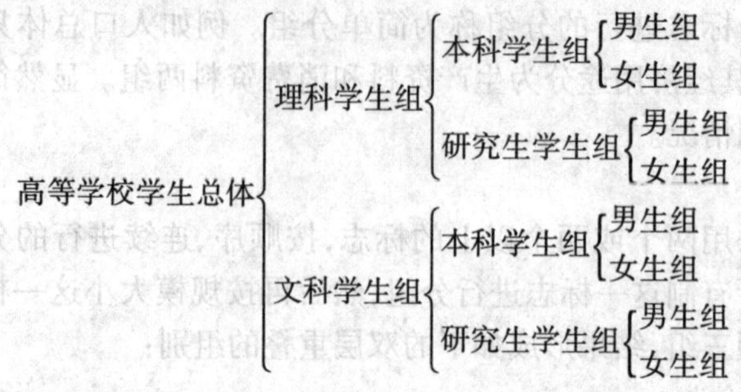

图3.1 复合分组体系

第三节 分布数列

一、分配数列的意义和种类

(一)分配数列的意义

分配数列是指按照一定标志将原始资料进行分组后,按一定顺序进行排列,并列出总体单位在各组分配情况下形成的统计数列。分配数列也称次数分布、次数分配。分配数列有两个要素:一是各组名称;二是次数(即各组总体单位数)。

编制分配数列是统计整理的一种重要形式,也是统计描述和统计分析的重要方法。

分配数列可以反映总体中所有单位在各组间的分布状态、分布特征及结构状况,并可以据此研究总体某一标志的平均水平及其变化规律。

例如,某高校80名学生期末考试成绩如下:

50 56 57 58 60 60 62 53 64 64 64 65 67 67 67 67
67 67 68 68 68 69 70 70 70 71 71 71 72 73 74 74
74 74 74 74 74 74 75 75 76 76 76 76 77 77 78 78
79 79 80 80 81 81 81 81 81 82 82 83 83 83 84 84
84 85 85 85 86 87 88 88 89 89 89 90 91 93 95 96

从上述资料中我们看不出有什么特征,下面按照考试成绩分组,顺序列出各组学生人数编制分配数列,见表3.4。

表3.4 某高校80名学生期末考试成绩资料

按考试成绩分组	学生人数
50 ~ 60	4
60 ~ 70	18
70 ~ 80	28
80 ~ 90	25
90 ~ 100	5
合计	80

通过编制分配数列,我们可以看出:这 80 名学生的考试成绩范围为 50～100 分,其中大多数学生的成绩集中在 70～90 分。

(二)分配数列的种类

1. 分配数列按其分组标志的不同性质可以分为品质数列和变量数列

(1)品质数列就是按品质标志分组编制的分配数列。品质数列包含两个要素:一个是组的名称;另一个是各组的单位数,称为次数或频数(次数的相对数形式又称频率)。如表 3.5 就是人口按性别分组编制的品质数列。

表 3.5　2016 年年底我国大陆人口的性别构成

性别	人数/万人	比重/%
男	70 815	51.2
女	67 456	48.8
合计	138 271	100.00

(2)变量数列就是按数量标志分组编制的分配数列。变量数列也包含两个要素:一是变量值,也称为标志值;二是各组单位数,即次数或频数(也可以是频率)。在变量数列中,各组次数或频率的大小意味着相应的变量值在决定总体数量表现中所起的作用不同,次数或频率大的组的变量值在决定总体数量表现中的作用就大,反之则小。如表 3.4 就是变量数列。

变量数列是一种典型的分配数列,它表明总体单位在各组的分配趋势或分布特点,同时变量数列也是一种区别数量差异的分配数列,它反映了总体在一定时间上的量变状态或量变过程。

2. 变量数列按变量取值范围又分为单项式数列和组距式数列

(1)数列中的每个组只用一个变量值来表示的叫单项式数列。单项式数列适用于变量值不多的资料。如表 3.6 就是单项式数列。

表 3.6　某厂工人生产某产品的日产量情况

按产品日产量分组/件	工人数/人
10	4
11	16
12	24
13	41
14	35
15	27
16	19
17	10
合计	176

(2)组距式数列。组距式数列是指数列中的每个数值是由表示一定变动范围或表示一

定距离的两个变量值来表示的分配数列。单项式数列的应用是有一定限度的。在变量值的变动范围较大、变量值很多的情况下，如仍采用单项式分组，势必显得细碎庞杂，不便于分析说明问题。遇有这种资料，就应采用组距式分组，编制组距式数列。因为组距式数列将性质相同的单位归并在一起，因此同一组内各单位之间的差异较小，而组与组之间的差异却被突显出来。这样，现象分配的规律性就能较明显地表示出来。

根据上述高校 80 名学生期末考试成绩资料，就可以编制组距式数列(见表 3.4)。

在组距式数列中，每组的距离称为组距，表示各组之间界限的变量值称为组限，每一个组的最大值叫上限，最小值叫下限，上限与下限的差即为组距。按照每个组组距是否相等来划分，组距式数列可分为等距数列和异距数列。

等距数列的各组组距相等，如表 3.4 中各组组距都是 10。异距数列中各组组距不尽相同，如表 3.7 中前三组的组距是 5，后四组的组距是 10。

表 3.7　50 个乡、镇农副产品商品率资料

农副产品商品率/%	乡镇数/个
15～20	3
20～25	7
25～30	10
30～40	12
40～50	8
50～60	6
60～70	4
合计	50

二、变量数列的编制

编制变量数列，要涉及很多细致、具体的问题，必须对所研究的现象做科学的分析，结合实际情况合理地加以解决。变量数列编制的具体方法如下。

(一)排序

排序，即把原始数据按大小顺序排列。

(二)确定组数和组距

它是指将原始资料按数值大小的顺序排列后找出全部变量的最大值和最小值，计算出全距。如上述某高校 80 名学生期末考试成绩资料的最大值是 96，最小值是 50，全距＝96－50＝46。若是离散型变量，且变动范围较小，则可以编制单项式数列；若是连续性变量或虽是离散型变量，但变动范围大，则要编制组距式数列。

组数的确定和组距有密切联系，即组数的多少和组距的大小互为制约，它们的关系是：组距＝全距/组数。原则上说，组数与组距的确定应该力求符合现象的实际情况，能将总体分布的特点充分表现出来。在同一资料中，组数多，组距必然小；扩大组距，组数就会减少。究竟是先确定组数，还是先确定组距，没有机械规定的必要。不过，就一般情况看，应该先确定组数，再确定组距。根据经验，组数不宜过多也不宜过少，一般应在 10 组左右。例如上述资料根据考试成绩性质的不同可以分为 5 组。组数确定了，再在此基础上确定组距。确定组距时应考虑以下几个问题：

(1)应将总体分布的特点显示出来；

(2)要充分考虑原始资料分配的集中程度以及总体单位的分布情况；

(3)要考虑到分组后各组的同质性。

组距分组通常有等距和异距之分，根据以上几个方面的要求，是采取等距分组，还是采取异距分组，主要取决于现象的特点和研究的目的。例如根据 15 岁以下不同年龄儿童的特点，可以对 15 岁以下儿童按年龄做如下分组：1 岁以下、1 ~ 3 岁、3 ~ 6 岁、6 ~ 9 岁、9 ~ 15 岁。

一般来说，等距分组适宜于现象变化比较均匀的情况；反之，如果现象变化大，变动很不均匀，则适宜用不等距分组。不过，在一般情况下，能采取等距分组的，还是采取等距分组为好。这是因为等距数列有两个优点：其一，便于直接比较各组的次数；其二，便于制图。在等距数列情况下，组数确定了，组距也随之可以确定。其方法是以全距除以组数。如前述某高校 80 名学生期末考试成绩资料若采取等距分组，组距 = 46/5 = 9.2，故可以取整数，组距为 10。

(三)确定组限和组中值

1. 组限的确定

组限应根据变量的性质来确定，连续型变量数列组限可以用整数表示，也可以用小数表示，而且相邻两组的组限可以衔接起来，即前一组的上限与后一组的下限可以为同一数值，如表 3.4 所示。为了使变量的分组不发生混乱，习惯上规定各组一般不包括本组上限变量值的单位。如果一个变量值恰好等于组限，那么就应该划归在作为下限的所在组中，这个原则叫“上组限不在组内”。如表 3.4 中第一组所给定的上限是 60，而实际的上限是 59，60 应归到第二组中。给定的组限与实际的组限的这种差别只有在使用连续变量时才表现出来。

离散变量的组限只能用整数表示，而不能用小数表示。而且相邻两组的组限即前一组的上限与后一组的下限通常表现为相邻的两个整数值。

如工厂按职工人数分组，可以表示为 100 人以下、100 ~ 499 人、500 ~ 999 人、1 000 ~ 2 999 人、3 000 人以上。

在遇到特大或特小的变量值时，为了不使组数增加过多或将组距不必要地扩大，可采用开口组的形式。开口组就是只有上限缺下限用“××以下”，或只有下限缺上限用“××以上”表示的组。如前“100 人以下”“3 000 人以上”就是开口组。

合理地确定组限，安排好上、下限的具体数值，关系到统计资料是否反映实际情况，在不影响准确地进行统计分析的前提下，组限应尽可能取整齐的数值以方便计算。

2. 组中值的确定

组中值是上限和下限之间的中点数值。因为在组距式数列中，每组的上限或下限都不能代表该组的变量值，故采用组中值作为各组变量值的代表值。组中值的计算公式为

$$组中值=\frac{上限+下限}{2}$$

用组中值来代表组内变量的一般水平有一个必要的前提：即各单位的变量值在本组范围内呈均匀分布或在组中值两侧呈对称分布。实际上完全具备这一前提是不可能的，但是

在划分各组组限时,必须考虑使各组内变量值的分布尽可能满足这一要求,以减少用组中值代表各组变量值一般水平时所造成的误差。

如表 3.4 中,第一组的组中值为$\frac{60+50}{2}=55$,以组中值 55 分代表这一组学生的平均考试成绩,是假设组内学生考试成绩的变化是均匀分布的。

开口组组中值的确定方法是:

$$\text{缺下限开口组的组中值}=\text{上限}-\frac{\text{邻组组距}}{2}$$

$$\text{缺上限开口组的组中值}=\text{下限}+\frac{\text{邻组组距}}{2}$$

三、次数分布的描述

(一)列表法

列表法是用绝对数和相对数数列表描述次数分布的特征。在变量数列中,次数是表明分布在各级中的总体单位数。次数可以用绝对数计量也可以用相对数计量,用相对数计量的次数可以用百分比或系数表示,各组的百分比或系数相加等于 100%或 1。

在编制变量数列中,不仅要列出各组的次数,往往还需计量出截至某一级为止的总次数,也称为累计次数。计算累计次数的方法有两种:一种是较小制累计(向上累计),较小制累计是从最小变量值一组的次数起逐项累计,每组的累计次数表示小于该组上限值的次数共有多少;另一种是较大制累计(向下累计),较大制累计是从最大变量值一组的次数起逐项累计,每组的累计次数表示大于该组下限值的次数共有多少。现以表 3.4 为例计算累计次数和比例,见表 3.8。

表 3.8 某高校 80 名学生期末考试成绩次数分布表

按考试成绩分组	次数		较小制累计		较大制累计	
	人数/人	比重/%	人数/人	比重/%	人数/人	比重/%
50~60	4	5.0	4	5.0	80	100.0
60~70	18	22.5	22	27.5	76	95.0
70~80	28	35.0	50	62.5	58	72.5
80~90	25	31.2	75	93.5	30	37.5
90~100	5	6.3	80	100.0	5	6.3
合计	80	100.0	—	—	—	—

表 3.8 中 60~70 分这一组的较小制累计次数为 22 人,占 27.5%,说明成绩在 70 分以下的为 22 人,占全部学生比重的 27.5%;较大制累计次数为 76 人,占 95.0%,说明成绩在 60 分以上的有 76 人,占全部学生比重的 95.0%。

(二)图示法

图示法用曲线图形描述次数分布特征。各种不同性质的社会经济现象各有其特殊的次数分布,从而决定了反映其分布特征的曲线形态也有各种不同的类型。常见的图形有以下几种:

1. 钟形分布

钟形分布是对称分布曲线，这类型曲线一般是分布在中间的变量值的次数最多，两边各组变量值的次数逐渐减少，因而成为中间隆起、左右两边对称的徐徐下降的钟形状态，所以也称为钟形分布曲线图。其中在统计上具有重要意义的正态分布，则是一种理想的完全对称的分布，如图 3.2(a)。

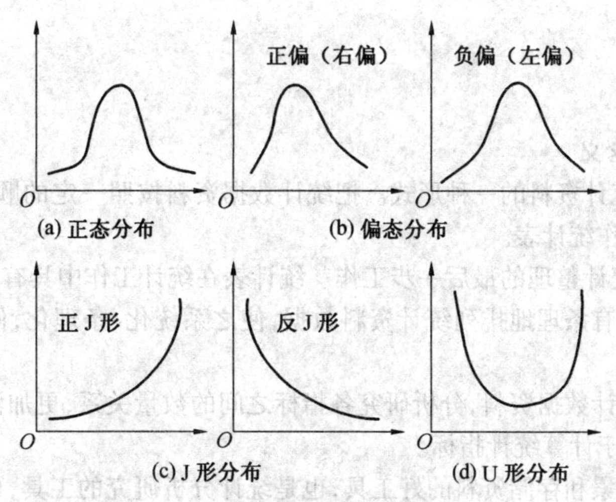

图 3.2　次数分布特征的曲线形态

在实际观测资料中，正态分布并不多见，许多社会经济统计总体的分布只是趋近于对称分布或正态分布。例如农作物平均产量的分布、零件尺寸随机误差的分布、人体身高和体重的分布、商品市场价格的分布等。

钟形分布有时呈非对称性，即偏态分布曲线。与对称曲线在程度上和方向上均有所偏离，形成两种偏态分布曲线。正偏(右偏)态的次数分布偏在变量值大的一侧，曲线尾部偏向右方，如图 3.2(b)。资本主义国家的统计资料表明，如按人均收入分组，国民的财富分配呈现右偏态分布状况。负偏(左偏)态次数分布偏在变量值小的一侧，曲线尾部偏向左方，如图 3.2(b)。

2. J 形分布曲线

这类曲线的形状类似英文字母 J，所以称为 J 形分布曲线。它有正 J 形分布与反 J 形布之分。前者的次数随着变量值的增大而增多，后者的次数随着变量值的增大而减少。在资本主义国家中，投资额利润率大小的次数分布，其图示一般成正 J 形分布曲线，如图 3.2(c)；育龄妇女按生育子女数分布、倒闭的企业按经营的时间长度所做成的分布等，其次数分布趋近于反 J 形分布状态，如图 3.2(c)。

3. U 形分布曲线

即靠近中间的变量值出现的次数较少，而靠近两端的变量值的次数较多，其曲线形状类似于字母 U，所以叫 U 形分布曲线，如图 3.2(d)。通常，人口总体中幼儿和老年人的死亡率都高于中青年的死亡率，所以按年龄分组的人口死亡率分布，其图形表现为 U 形分布曲线。按年龄分组的失业率也是 U 形分布曲线。

上述的几种分布是社会经济现象中比较典型的分布图，对统计数据具有描述和检验作用。

次数分布的类型主要取决于社会现象本身的性质，通过统计分组整理而编制的次数分布数列虽然因统计总体所处的客观条件不同而各有不同的数量表现,但分布数列的形态应该符合社会现象的分布特征。如果不符合,或说明现象总体发生了异常的变化,或是统计分组整理违背了现象的内在规律,应加以检查纠正。

第四节　统计表与统计图

一、统计表

(一)统计表的含义

统计表是表现统计资料的一种形式。把统计数据资料按照一定的顺序,在表格上表现出来,这种表格就叫作统计表。

编制统计表是统计整理的最后一步工作。统计表在统计工作中具有重要作用:

(1)统计表可以有条理地排列统计资料数据,使之系统化、条理化,便于表述统计数据资料的内容。

(2)便于比较统计数据资料,分析研究各指标之间的数量关系,更加清晰地说明统计总体的特征,同时也便于计算统计指标。

(3)统计表是积累和存储资料的好工具,也是统计分析研究的工具,也有利于电子计算机在统计工作中的应用。

(二)统计表的结构

1. 从表的形式看,统计表主要由以下几部分构成

(1)标题。标题就是统计表的名称。它位于表的顶端中央,也称总标题。

(2)标目。标目就是指总体名称或分类名称及说明总体的各种项目。标目有横标目和纵标目,也称横栏标题和纵栏标题。

(3)纵、横栏组成的表格及表中的数字。

2. 从表的内容看,统计表主要有以下两部分

一部分是表的主词,表的主词是统计表所要说明的对象,也就是统计表所要研究的总体各个组成部分,主词通常列在表的左边;另一部分是表的宾词,表的宾词是用来说明主词的各项指标,它包括指标名称和指标数值,宾词通常排在表的右方,即列于纵栏。但是有时为了更好地编排表的内容,主词与宾词也可以互换位置。

现以表3.9为例说明统计表的结构。

表3.9　2016年我国国内生产总值

产业	产值/亿元	比重/%
第一产业	63 672.8	8.56
第二产业	296 547.7	39.88
第三产业	383 365.0	51.56
合计	743 585.5	100.0

(三)统计表的种类

1. 按用途不同划分

(1)调查表。这是登记调查单位特征的统计表。严格来说,调查表不应视为统计表,因

为统计表是对大量单位特征综合的结果。但从另一方面说,登记调查表的活动本身也是统计过程的一部分,所以也可以把它看作一种统计表。

(2)整理表或汇总表。这是一种标准的统计表。这种统计表可以是对调查材料直接整理的结果,也可以是对已经加工过的资料进行整理的结果,这种统计表在于为社会提供资料,为进一步分析提供资料。

(3)计算表。这是在一般统计表的基础上(多数是在变量数列基础上或其他分组资料基础上)记载计算过程和结果的表格。

2. 按表的总体分组情况划分

(1)简单表。简单表指总体未经任何分组,仅罗列各单位名称或按时间顺序排列的表格,见表3.10和表3.11。

表3.10 某公司所属企业月产值计划完成情况表 单位:万元

企业	工业总产值		计划完成/%
	计划	实际	
一厂	400	420	105.0
二厂	430	450	104.7
三厂	480	480	100.0
四厂	500	490	98.0
五厂	560	568	101.4
合计	2 370	2 408	101.6

表3.11 2011年至2016年我国人口数(年底数)

年份	总人口数/万人
2011	134 735
2012	135 404
2013	136 072
2014	136 782
2015	137 462
2016	138 271

(2)简单分组表。简单分组表指总体仅按一个标志进行分组,即应用简单分组形成的表格。简单分组表可按品质标志或数量标志进行分组。利用简单分组表可以深入研究现象的内部结构情况及其现象之间的相互依存关系。如表3.12就是按数量标志分组的简单分组表。

表3.12 2001年年末某省企业法人单位情况

按营业收入分组/万元	企业单位数/个	比重/%
49以下	27 284	60.80
50~99	4 480	9.98
100~499	7 755	17.28

续表3.12

按营业收入分组/万元	企业单位数/个	比重/%
500~999	1 940	4.32
1 000~4 999	2 541	5.66
5 000~9 999	430	0.96
10 000 以上	448	1.00
合计	44 878	100.00

(3)复合分组表。复合分组表指总体按两个以上标志进行层叠分组,即应用复合分组形成的表格,如表3.13所示。

表3.13 社会商品零售额复合分组表

按用途和对象分组	1984 年	1985 年	1985 年为 1984 年的比例/%
消费品零售额	2 899.2	3 801.4	131.12
售给居民	2 574.5	3 391.4	131.73
售给社会集团	324.7	410.0	126.27
农业生产资料零售额	477.2	503.6	105.53
合计	3 376.4	4 305.0	127.50

(四)宾词指标的整理

宾词指标的整理有两种情况,即简单整理和复合整理。

(1)宾词指标的简单整理,是指将宾词各个指标做平行的设置,如表3.14所示。

表3.14 某工业系统各企业职工性别和年龄统计表

	职工人数					
	合 计	性 别		年 龄		
		男	女	18 岁以下	18~45 岁	45~60 岁
一厂						
二厂						
三厂						
合计						

(2)宾词指标的复合整理,是指将实词的各个指标结合起来做层叠的设置,如表3.15所示。

表3.15 某工业系统各企业职工性别和年龄统计表

	职工人数						
	合 计	18 岁以下		18~45 岁		45~60 岁	
		男	女	男	女	男	女
一厂							
二厂							

续表3.15

	合　计	职工人数					
		18岁以下		18～45岁		45～60岁	
		男	女	男	女	男	女
三厂							
合计							

宾词指标的复合整理能够更全面、更深入地说明所研究总体的特征，但是如果把复合整理的宾词指标分得过细，也会显得十分烦琐，影响统计表的质量。

(五)统计表的编制规则

统计表是搜集资料、整理资料和分析资料的重要工具。为了使统计表清晰地反映所研究现象的数量特征，便于分析和比较，在编制统计表时，应遵守下列几项规则：

(1)在设计统计表时，要先结合研究的目的，对表中准备列入哪些资料、如何分组、设置哪些指标等问题做通盘考虑。

(2)统计表的总标题，应能确切反映表的内容，文字要简练、醒目，还要注明资料所属的时间、地点。

(3)主词和宾词的安排要合理。一般将主词放在横栏标题的位置，将宾词放在纵栏标题的位置。表中主词各行和宾词各栏的排列顺序根据不同情况，可以先列项目后列合计，也可先列合计后列项目。

(4)统计表各栏通常要加以编号，并说明其相互关系。主词各栏常用甲、乙、丙……文字编号；宾词各栏常用(1)(2)(3)…数字编号。

(5)统计表中的数字应注明计量单位。如表中资料都属同一单位，则可将单位标注在表的右上方；如计量单位不统一，横栏的计量单位可设计量单位栏，纵栏的计量单位可与纵标目写在一起，用小字标明。

(6)统计表的数字应填写整齐，对准位数，小数点后保留数要统一。相同的数字，应用“同上”“同左”或“同右”表示，无数字的用“—”填充，应该有数字而不详或因数字太小而省略者用“……”填充。

(7)统计表的格式一般采用长方形(横式和纵式)。表下两端的横线用粗线或双线，左右两端不画端线，即开门式。遇有性质不同的资料，为了显示区别可在表中用粗线隔开。

(8)统计表的资料来源、说明和注解写在表下方。

二、统计图

(一)统计图的意义

统计图就是用点、线、面积、形状等表现统计数字，说明社会经济现象数量方面的图形。用图形表述统计资料的方法，称统计图示法。

利用统计图反映社会经济现象的数量方面，具有直观、形象、具体、使人一目了然的显著优点。可产生鲜明概括、印象深刻的效果，从而易于被群众所理解和掌握。因此，它是宣传教育的有效工具，是进行统计评比的重要方法，也是进行统计分析和加强管理的一种手段。

(二)统计图的作用

(1)比较同类指标;

(2)表明总体结构及其变化;

(3)反映社会经济现象的动态;

(4)分析现象间的依存关系;

(5)揭示现象在总体中和空间、时间上的分布状况。

(三)常用统计图举例

1. 条形图

条形图是用长短或高矮来显示数值大小的统计图。至于具体的形状,可以是线条,也可以是立体的圆柱、方柱或锥体。它最适合于显示离散型变量的次数分布,也适合同类现象的比较,见图3.3。

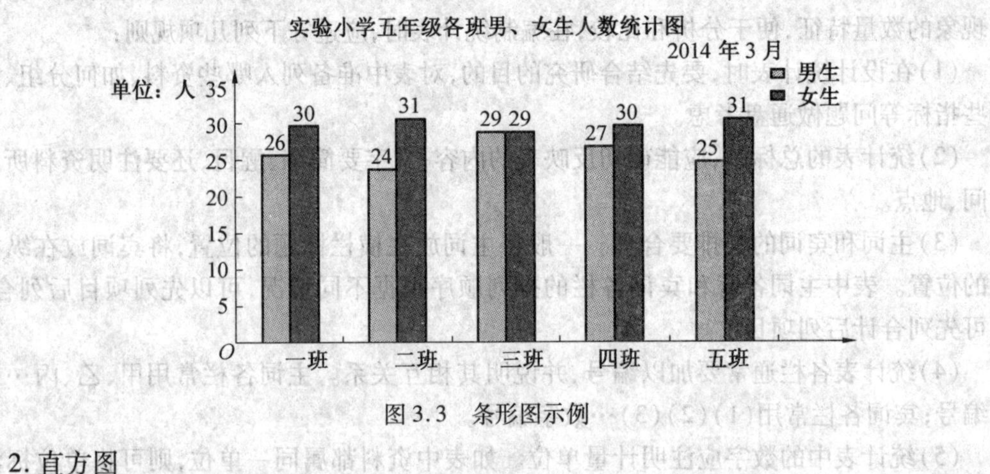

图3.3 条形图示例

2. 直方图

直方图是以并列条形的高度和宽度来表示次数分布情况的图形,如图3.4所示。

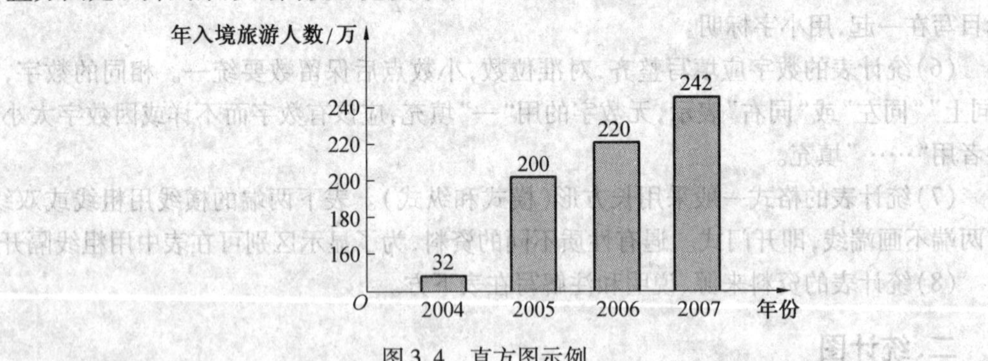

图3.4 直方图示例

直方图的横轴表示各组组限,纵轴表示次数,条形宽度应与各组的组距大小相适应,高度则应与各年份年入境旅游人数成比例地变化。

3. 折线图

折线图实际上也是曲线图。它用直线连接各组次数确定的坐标点,便成折线图。具体方法是:在直方图的基础上,从各条形顶边的中点(即各组的中值点),用直线连接而成,见图3.5。

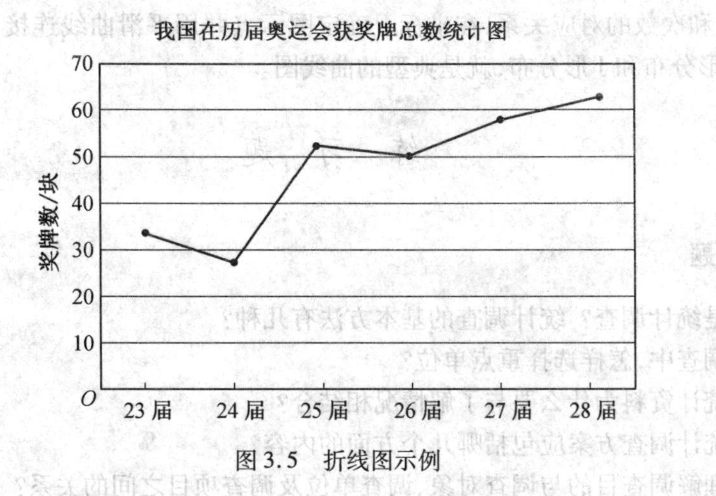

图3.5　折线图示例

4. 圆形图

圆形图是用圆形面积大小或圆内分割的形式,表现总体数量特征的图形。

(1)圆形比较图。它是指以圆的面积大小进行比较数量变化。这种圆形是在现象变化比较大时使用,以便使人一眼就可以看出差别。

(2)圆形结构图。它在圆形的面积中划分若干个扇形,以各扇形面积在圆面积中的比重,表示总体的结构的图形。这种图形是统计中一种最常用的图示法。

圆形结构图的绘制步骤和方法如下:

①计算总体内各构成部分所占圆心角的度数。因整个圆心角为360°,相当于总体比重之和(即100%),所以总体的1%就是圆心角3.6°。

②依照总体各部分所占圆心角的度数,在圆内画出各个扇形,再用不同颜色或线纹区别各扇形。如进行事物在不同时期、不同地区及不同内容的比较,就须在同一水平线上画出大小相等的各个圆形,再通过各圆中的各个扇形反映它们的构成或变动。

③写出图名、图例、资料来源和各扇形所代表的百分比,如图3.6所示。

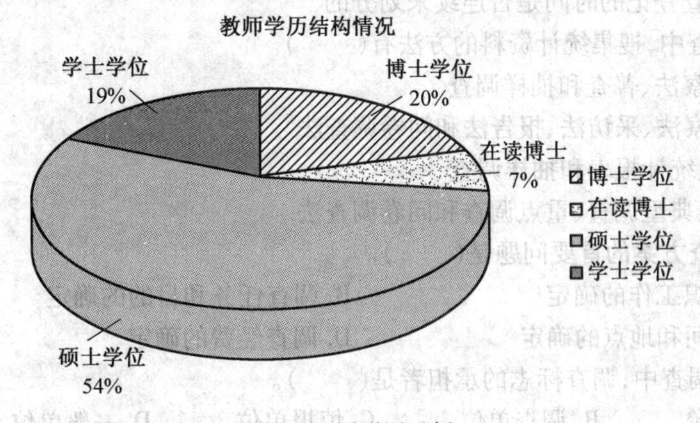

图3.6　圆形图示例

5. 次数分配曲线图

次数分配曲线图是用曲线来表明总体次数分配状况的图形。它比较简单地把次数分配的特点表现出来,在统计分析中经常使用。

次数分配曲线图是利用直角坐标系绘制的。绘图时以横轴表示变量,以纵轴表示次数,根据变量和次数的对应关系,在坐标上确定图示点并用平滑曲线连接,绘成曲线图。上节讲到的U形分布和J形分布,就是典型的曲线图。

练 习 题

一、思考题

1. 什么是统计调查?统计调查的基本方法有几种?
2. 重点调查中,怎样选择重点单位?
3. 搜集统计资料为什么要与了解情况相结合?
4. 设计统计调查方案应包括哪几个方面的内容?
5. 怎样理解调查目的与调查对象、调查单位及调查项目之间的关系?
6. 调查单位和填报单位的区别和联系有哪些?
7. 简述经常性调查和一次性调查之间的区别。
8. 简述重点调查、典型调查、抽样调查之间的异同。

二、单项选择题

1. 统计调查按调查对象包括的范围不同,可分为(　　)。
A. 定期调查和不定期调查　　B. 经常性调查和一次性调查
C. 统计报表和专门调查　　D. 全面调查和非全面调查

2. 经常性调查与一次性调查(　　)。
A. 是以调查组织规模大小来划分的
B. 是以最后取得的资料是否全面来划分的
C. 是以调查对象所包括的单位是否完全来划分的
D. 是以调查登记的时间是否连续来划分的

3. 统计调查中,搜集统计资料的方法有(　　)。
A. 直接观察法、普查和抽样调查
B. 直接观察法、采访法、报告法和问卷调查法
C. 报告法、统计报表和抽样调查
D. 采访法、典型调查、重点调查和问卷调查法

4. 统计调查方案的首要问题是(　　)。
A. 调查组织工作的确定　　B. 调查任务和目的的确定
C. 调查时间和地点的确定　　D. 调查经费的确定

5. 在统计调查中,调查标志的承担者是(　　)。
A. 调查对象　　B. 调查单位　　C. 填报单位　　D. 一般单位

6. 在统计调查中,填报单位是(　　)。
A. 调查单位的承担者　　B. 构成调查单位的每一个单位
C. 负责向上报告调查内容的单位　　D. 构成统计总体的每一个单位

7. 在统计调查中,调查单位和填报单位之间(　　)。
A. 无区别　　B. 是毫无关系的两个概念

C. 有时一致,有时不一致　　D. 不可能一致

8. 对国有工业企业设备进行普查时,每个国有工业企业是(　　)。

A. 调查单位　　B. 填报单位

C. 既是调查单位又是填报单位　　D. 既不是调查单位又不是填报单位

9. 我国第四次人口普查,是为了了解在 1990 年 7 月 1 日零时人口的状况,某地区要求将调查单位资料于 7 月 20 日前登记完毕,普查的标准时间是(　　)。

A. 1990 年 7 月 20 日零时　　B. 1990 年 7 月 19 日 24 时

C. 1990 年 7 月 1 日 24 时　　D. 1990 年 6 月 30 日 24 时

10. 在统计工作中,登记初级资料使用的表格是(　　)。

A. 调查表　　B. 整理表　　C. 汇总表　　D. 分析表

11. 重点调查的重点单位是指(　　)。

A. 标志值很大的单位

B. 这些单位的单位总量占总体全部单位总量的绝大比重

C. 这些单位的标志总量占总体标志总量的绝大比重

D. 经济发展战略中的重点部门

12. 对工业企业生产设备进行普查,调查单位是(　　)。

A. 所有工业企业　　B. 工业企业的所有生产设备

C. 每个工业企业　　D. 工业企业的每台生产设备

13. 为了了解全国钢铁企业生产的基本情况,可对首钢、鞍钢等几个大型钢铁企业进行调查,这种调查方式是(　　)。

A. 非全面调查　　B. 典型调查　　C. 重点调查　　D. 抽样调查

14. 在统计工作中,营业员填写的发货票属于(　　)。

A. 原始记录　　B. 统计台账　　C. 内部报表　　D. 业务凭证

15. 调查几个主要铁路枢纽,就可以了解我国铁路货运量的基本情况,这种调查方式属于(　　)。

A. 典型调查　　B. 重点调查　　C. 普查　　D. 抽样调查

三、多项选择题

1. 统计调查搜集的资料是(　　)。

A. 调查单位的各种原始资料　　B. 实现调查单位所必需的个体量资料

C. 所有调查单位标志的具体表现　　D. 调查单位所有标志的具体表现

E. 调查单位所必需的标志的具体表现

2. 统计原始资料是指(　　)。

A. 需由个体量过渡到总体量的资料　　B. 已经加工综合的资料

C. 尚待汇总的初级资料　　D. 仍需再分组的资料

E. 说明总体单位特征的资料

3. 统计调查方案的内容包括(　　)。

A. 确定调查对象和调查单位　　B. 确定调查目的

C. 编制调查大纲　　D. 设计调查表和问卷

E. 确定搜集资料的方法

4. 统计调查资料是否全面,一般从以下几个方面判断( )。

A. 是否包括全部应调查的单位　　B. 是否包括全部应登记的标志

C. 是否全部问题都得到解决　　D. 是否包括全部调查对象应登记的标志

E. 是否包括全部调查对象的特征

5. 统计调查方案的核心是( )。

A. 确定调查对象和调查单位　　B. 调查期限

C. 调查表　　D. 单一表和一览表

E. 搜集资料的方法

6. 统计调查的准确性是指( )。

A. 统计资料如实反映客观实际

B. 统计机构和人员如实反映及提供统计资料

C. 数字完整没有遗漏,计算准确不出差错

D. 提供的统计资料必须及时

E. 调查资料不能有任何误差

7. 统计调查按调查对象包括的范围不同,可分为( )。

A. 全面调查　B. 一次性调查　C. 专门调查　D. 非全面调查　E. 经常性调查

8. 调查单位是( )。

A. 调查中所要调查的具体单位　　B. 负责向上级报告调查内容的单位

C. 调查项目的承担者　　D. 需要调查的社会经济现象总体的每个单位

E. 所需调查的那些社会经济现象总体

9. 报告单位是( )。

A. 向上级提交调查表的单位　　B. 负责向上级报告调查内容的单位

C. 调查项目的承担者　　D. 所需登记标志的那些单位

E. 报告单位有时与调查单位相一致

10. 普查属于( )。

A. 全面调查　B. 一次性调查　C. 经常性调查　D. 专门调查　E. 非全面调查

11. 全国工业企业普查中( )。

A. 全国所有工业企业是调查对象　　B. 全国每一个工业企业是调查单位

C. 全国每一个工业企业是填报单位　　D. 工业企业的总产值是变量

E. 全部工业企业数是统计指标

12. 自中华人民共和国成立以来,已经进行过数次人口普查,第一次与第二次间隔 11 年,第二次与第三次间隔 18 年,第三次与第四次间隔 8 年,这种调查是( )。

A. 全面调查　　B. 一次性调查　　C. 经常性调查

D. 专门调查　　E. 定期调查

13. 重点调查( )。

A. 可用于经常性调查　　B. 不能用于经常性调查

C. 可用于一次性调查　　D. 不能用于一次性调查

E. 既可用于一次性调查,也可用于经常性调查

14. 全面调查包括( )。

A. 重点调查　B. 典型调查　C. 抽样调查　D. 经常性的统计报表

E. 普查

15. 典型调查属于( )。

A. 全面调查　B. 非全面调查　C. 经常性调查　D. 一次性调查

E. 专门调查

四、判断题

1. 统计调查的任务是搜集总体的原始资料。( )

2. 统计调查方案的首要问题是确定调查任务与目的,其核心是调查表。( )

3. 在统计调查方案中,调查时间是指调查资料所属的时间,调查期限是指调查工作的期限。( )

4. 调查对象是调查项目的承担者。( )

5. 调查单位是调查项目的承担者。( )

6. 确定调查对象和调查单位,是为了回答向谁调查,由谁来具体提供统计资料的问题。( )

7. 统计报表制度是社会主义国家组织调查的最主要形式。( )

8. 统计报表是按国家有关规定颁发的,是各企事业单位必须履行的义务,故各级领导部门需要什么统计资料都可以通过颁发统计报表来搜集。( )

9. 普查是比较容易取得全面系统资料的一种调查方式方法。( )

10. 在三种非全面调查中,抽样调查最重要,典型调查最好,重点调查次之。( )

11. 普查是专门组织的一次性全面调查,所以其调查结果不可能存在误差。( )

12. 在工业企业生产设备状况的普查中,调查单位是工业企业的每台生产设备,报告单位是每个工业企业。( )

13. 我国第四次人口普查规定以 1990 年 7 月 1 日零时为标准时点,是为了保证登记工作在同一时刻进行。( )

14. 抽样调查不可避免地会产生代表性误差,还有可能产生登记性误差,所以它的误差要比全面调查的误差大。( )

15. 重点调查的结果,不仅可以反映总体的基本情况,而且还能用于说明总体的全貌。( )

第四章　综合指标

【学习目标】

统计指标法是重要的统计分析方法。学习本章的目的在于掌握总量指标、相对指标、平均指标和变异指标的含义及计算方法。

【学习要求】

- 总量指标的概念、作用及其种类；
- 相对指标的概念、作用以及常见相对指标的性质、特点和计算方法；
- 平均指标的概念、作用及几种平均数的特点和计算方法；
- 变异指标的概念及计算方法。

第一节　总量指标

一、总量指标的概念和作用

(一)总量指标的概念

总量指标是反映客观事物现象总体在一定时间、地点条件下的规模、水平或工作总量的综合指标。其数值表现为具有一定计量单位的绝对数。因此,总量指标也叫统计绝对数。例如,来自国家统计局《中华人民共和国2002年国民经济和社会发展统计公报》的资料:2002年我国国内生产总值102 398亿元、全社会固定资产投资完成43 202亿元、社会消费品零售总额40 911亿元、粮食总产量4 571亿千克、全国财政收入18 914亿元等,这些都是描述我国2002年在经济建设和社会发展方面取得伟大成就的最基本的总量指标。

总量指标的特点是:其数值的大小与总体范围正相关,总体范围增大,指标数值也随之增大;相反,总体范围缩小,指标数值也随之减小。

总量指标也可表现为不同时间和空间条件下现象总体总量增减的差额。如2002年我国国内生产总值比2001年增加7 585亿元,全社会固定资产比2001年增加5 991亿元,社会消费品零售额比2001年增加3 309亿元。

(二)总量指标的作用

1. 总量指标是认识社会经济总体现象的起点

总量指标可以反映一个国家的国情和国力,反映一个地区、一个部门或一个单位的人力、物力和财力的情况。例如,掌握了一个国家或地区在一定时间的土地面积、人口总数、劳动力数量、社会总产值、国内生产总值、国民总收入以及各种矿产储量等总量指标,就对这个国家或地区有了一个基本的认识。

又如,如果我们掌握了一个企业某产品的年产量、年销售量、员工人数等总量指标,就可以对这个企业的规模、生产水平有一个概括的了解。

2. 总量指标是制订国民经济和社会发展规划的重要依据

正确地制订十年规划和五年规划，进行国民经济的供给与需求平衡，物资的收支平衡，财务借贷平衡与核算，都将应用总量指标。例如，分析各部门之间生产、分配、消费、积累的比例关系，首先要掌握各时期生产产品的总值是多少，其中固定资产磨损、原材料消耗及劳动报酬各是多少；其次还要知道社会总产值进行必要扣除之后，新创造的国民收入是多少，以及国民收入通过初次分配和再分配被消费和积累的数量各是多少，等等。

3. 总量指标是进行经济管理和社会管理的依据之一

加强社会经济管理就必须了解和掌握社会产品的数量、构成、分配和使用情况。例如，投入产出的核算、增加值的核算、资金流量的核算、国民财富的核算、国际收支的核算等。这些总量指标是社会经济管理的主要内容与基本框架。对于企业，总产量、总利润、总成本、总销售额等都是管理决策的依据。

4. 总量指标是计算其他统计指标的基础

总量指标是统计资料经过汇总整理后最先得到的能说明现象总体数量特征的综合性数字，是最基本的统计指标。相对指标和平均指标一般都是根据两个有联系的总量指标进行对比计算出来的结果，是总量指标的派生指标。

二、总量指标的分类

总量指标按不同的分类标准可分为不同的类型。

(一)按总量指标所反映的内容不同可分为总体单位总量和总体标志总量

总体单位总量是反映总体内个体单位数总和的总量指标，即总体单位数的合计数。它说明总体本身规模的大小。总体标志总量是反映总体单位的标志值总和的总量指标，即标志值的汇总。例如，研究目的是了解整个工业企业的状况，研究对象是全国工业企业，则全部工业企业是一个总体，每一个工业企业是总体单位，那么全国所有工业企业数就是总体单位总量，而企业的职工人数、工资总额、工业总产值等指标是总体标志总量。

应当注意的是：一个总量指标究竟属于总体单位总量还是属于总体标志总量并不是绝对的，而是相对的，它随着研究目的和被研究对象的变化而变化。例如，在计算某地区职工平均工资时，该地区的职工人数是总体单位总量，工资总额是总体标志总量，但在计算该地区每个企业平均职工人数时，职工总数则是总体标志总量，而该地区的企业数是总体单位总量。明确总体单位总量与总体标志总量之间的差别对于区分和计算相对指标、平均指标具有重要意义。

(二)按总量指标与时间的关系可分为时期指标和时点指标

(1)时期指标是反映现象在一段时期内活动结果总和的总量指标。如商品销售量、产品产量、出生人数、生产总值等。时期指标有如下特点：

①时期指标可以累计相加，相加的结果表明现象在更长时期内的累计总量。如1~3月的产量相加就成为第一季度的总产量，把第一至第四季度的产量相加就是这一年的产量。

②时期指标数值的大小与时期的长短有着直接关系，时期越长，指标数值越大；反之，则越小。如一个月的商品销售额要比一年的商品销售额少。因此，当两个时期指标进行对比时，必须注意二者在时期长短上的可比性，即要消除因时期长短不同所产生的影响。

③时期指标是通过连续登记取得的。它是通过经常性调查并加以汇总得到的。例如，为取得某月的商品销售额资料，必须记录每天的销售额，并将每天的商品销售额相加。

(2)时点指标是反映现象在某一时刻(瞬间)上所呈现的数量是多少的总量指标。例如,年末人口数、月末商品库存量、年末银行存款余额、某企业初期职工人数等。时点指标有如下特点:

①时点指标不能简单累计相加,因为不同时间点上的指标数值有重复计算,除在空间上或计算过程中可相加外,一般相加无实际意义。如某班有学生45人,第一天统计实有人数为45人,第二天统计实有人数仍为45人,我们不能把这两天登记人数相加说该班实有人数为90人。

②时点指标数值的大小与时点的间隔长短没有直接关系。例如,某种原材料的库存量与原材料的购入、发出、消费等因素有关,但与时期长短无直接关系。再如,某班有学生45人,其大小变化只与出勤、转出转入、升级留级有关,而与时间长短无关。

③时点指标数值是通过定期的一次性的登记取得的。

时期指标与时点指标最根本的区别,还在于各自反映的现象在时间规定性上的不同。弄清时期指标与时点指标的区别,对于计算总量指标动态数列的序时平均数是很重要的。

(三)按总量指标所采用计量单位的不同可分为实物指标、价值指标和劳动量指标

(1)实物指标是用实物单位计量的总量指标。实物单位是根据事物的属性和特点而采用的计量单位,主要有自然单位、度量衡单位和标准实物单位。自然单位是按照被研究现象的自然状况来度量其数量的一种计量单位,如人口以“人”为单位、汽车以“辆”为单位、牲畜以“头”为单位等。度量衡单位是按照统一的度量衡制度的规定来度量其数量的一种计量单位,如煤炭以“吨”为单位、棉布以“米”为单位、运输里程以“公里”或“千米”为单位等。度量衡单位的采用主要是由于有些现象无法采用自然单位来表明其数量,如粮食、钢铁等,另外有些实物如鸡蛋等,虽然也可以采用自然单位,但不如用度量衡单位精确。标准实物单位是按照统一折算标准来度量被研究现象数量的一种计量单位,如将各种不同含氮量的化肥,用折纯法折合成含氮量100%来计算其总量,将各种不同发热量的能源统一折合成29.3焦耳/千克的标准煤单位计算其总量,等等。

在统计中为了准确地反映某些事物的具体数量和相应的效能,还有一种复合单位,即将两种计量单位结合在一起以乘积表示事物的数量,如货物周转时就是用“吨公里”(1吨=1 000千克)表示铁路货运工作量。

实物指标能具体反映社会经济现象实际存在的实物数量,体现具体的使用价值。但实物指标的综合性差,不能用以反映复杂现象的总规模或总水平,如区域经济规模就无法用实物单位度量。因而,实物指标的运用有一定的局限性。

(2)价值指标是用货币单位计量的总量指标。货币单位是用货币“元”“美元”“日元”等来度量社会劳动成果或劳动消耗的计量单位,如国内生产总值、产品成本、商品销售额等,都是以货币单位来计量的。

价值指标从原则上说是反映商品价值量的指标,而实际上是货币量指标。因为价值量不能计算,只能通过价格来体现,而价格围绕价值波动,并不一定等于价值,价格只是价值的一种货币表现。因此,价值指标又称货币指标。

价值指标具有广泛的综合性和概括性。它能将不能直接相加的产品数量过渡到能够相加,用以综合说明具有不同使用价值的产品总量或商品销售量等的总规模或总水平。价值指标广泛应用于统计研究和经营管理中。但价值指标也有其局限性,综合的价值量容易掩盖具体的物质内容,比较抽象。因此,在实际工作中,应注意把价值指标与实物指标结合起来使用,以便全面认识客观事物。

(3)劳动量指标是用劳动量单位计量的总量指标。劳动量单位是用劳动时间表示的计量单位,如"工日""工时"等。工时是指一个职工做1小时的工作,工日通常为一个职工做8小时的工作。

这种统计指标虽然不多,但常遇到。如工厂考核职工出勤情况,每天要登记出勤人数,把一个月的出勤人数汇总就不能用"人"来计量而应用"工日"来计算。劳动量指标通常只限于在企业内部或同行业之间使用。广义而言,劳动量指标也是实物指标。

三、总量指标的计算方法

(一)直接计算法

直接计算法是指对研究对象用直接的计数、点数和测量等方法,登记各单位的具体数值加以汇总得到总量指标。如统计报表或普查中的总量资料,基本上都是用直接计算法算出来的。

(二)直接推算法

直接推算法是采用社会经济现象之间的平衡关系、因果关系、比例关系或利用非全面调查资料进行推算总量的方法。如利用样本资料推断某种农产品的产量、利用平衡关系推算某种商品的库存量等。

四、计算和应用总量指标应注意的问题

(一)明确规定每项指标的含义和范围

正确统计总量指标的首要问题就是要明确规定每项总量指标的含义和范围。例如,要计算国内生产总值、工业增加值等总量指标,首先应清楚这些指标的含义、性质,才能据以确定统计范围、统计方法。要解决好这个问题,必须正确理解被研究现象的性质、含义,同时要熟悉统计制度的有关规定,才能统一计算口径,正确计算出它们的总量。

(二)注意现象的同质性

在计算实物指标的总量时,只有同质现象才能计算。同质性是由事物的性质或用途决定的。例如,在统计煤炭生产量时,可以把各种煤炭如无烟煤、烟煤、褐煤等看作一类产品来计算它们的总量,统计货运量时可以把煤炭与钢铁混合起来计算。

(三)正确确定总量指标的计量单位

具体核算总量指标时,究竟采用哪一种计量单位,要根据被研究现象的性质、特点以及统计研究的目的而定,同时要注意与国家统一规定的计量单位一致,以便于汇总并保证统计资料的准确性和使用的方便性。

第二节 相对指标

总量指标只表明现象所达到的总规模、总水平和工作总量,不能说明现象与现象的相互联系,以及现象在不同时间和空间上的发展变化情况。而社会经济现象是相互联系的,我们对社会经济现象的认识,不仅要研究观察总体总量,而且也要对现象间的数量对比关系进行分析研究,以说明现象的好与坏、多与少、快与慢,因此,在计算总量指标的基础上,还必须计算相对指标。

一、相对指标的概念和作用

（一）相对指标的概念

相对指标习惯上又称为相对数，它是将两个有联系的指标相比定义的指标，如比重、比例、速度、效率、人口密度等都是相对指标。

（二）相对指标的作用

社会经济现象的数量关系，在很多情况下是通过相对指标来反映的，它的作用主要表现在以下几个方面：

（1）利用相对指标可以说明现象的发生和发展过程或现象之间的相互关联程度，进而可以对现象进行更深入的说明和分析。例如，我国 2002 年国内生产总值为 102 398 亿元，比 2001 年增长 8%，说明国民经济持续较快增长。再如通过国内生产总值中三个产业所占比重，可以分析三个产业的内部构成，以此来确定其在国内生产总值中所占的地位，并制定相应的政策。

（2）利用相对指标，将现象在绝对数方面的具体差异抽象化，使原本不能直接对比的现象找到直接对比的基础。例如，由于企业的规模不同，就不能直接用利润额这一总量指标来比较不同企业生产经营成果的好坏，但通过计算利润率这一相对指标，就可以直接进行对比。

（3）利用相对指标可以进行宏观经济监测管理和企业经济活动评价。例如，轻重工业比例、投资效益率等相对指标是国家对国民经济、比例和效益进行监督、检查和管理的常用分析指标，劳动生产率、生产定额百分比、原材料消耗率等相对指标是企业评价生产经营状况的主要经济技术指标。

二、相对指标数值的度量单位

相对指标的表现形式为相对数，其值是子项指标数值与母项指标数值对比的比例。由于分子、分母指标社会经济内容的差异，相对指标的数值度量单位分为两类：一是有名数，二是无名数。

（一）有名数

有名数就是相对指标以分子、分母的双重单位计量，主要用来表示强度相对指标的数值。如人均粮食产量指标的计量单位是千克/人，人均国民收入指标的计量单位是元/人等。

（二）无名数

这是一种抽象化的数值，多以百分数、千分数、成数表示。

（1）百分数是将对比的基数抽象化为 100 而计算出来的相对数，它是相对指标中最常用的一种表现形式。如某企业 2002 年销售额计划完成程度为 120%、存货周转率为 360% 等。

（2）千分数是将对比的基数抽象化为 1 000 而计算出来的相对数，它适用于对比分子数值比分母数值小很多的相对指标。如人口自然增长率为 14‰等。

（3）系数或倍数是将对比的基数抽象化为 1 而计算出来的相对数。一般来说，系数是两个数的比值小于 1，倍数是两个数的比值大于 1。例如，某企业 2002 年利润总额是 1980 年的 5 倍，2002 年货币流通增长速度与社会商品零售总额增长速度的比例系数为 0.8 等。

(4)成数是将对比的基数抽象化为 10 而计算出来的相对数。例如,2002 年税率比 2001 年提高三成,即增长 3/10。

以上几种无名数究竟采用哪一种,主要看哪种表现形式能更明显地表明所要反映的社会经济现象的数量关系以及所使用的语言环境。

三、相对指标的种类及计算方法

(一)计划完成相对数

计划完成相对数是用现象在某一段时间内的实际完成数与计划任务数相比,用以表明计划完成程度的综合指标。它一般用百分数表示,其计算公式为

$$计划完成相对数=\frac{实际完成数}{计划任务数}\times100\%$$

【例 4.1】　某企业某年第一季度的计划产量为 600 吨,单位成本为 40 元,实际执行结果:产量达到 780 吨,单位成本 38.4 元,则

$$产量计划完成相对数=\frac{780}{600}\times100\%=130\%$$

$$单位成本计划完成相对数=\frac{38.4}{40}\times100\%=96\%$$

计算结果表明:该企业第一季度的产量超额完成计划 30%(130%-100%),单位成本实际比计划降低 5%(95%-100%),即超额 5% 完成成本计划。

由于上级所下达的或自行制订的计划数可以是相对数或平均数,因此,计划完成相对数在计算形式上有所不同:

一是计划数为绝对数和平均数时,计算方法如上例,直接用实际水平和计划水平加以对比取得。

二是计划数为相对数时,则需要视资料情况加以调整,然后才能加以对比。其计算公式变为

$$计划完成数=\frac{实际完成百分比}{计划完成百分比}$$

若计划任务以降低率的形式出现,则

$$计划完成相对数=\frac{1-实际降低率}{1-计划降低率}\times100\%$$

【例 4.2】　某企业计划规定 2014 年的劳动生产率要比 2013 年提高 4%,实际执行结果比 2013 年提高 6%,则劳动生产率计划完成情况为

$$计划完成相对数=\frac{100\%+6\%}{100\%+4\%}\times100\%=102\%$$

计算结果表明:劳动生产率超额完成计划 2%。

又如,2014 年某工业企业乙种产品的单位成本水平计划规定的降低率为 4%,实际单位成本降低率为 6%,则乙种产品成本降低率的计划完成相对数为

$$计划完成相对数=\frac{100\%-6\%}{100\%-4\%}\times100\%=97.9\%$$

计算结果表明:产品单位成本超额完成计划 2.1%。

对计划完成情况的评价,应当注意计划指标的性质和要求。当计划指标是正指标时,

计划指标是以最低限额指标规定下来的，如产量、产值、工业增加值、商品销售额、劳动生产率等成果性指标都只规定最低限额，要求实际完成数超过计划任务数越多越好，则计划完成相对数以大于100%为超额完成计划，是好现象；等于100%为刚好完成计划；不足100%为未完成计划。

当计划指标是逆指标时，计划指标是以最高限额指标规定下来的，如单位产品成本、原材料消耗定额、商品流通费用率、财政支出等支出性指标，规定的都是最高限额，不能超过限额，因此，实际完成数比计划任务数小为好，其计划完成相对数以小于100%为超额完成计划，是好现象；等于100%为正好完成计划；大于100%则表示未完成计划。

对于长期计划（五年及以上）执行情况的检查，要视计划要求分别采用水平法和累计法进行检查。

1. 水平法

当计划任务数是规定末期（如末年）应达到的水平时，要采用水平法。检查的内容有两个方面：一是计算计划完成情况相对数；二是计算提前完成计划的时间。

$$\text{水平法计划完成相对数}=\frac{\text{长期计划末年实际水平}}{\text{长期计划规定的末年水平}}\times 100\%$$

用水平法计算提前完成的时间，一般是不论从何时开始，只要连续一年时间达到计划规定的任务，以后的时间即为提前完成计划的时间。

【例4.3】 假如某市在“九五”（1996—2000）计划应达到工业总产值为101.2亿元，实际执行结果是2000年实际工业总产值达到133.5亿元，而从1999年11月1日到2000年10月31日一年内，该市工业总产值实际已达到101.2亿元，则

$$\text{工业总产值计划完成相对数}=\frac{133.5}{101.2}\times 100\%=131.9\%$$

工业总产值提前完成计划的时间为2个月，即2000年的11月和12月为提前完成计划的时间。

2. 累计法

当计划任务数规定在整个计划期间应完成的累计数时，用累计法。检查计划完成情况的内容同样为两个方面：一是计算计划完成情况相对数；二是计算提前完成计划的时间。

累计法计算计划完成情况相对数的公式为

$$\text{累计法计划完成相对数}=\frac{\text{长期计划期间实际累计数}}{\text{长期计划任务累计数}}\times 100\%$$

累计法计算提前完成计划的时间，是将计划期全部时间减去自计划执行之日起至累计实际数量达到计划任务累计数的时间，以后的时间即为提前完成计划的时间。

【例4.4】 某企业“九五”计划规定某重点基本建设投资总额为1 500万元，五年实际累计完成投资额1 540万元。又知该企业于2000年8月底实际完成的累计投资额已达1 500万元，则该企业计划完成情况为

$$\text{基本建设投资计划完成相对数}=\frac{1\,540}{1\,500}\times 100\%=102.7\%$$

基本建设投资额提前完成的时间应为4个月。

此外，计算和应用计划完成相对数应注意如下问题：

(1) 计划完成相对数的分母必须是计划数，且分子与分母必须可比，即计划完成相对数的分子、分母不能互换，且分子、分母在指标含义、计算口径、计算方法、计量单位及时间和

空间范围等方面应完全一致，否则便无任何经济意义。

(2)分析计划完成情况还需要考虑计划执行的进度。为了保证计划执行的均衡性，防止前松后紧的现象产生，除了检查时期指标计划的完成情况外，还要计算一个与计划完成相对数密切相关的计划执行进度指标来监督计划的顺利完成。计划执行进度是将计划期内自计划执行之日起至某一时间的实际完成累计数与计划期计划任务累计数对比计算的比值，通常也用百分数表示，其计算公式为

$$计划执行进度=\frac{自计划执行之日起至某一时间的实际完成累计数}{计划期计划任务累计数}\times 100\%$$

只有将计划执行进度与计划进度(计划期内自计划执行之日起至某一时间的计划累计数与全期计划累计数之比)相比较，同时结合计划期内各时间完成相对数来检查计划的执行情况，才能及时发现问题，采取措施，更有效地督促计划的均衡执行。

(二)结构相对数

结构相对数是指在统计分组的基础上，将子总体数值与全总体数值对比而求得的比值或比例。它反映总体中各组成部分在总体内所占的比例，来说明现象的内部结构，通常用百分数表示。

其计算公式为

$$结构相对数=\frac{子总体数值}{全总体数值}\times 100\%$$

分子、分母的数值可以同为单位数，也可以同为标志总量。

【例 4.5】 某企业有职工 1 500 人，其中一线生产工人 1 050 人，工程技术人员 83 人，行政管理人员 180 人，勤杂人员 187 人。计算各类人员在总体中的比例(即结构相对数)。

解：

$$一线生产工人结构相对数=\frac{1\ 050}{1\ 500}\times 100\% =70\%$$

$$工程技术人员结构相对数=\frac{83}{1\ 500}\times 100\% =5.5\%$$

$$行政管理人员结构相对数=\frac{180}{1\ 500}\times 100\% =12\%$$

$$勤杂人员结构相对数=\frac{187}{1\ 500}\times 100\% =12.5\%$$

结构相对数在统计研究中应用十分广泛，主要表现为以下三个方面：

一是应用比例指标可以从现象的内部构成说明事物的性质和特征，如[例 4.5]。

二是将不同时期的结构指标连续观察，可以反映事物内部构成的变化过程和发展趋势，如表 4.1 所示。

表 4.1 我国 GDP 的产业结构比变化表

时间/年	第一产业/%	第二产业/%	第三产业/%
1990	27.0	41.6	31.4
1995	20.5	48.8	30.7
1998	18.6	49.3	32.1
1999	17.3	49.7	33.0
2000	15.9	50.9	33.2

表 4.1 的资料表明：我国第一产业在国内生产总值中的比例不断下降，而第二、第三产

业则呈不断上升的趋势，说明我国正向比较发达的以工业、服务业为主的国家靠近；同时说明我国产业结构正朝良性方向发展，基本顺应我国经济发展正处在工业化初期的趋势。

三是用结构相对数可以反映人力、物力和财力的利用程度，判断事物的质量。如出勤率、设备利用率、产品合格率、商品损耗率和资金使用率等。

计算和应用结构相对数应注意的问题：

(1)必须根据统计研究的目的，对被研究总体进行科学的统计分组。只有在对总体进行分组的基础上，才能正确计算结构相对数。

(2)结构相对数是在同质总体中计算的。它的分子数值必须是分母数值(即总体的全部数值)的一部分，而不能是总体以外的其他资料。

(3)必须以总体的全部数值为对比基数来计算各部分所占的比重，各部分比例之和必定等于1或100%。

(三)比例相对数

比例相对数是同一总体的某一部分数值与另一部分数值进行对比得出的相对数。它反映总体各部分之间的数量联系程度或比例关系，通常以系数或百分数形式来表示。其计算公式为

$$\text{比例相对数}=\frac{\text{总体中某一部分数值}}{\text{总体中另一部分数值}}$$

【例4.6】 根据第五次人口普查结果，2000年11月1日零时全国大陆总人口为126 583万人，其中男性为65 355万人，女性为61 228万人，则

$$\text{我国大陆人口的性别比例}=\frac{65\ 355}{61\ 228}\times100\%=106.74\%$$

结果表明在我国大陆人口总体中，男性人口与女性人口的比为106.74∶100。应用比例相对数可以在同类现象之间比较各部分之间的比例关系是否正常。

计算和应用比例相对数应注意的问题：

(1)分子和分母必须是同一总体内的部分数值。

(2)如果要反映总体中若干部分之间的比例关系，也可以来用连比的形式。如某年某地区农业、轻工业、重工业之比为1∶4∶2.5。

(3)比例相对数也可以是总体中各部分比重之比。在实际工作中，比例相对数和结构相对数结合起来应用，既可研究总体的结构是否合理，也可研究总体中各部分之间的比例关系是否协调。

(四)比较相对数

比较相对数是同一时期两个同类指标在不同地区、部门或单位之间进行对比的比值。它反映同类现象在不同空间条件下的数量对比关系，一般用百分数表示，有时也用倍数或系数表示。其计算公式为

$$\text{比较相对数}=\frac{\text{某一总体的某类指标数值}}{\text{另一总体的同类指标数值}}$$

【例4.7】 已知甲、乙两煤矿，2013年产煤量分别为3 000万吨和1 800万吨，试计算甲、乙两煤矿产量的比较相对数。

解：

$$\text{甲矿年产量与乙矿年产量的比较相对数}=\frac{3\ 000}{1\ 800}\times100\%=166.67\%$$

也可以这样计算：

$$乙矿年产量与甲矿年产量的比较相对数=\frac{1\ 800}{3\ 000}\times 100\%=60\%$$

计算结果表明：甲矿年产量为乙矿年产量的166.67%，或者说乙矿年产量是甲矿年产量的60%，说明甲矿年产量比乙矿高。

可见，利用比较相对数，可以揭示同类现象之间的先进与落后的差异程度。

计算和应用比较相对数应注意的问题：

(1)用来对比的指标可以是数量指标，也可以是质量指标。

(2)用来对比的分子、分母可以互换。在实际工作过程中，对比的基数应根据不同的研究目的来决定。它可以是先进水平、落后水平，也可以是标准水平和主要观察水平。

(五)强度相对数

强度相对数是指两个性质不同但又有联系的总量指标的比值。它常用来表明现象或事物发展的强度、密度、普遍程度或者经济效益，习惯用有名数表示，但个别的也用无名数表示。其计算公式为

$$强度相对数=\frac{某一总量指标数值}{另一性质不同且有联系的总量指标数值}$$

【例4.8】 2002年某地区8个县市土地总面积为15 000平方千米，总人口300万人，全年粮食总产量120万吨，共有零售商户6 000个。这4个总量指标都是说明该地区8个县市的标志总量，由于人口依存于土地，粮食生产与商店的设置又是为人类服务的，因此，可将这4个性质不同又有联系的总量指标对比计算得到以下强度相对指标

$$人口密度=\frac{人口数}{土地数}=\frac{300万人}{15\ 000平方千米}=200人/平方千米$$

$$人均粮食产量=\frac{粮食产量}{人口数}=\frac{120万吨}{300万人}=400千克/人$$

$$商业网点密度=\frac{人口数}{商店数}=\frac{300万人}{6\ 000个}=500人/个$$

或

$$商业网点密度=\frac{商店数}{人口数}=\frac{6\ 000个}{300万人}=20个/万人$$

通过计算可知，强度相对数的分子和分母并不是固定的，根据不同的研究目的可以互换，但互换之后有正反指标之分。如上例商业网点密度，先用人口总数除以零售商店数，计算结果为500人/个，说明每个零售商店要为500人服务。这个数值越大，表示每个商店服务的人数越多，说明商业网点密度越小；相反，商业网点密度越高。这种数值的大小与密度大小成反比的指标叫反指标，即逆指标。后面的商业网点密度是用零售商店个数除以人口数计算的，其结果为20个/万人，说明每1万人有20个商店为其服务。这个数值越大，显示为人服务的商店越多，说明商业网点密度越高；相反，商业网点密度越低。这种数值的大小与密度大小成正比的指标叫正指标。

(六)动态相对数

动态相对数是同一总体在不同时间上的同类指标数值之比。它反映同类现象在不同时间状态下的数量对比关系，说明现象在时间上发展变化的程度，所以又叫发展速度，通常用百分数或倍数表示。其计算公式为

$$动态相对数=\frac{报告期指标数值}{基期指标数值}\times 100\%$$

式中的报告期是指统计研究或计算的时期,基期是指用来对比的时期,可以是报告期的前一期,也可以是报告期以前某一有特定意义的时期,根据研究目的而定。

【例4.9】 某企业2014年的工业总产值为1 960万元,而2013年的工业总产值为1 500万元,则

$$工业总产值发展速度=\frac{1\ 960}{1\ 500}\times 100\%=130.67\%$$

结果表明某企业2014年的工业总产值为2013年工业总产值的130.67%,发展十分迅速。

动态相对数从动态上观察研究事物,揭示事物的发展变化趋势,在实际工作中应用非常广泛。为了方便讲述,本节相对数仅局限于对现象之间的数量关系进行静态分析,有关动态相对数的详细内容将在动态数列和统计指数(第五章和第六章)这两章中介绍。

第三节 平均指标

统计整理只是对数据进行了预处理,要想进一步掌握数据分布的特征和规律,还需要找出反映数据分布特征的各个代表值。对统计数据分布的特征,可以从两个方面进行测定:一是分布的集中趋势,二是分布的离中趋势。

所谓集中趋势是指一组数据向某一中心值靠拢的倾向,测度集中趋势也就是寻找数据一般水平的代表值或中心位。各个具体数值是不能代表总体的一般水平的,因为它们之间有差异,这种差异是多种因素交错作用的结果,其中有些是个别起作用的因素,有些是共同起作用的因素,但共同起作用的因素是基本的,因此各个数值的差异有一定的限度,在一定的条件下,客观上存在着数据的一般水平,这个一般水平就叫作平均指标。平均指标就是在同质总体内,将各单位数量差异抽象化,用以反映总体在一定时间、地点、条件下的一般水平。如平均身高代表身高的一般水平。

一、平均指标的概述和作用

(一)平均指标的概念

客观上,同质总体中各单位可用许多不同的数量标志来反映自己的数量特征,而数量标志在各总体单位上的具体数值又各不相同。这是因为总体各单位的每一个标志值都受多种因素的交错影响,其中有些是基本的、主要的原因,有些是偶然的、次要的因素,但处在同一总体中的各个总体单位都要受基本因素的共同影响。因此,就同一总体某一数量标志而言,各总体单位数值上的差异总有一定的限度。这就有可能利用一定的数值来代表各总体单位数量特征的一般水平。

平均指标是反映一定时间、地点条件下同质各总体单位某一数量标志一般水平的综合指标,又称平均数。例如,某市职工平均工资500元,就能概括地说明该市职工工资水平状况,反映了某一时间某市职工工资的一般水平。再如,某车间有5名工人,其日产量分别是50件、55件、57件、60件、68件,怎样才能说明该车间工人日产量的一般水平呢?由于每个工人日产量高低不同,显然是不能用某一人的日产量来代表。在这种情况下,就需要将5名

工人的日产量相加再被5人平均，计算可知平均日产量为58件。它虽然不能说明任何一名工人日产量的实际值，但它是在5人日产量基础上，将高低日产量之间的差异相互抵消后计算出来的，因此，能够反映本车间工人日产量的一般水平。

(二)平均指标的特点

(1)平均指标是一个抽象化数值。它将同质总体内各单位在一定时间、空间条件下某个数量标志的数值差异抽象掉，用一个概括性的数值综合反映现象的一般水平。

(2)平均指标是一个代表性的数值。它是根据同质总体内各单位某一数量标志值计算的，代表总体内全部单位这一数量标志表现的一般水平。其代表性的大小取决于被平均的标志值的差异程度。

平均指标反映了总体各单位标志值分布的集中位置。从多数变量数列的分布来看，远离平均数的标志值的频数很小，而接近于平均数的标志值的频数很多，整个变量数列以平均数为中心左右波动。

(三)平均指标的作用

平均指标是统计中常用的综合指标之一，在说明社会现象总体数量特征方面存在着重要作用。

1. 对现象进行对比分析

在说明社会现象总体时利用平均指标，能够使不可比现象间进行比较研究。如在评价两个同类企业生产水平高低时，总产值受企业规模大小的影响，只能说明总量的差别，而将总产值除以职工人数计算出劳动生产率来进行对比，就能反映两个企业的真实情况，做出正确判断。

2. 分析现象之间的依存关系

在统计分组的基础上，结合平均指标，可以分析现象之间的依存关系。例如，对粮食耕地面积按施肥量多少进行分组，再计算各组粮食平均亩产量，就可以分析施肥量与粮食产量之间的依存关系。

3. 反映现象总体发展变化的趋势或规律性

通过平均指标可以反映同一总体在不同的时间上发展变化的趋势或规律性。例如，研究产品成本变化情况，由于不同时期产量不同，用总成本说明不了问题，而用单位平均成本则可以反映产品成本的变动趋势。

4. 利用平均指标可以进行估计推算

利用平均指标乘以总体单位数，可以推算出总量指标。如平均产量乘以播种面积就推算出总产量。在抽样推断中常用样本平均数对总体量进行估算。

在社会经济统计工作中，常用的平均指标有算术平均数、调和平均数、几何平均数、中位数和众数。前三者是根据所有单位的标志值计算的，亦称数值平均数；后两者是根据某些单位的标志值所处的位置确定的，亦称位置平均数。

二、平均指标的计算和确定

(一)算术平均数

算术平均数是社会经济统计中最基本、最常用的一种平均数，它由总体标志总量和总体单位总量之比计算。算术平均数简称均值，其基本公式为

$$算数平均数=\frac{总体标志总量}{总体单位总量}$$

式中,分子与分母是同一总体的两个总量指标。分子中的每个标志值都是分母中相应的一个总体单位的标志值,这是它与强度相对指标的重要区别。

由于掌握的资料不同,算术平均数可分为简单算术平均数和加权算术平均数。

1. 简单算术平均数

若掌握的资料是将各单位标志值简单排列的未分组资料,可将各单位标志值相加求出总体标志总量,然后除以总体单位个数,即可求得平均数,这种计算方法称为简单算术平均数。

【例 4.10】 某班有 6 名工人生产甲种产品,其日产量分别为 22,24,25,27,28,30 件,求 6 名工人的平均日产量。

$$工人的平均日产量=\frac{22+24+25+27+28+30}{6}=26\ 件$$

如果将简单算术平均数的计算方法概括为一般公式,则可用下列公式表示:

$$\bar{x}=\frac{x_1+x_2+\cdots+x_n}{n}=\frac{\sum x}{n}$$

式中,$\bar{x}$ 为算术平均数;x 为各总体单位的标志值,即变量值;n 为总体单位数;$\sum$ 为求和符号。

2. 加权算术平均数

加权算术平均数是根据变量分布数列计算的。加权算术平均数的计算过程是:将各组的变量值(对组距数列常用组中值),分别乘以各个变量值出现的次数,即频数,求得各组的标志总量;然后,将各组的标志总量加总,得出总体标志总量,用总体标志总量与总体单位总量相比,则得加权算术平均数,其基本公式为

$$\bar{x}=\frac{x_1f_1+x_2f_2+\cdots+x_nf_n}{f_1+f_2+\cdots+f_n}=\frac{\sum xf}{\sum f}$$

【例 4.11】 某企业 50 名工人的月工资数据资料如表 4.2 所示,计算其平均工资。

表 4.2 某企业工人工资资料

按月工资分组 x/元	工人数 f/人	工资总额 xf/元
85	2	170
90	6	540
92	14	1 288
105	18	1 890
110	8	880
118	2	236
合计	50	5 004

根据资料,可计算平均工资为

$$\bar{x}=\frac{\sum xf}{\sum f}=\frac{5\ 004}{50}=100.08(元)$$

通过计算可知,加权算术平均数是根据变量值与次数这两个因素计算的。可见,加权算术平均数同时受变量值与次数的影响。在变量值一定的情况下,次数多的组,其变量值对平均数的影响大,平均数接近该变量值;次数少的组,其变量值对平均数影响小,平均数远离该变量值。因此,次数对平均数的大小起着权衡轻重的作用。这种在平均数的计算过程中起权衡轻重作用的数值就叫权数。权数的大小直接影响着变量值在总量中的地位,从而影响平均数。

这里需要指出的是:

(1)权数不是外来的强加在各组标志值上面的,而是与各组标志值有着内在联系的因素。

(2)如果各组次数(权数)完全相同,即$f_1=f_2=\cdots=f_{n-1}=f_n$,则各组的次数也就失去了权衡轻重作用,加权算术平均数就转化为简单算术平均数。

$$\bar{x}=\frac{\sum xf}{\sum f}=\frac{f\sum x}{\sum f}=\frac{f\sum x}{nf}=\frac{\sum x}{n}$$

如果表中的各组工人数均为8人,亦即各组次数相等,则平均工资为

$$\bar{x}=\frac{\sum xf}{\sum f}=\frac{85\times8+90\times8+92\times8+105\times8+110\times8+118\times8}{8+8+8+8+8+8}=100\text{ 元}$$

可见,简单算术平均数其实就是权数相等的加权算术平均数。

(3)权数可以是绝对数,也可以是相对数,即频率(各组次数在总次数中所占的比重)。其计算公式为

$$\bar{x}=\sum\left(x\frac{f}{\sum f}\right)$$

式中,$\frac{f}{\sum f}$为权数,表示各组单位数在总单位数中所占的比重。

假设表中的工人人数资料未知,而已知各组工人数在工人总数中的比重,如表4.3所示。

表4.3 某企业职工工资资料

按月工资分组 x/元	工人人数比重	相对数加权
85	4	3.4
90	12	10.8
92	28	25.76
105	36	37.8
110	16	17.6
118	4	4.72
合计	100	100.08

根据表的资料计算算术平均数,应先将各组变量值与相应比重权数相乘,得到这个变量值在平均数中的份额,然后把所有份额相加求和即可。

$$\bar{x}=\sum\left(x\frac{f}{\sum f}\right)=100.08$$

至于在什么情况下采用绝对数权数,在什么情况下采用相对数权数,要根据所掌握的具体资料来定。

上述计算加权算术平均数的公式是在掌握单项变量数列的条件下采用的。如果所掌握的资料是组距数列,则应先求出各组变量值的组中值,以组中值代替各组的变量值,然后按单项数列求算术平均数的方法计算平均数。

【例4.12】 已知某企业职工工资资料如表4.4所示,试计算平均工资。

表4.4 某企业职工工资资料

月工资/元	职工人数 f/人	组中值 x	工资总额 xf/元
500以下	50	450	22 500
500~600	150	550	82 500
600~700	200	650	130 000
700以上	100	750	75 000
合计	500	—	310 000

则该企业500名工人的平均工资为

$$\bar{x}=\frac{\sum xf}{\sum f}=\frac{310\ 000}{500}=620$$

在用组中值代表各组标志值计算平均数时,是假定各组内部标志值呈均匀分布或对称分布,这时组中值才有充分的代表性,但据此计算出的平均数也只能是一个近似数值。

(二)调和平均数

算术平均数是根据各变量值及其相应次数或频率来计算的。但在某些情况下,由于受所给资料的限制,不能直接用算术平均数的公式计算平均数,就要采用变量值的倒数来计算。这种根据变量值的倒数来计算的平均数就是调和平均数,又称倒数平均数,通常用 x_H 表示。根据所掌握的资料不同,调和平均数也有简单调和平均数和加权调和平均数之分。

1. 简单调和平均数

简单调和平均数是总体各单位变量值的倒数的简单算术平均数的倒数。它适用于资料未分组,其计算公式为

$$\bar{x}_H=\frac{n}{\frac{1}{x_1}+\frac{1}{x_2}+\cdots+\frac{1}{x_n}}=\frac{n}{\sum\frac{1}{x}}$$

【例4.13】 假定某市场上某种蔬菜早、中、晚价格分别为0.5元/千克、0.4元/千克、0.2元/千克。若一个消费者早、中、晚各买1元,计算此消费者购买的该种蔬菜的平均购买价格。

$$\text{平均购买价格}\ \bar{x}_H=\frac{n}{\sum\frac{1}{x}}=\frac{n}{\frac{1}{0.5}+\frac{1}{0.4}+\frac{1}{0.2}}=0.316\ \text{元/千克}$$

2. 加权调和平均数

加权调和平均数是各组变量值倒数的加权算术平均数的例数。它使用于资料已分组,其计算公式为

$$\bar{x}_H=\frac{m_1+m_2+\cdots+m_n}{\frac{m_1}{x_1}+\frac{m_2}{x_2}+\cdots+\frac{m_n}{x_n}}=\frac{\sum m}{\sum\frac{m}{x}}$$

式中,m 对平均数的计算也起权衡轻重的作用,因此,这里的 m 也是权数。

【例 4.14】 某企业购进某种原材料三批,根据表 4.5 提供的资料计算原材料的平均进价。

表 4.5　某企业购进某种原材料资料情况

批次	价格/(元·千克$^{-1}$)	购进额/元	推算购进量/千克
第一批	30	12 000	400
第二批	40	32 000	800
第三批	50	30 000	600
合计	—	74 000	1 800

$$平均价格\bar{x}_H=\frac{\sum m}{\sum\frac{m}{x}}=\frac{74\ 000}{1\ 800}\approx 41.1(元/千克)$$

在加权调和平均数中的 m 为各组标志总量,它相当于加权算术平均数中的 xf,相应的,m/x 相当于 f,所以,在一定的意义下,

$$加权调和平均数=\frac{\sum m}{\sum\frac{m}{x}}=\frac{\sum xf}{\sum\frac{xf}{x}}=\frac{\sum xf}{\sum f}=加权算数平均数$$

调和平均数通常是作为加权算术平均数的变形形式来应用的,实际工作中只是由于掌握资料不同而采用的方法不同而已。对于同一资料,采用两种方法计算的结果也是相等的。

总的来说,平均指标的计算要根据掌握资料不同选择恰当的计算方法。当平均数计算中分子、分母资料齐全时,可直接采用算术平均数的基本公式计算;当掌握的是各组标志值的分组资料时,如果已知资料是平均数的分母资料,就要以分母资料为权数,采用加权算术平均法计算;如果已知资料是平均数的分子资料,就要以分子资料为权数,采用加权调和平均法计算。

(三)几何平均数

几何平均数是 n 个变量值乘积的 n 次方根,是计算平均比率或计算平均速度最适宜的一种方法。通常用 x_G 表示。凡变量值的连乘积等于总比率或总速度时,求平均比率或平均速度指标应采用几何平均值。

【例 4.15】 生产某零件需要先后经过四道工序,每道工序的合格率分别为 90%,95%,80%,98%,其总的合格率并不等于各道工序合格率的算术和,而等于各工序合格率的连乘积,即 90%×95%×80%×98%,因此,不能采用算术平均的方法,而应采用几何平均的方法。几何平均数由于资料不同又分为简单几何平均数和加权几何平均数两种。

1. 简单几何平均数

如果掌握的是未分组资料,计算几何平均数应采用简单几何平均法。其计算公式为

$$\bar{x}_G=\sqrt[n]{x_1\times x_2\times\cdots\times x_n}=\sqrt[n]{\prod x}$$

式中，x_G 为几何平均数；x 为变量值；n 为变量值的个数；$\prod$ 为连乘符号。

以上四道工序的平均合格品率为

$$\bar{x}_G=\sqrt[n]{\prod x}=\sqrt[4]{90\%\times95\%\times80\%\times98\%}=\sqrt[4]{0.67032}=90.48\%$$

2. 加权几何平均数

如果掌握的是分组资料，各组变量值出现的次数不同，计算几何平均数应采用加权平均法。其计算公式为

$$\bar{x}_G=\sqrt[f_1+f_2+\cdots+f_n]{x_1^{f_1}\times x_2^{f_2}\times\cdots\times x_n^{f_n}}=\sqrt[\sum f]{\prod x^f}$$

式中，f 为各组变量值的次数。

例如，将一笔钱存入银行，存期 10 年，以复利计算。10 年的利率分别为：第一年至第二年为 5%，第三年至第五年为 8%，第六年至第八年为 10%，第九年至第十年为 12%。求平均利率：

$$\bar{x}_G=\sqrt[10]{105\%^2\times108\%^3\times110\%^3\times112\%^2}=108.773\%$$

（四）中位数

中位数是把总体所有单位的标志值按由小到大的顺序排列，处于中间位置的那个变量值就是中位数。通常用“*Me*”表示。由于中位数是由其所处的位置确定的，故又称位置平均数。

例如，某学习小组 7 个同学《高等数学》成绩分别为：35 分、50 分、40 分、95 分、80 分、55 分、100 分。若用算术平均数计算可得平均成绩为 65 分，达到及格水平。然而进一步可以看出，有大部分同学则是不及格的。再如，研究全国居民家庭的收入时，各个家庭收入来源不同造成收入水平悬殊，在实际工作中也常用中位数来代表居民收入的一般水平。

中位数不易受极端值的影响，在明显存在极端值的情况下，用中位数更能代表总体的一般水平。

中位数的确定方法根据所掌握的资料不同也相应有所不同。

1. 由未分组资料确定中位数的方法

（1）先把所有单位的标志值按由小到大的顺序排列。

（2）根据项数 n 确定中位数的位置。其公式为

$$\text{位数}=\frac{n+1}{2}$$

（3）依位数求出中位数 *Me*，即位置处于$\frac{n+1}{2}$的变量值就是中位数。

如果项数为奇数时，居于中间位置的那个变量值就是中位数。如果项数为偶数，可将位于正中间的两个标志值进行简单平均，由此计算的算术平均数即为中位数。

【例 4.16】 有 7 名工人的月工资分别为 200 元、100 元、300 元、350 元、400 元、700 元、800 元。试确定中位数。

解：（1）对工资数额进行排序：100 元，200 元，300 元，350 元，400 元，700 元，800 元。

（2）中位数位置为：$\frac{7+1}{2}=4$。

（3）中位数数值为 350 元，即中位数位置 4 对应的数值 350 元。

【例 4.17】 某公司下属 8 个分公司的年利润分别为 300 万元、700 万元、400 万元、500

万元、1 200 万元、2 000 万元、200 万元、1 500 万元,试确定中位数。

解:(1)对利润进行排序:200 万元、300 万元、400 万元、500 万元、700 万元、1 200 万元、1 500 万元、2 000 万元。

(2)中位数位置为$\frac{n+1}{2}=\frac{8+1}{2}=4.5$,即中位数在第四位和第五位之间。

(3)中位数 $Me=\frac{500+700}{2}=600$。

2. 由单项数列确定中位数

具体步骤如下:

(1)计算累计次数。可以由变量值最低组的次数开始向高变量组逐组进行累计(称向上累计),也可以由变量值最高组的次数开始向低变量值组逐组进行累计(称向下累计)。

(2)计算中位数位置,确定中位数。根据$\frac{\sum f+1}{2}$确定中位数所在组的位置。其方法是:在累计次数中找一个大于或等于$\frac{\sum f+1}{2}$的最小值,此值对应的组就是中位数所在的组,该组对应的变量值即为中位数;当累计次数仅比$\frac{\sum f+1}{2}$少 0.5 时,该累计次数组与超过中位数位置的累计次数组的中间位置才是中位数的位置,此两组标志值的算术平均数才是中位数。

【例 4.18】　某车间日产量资料如表 4.6 所示,试求日产量中位数。

表 4.6　某车间日产量资料

日产量 x/件	人数 f/个	累计次数	
		向上累计	向下累计
5	1	1	25
8	2	3	24
10	5	8	22
15	10	18	17
20	3	21	7
30	2	23	4
35	2	25	2
合计	25	—	—

解:

$$中位数位置=\frac{\sum f+1}{2}=\frac{26}{2}=13$$

根据计算出的累计次数可知,采用向上累计,中位数位于累计次数 18 的第四组;按向下累计,中位数位于累计次数为 17 的第四组。因此,第四组对应的变量值为中位数,即 $Me=$ 15 件。

3. 由组距式数列确定中位数

由组距式数列确定中位数的方法与单项数列相似。不同的是根据累计次数和中位数位置确定中位数组后,无法得到中位数的准确值。因为中位数对应的不是一个单一的数值,而是组距,因此我们需利用公式来计算中位数的近似值。

下限公式为

$$Me = L + \frac{\sum \frac{f}{2} - S_{m-1}}{f_m} \cdot d$$

上限公式为

$$Me = U - \frac{\sum \frac{f}{2} - S_{m+1}}{f_m} \cdot d$$

式中,L 为中位数组的下限;U 为中位数组的上限;S_{m-1} 为中位数所在组低组的累计次数;S_{m+1} 为中位数所在组高组的累计次数;f_m 为中位数组的次数;d 为中位数组的组距。

应当注意的是,当分布次数采用向上累计时,用下限公式求中位数;当分布次数用向下累计时,用上限公式求中位数。

【例 4.19】 已知某企业职工工资水平资料如表 4.7 所示,求中位数。

表 4.7 某企业职工工资水平资料

按工资水平分组/元	职工人数/人	累计次数	
		向上累计	向下累计
400 以下	20	20	400
400 ~ 600	50	70	380
600 ~ 800	100	170	330
800 ~ 1 000	200	370	230
1 000 以上	30	400	30
合计	400		

解:第一步,计算累计次数,即累计工人人数。

第二步,计算中位数位置,确定中位数组

$$中位数位置 = \frac{\sum f + 1}{2} = \frac{400 + 1}{2} = 200.5$$

表示中位数所在组为第四组。

按下限公式计算:

$$Me = L + \frac{\sum \frac{f}{2} - S_{m-1}}{f_m} \cdot d = 800 + \frac{200 - 170}{200} \times 200 = 830(元)$$

按两个公式计算,结果完全一致,在实际中可任选其一应用。

(五)众数

众数是现象总体中出现次数最多的标志值。通常用 Mo 表示。在实际工作和生活中,常常利用众数来说明社会经济现象的一般水平。如为了掌握农贸市场某种蔬菜的价格水平,若采用算术平均法,则需逐笔登记该种蔬菜的成交量和价格,难度较大。往往常用该日市场上最普遍的成交价格，而并非全面登记该种蔬菜的全部交易量和交易额然后加以平均。这样虽然不是很精确，但切实可行。需要明确的是，当变量值很少相同，且无明显集中趋势时，众数就缺乏代表性，这时的众数将无实际意义。

根据所掌握的资料不同，众数的确定方法也有所不同。由未分组资料求众数，首先将变量值按顺序排列，然后找出出现次数最多的变量值，即为众数。

(1)由单项式数列确定众数。在单项式数列中，次数最大的组对应的变量值就是众数。

【例 4.20】 某商店男式鞋销售情况资料如表 4.8 所示，确定鞋号众数。

表 4.8　某商店男式鞋销售情况资料

按号码分组/码	销售量/双
40	20
41	80
42	380
43	20

根据上述资料可知，该商店 42 码男式鞋销售量最大，故众数是 42 码。

(2)由组距式数列确定众数。当掌握的资料为组距式数列时，应先根据各组的次数确定众数组，然后再利用众数的计算公式进行计算。其计算公式有下限公式和上限公式，任用其一即可。

下限公式为

$$Mo=L+\frac{\Delta_1}{\Delta_1+\Delta_2}\cdot d$$

上限公式为

$$Mo=U-\frac{\Delta_2}{\Delta_1+\Delta_2}\cdot d$$

式中，L 为众数组下限；U 为众数组上限；Δ_1 为众数所在组的次数与低一组次数之差；Δ_2 为众数所在组的次数与高一组次数之差；d 为众数组的组距。

【例 4.21】 某市某年职工家庭收入抽样资料如表 4.9 所示，确定平均收入的众数。

表 4.9　某市某年职工家庭收入抽样资料

按每户平均收入分组/元	户数
600 ~ 700	22
700 ~ 800	133
800 ~ 900	158
900 ~ 1 000	128
1 000 ~ 1 100	9
1 100 以上	5
合计	455

解：第三组出现 158 次，是出现次数最多的组，故 800 ~ 900 元是众数组。

$$Mo=L+\frac{\Delta_1}{\Delta_1+\Delta_2}\cdot d=800+\frac{25}{25+30}\times 100=845.45\text{ 元}$$

结果表明,该市平均收入的众数为845.45元。

众数最突出的特点是,在实际应用时往往不易受极端数值影响,因而也就不受组距式数列中开口组的影响。

(六)算术平均数与中位数、众数的关系

算术平均数、中位数和众数都是反映同质总体各单位某一数量标志一般水平的统计指标。算术平均数是根据总体中全部单位标志值计算的代表性数值,容易受极端值的影响;而中位数和众数是根据某变量值在变量数列中所处的特殊位置确定的,不易受极端值的影响。在算术平均数、中位数和众数这三者的选用中,要从所研究现象的实际情况出发,根据资料的特点和研究的目的来决定。

第四节 标志变异指标

标志变异指标是反映数据分布特征的另一重要指标,它反映的是各变量值远离其中心位的程度,即反映数列中各标志值的变动范围或离差程度。平均指标将数据的数量差异抽象化了,用一个代表数值反映现象的一般水平,反映的是各单位某一数量标志的共性,而不能反映它们之间的差异性。因此仅用平均指标还不能全面描述数据分布的特征,标志变异指标弥补了这个不足,从另一方面说明数据分布的特征,反映的是数据分布的离中趋势。

一个统计总体由许许多多同质的但在量上存在差别的总体单位构成。我们计算平均指标反映其一般水平。当总体单位标志值之间的差异较大时,平均指标作为一般水平的代表性就受到影响。因此,有必要把同质总体内各单位标志值的差别和离散状况计算出来,统计上称这样的指标为标志变异指标。

从各自特征看,标志变异指标与平均指标是数学中的对偶问题。

(1)两者都是一个代表值,都是从若干数值中选出来的一个代表性数值,但是它们代表的内容有着明显的不同,平均指标代表数量现象的一般水平,而标志变异指标则代表数量现象的差别水平。

(2)两者对变量值差异的处理不同。平均指标是把变量值差异抽象化,最后结果使人看不到差异,而标志变异指标则是把变量值差异反映出来,使人们了解差异的大小。

一、标志变异指标的概念及作用

标志变异指标也叫标志变动度,是反映总体各单位标志值差异程度的综合指标,用来说明总体各单位标志值的离散程度。一般地说,标志变异指标数值越大,说明总体各单位标志值之间的差异越大,离散趋势也越大;相反,说明总体各单位标志值之间的差异越小,离散趋势也越小。

标志变异指标在统计工作中的作用主要表现在以下两个方面:

(一)标志变异指标是评价平均数代表性大小的依据

平均指标作为总体一般水平的代表值,其代表性如何,与总体内变量值的差异程度直接相关。总体各单位变量值差异越大,标志变异指标值也越大,则平均数的代表性越小;变量值差异越小,标志变异指标值越小,则平均数的代表性越大。例如,有三组工人的工资资料:

甲组:750元,750元,750元,750元,750元。

乙组:730 元,740 元,750 元,760 元,770 元。

丙组:550 元,650 元,750 元,850 元,950 元。

很显然,三组工人的平均工资都是 750 元,但各组工人工资的差别却不同。相比之下,差别最大的丙组代表性最差,乙组次之,甲组则有完全的代表性。

(二)标志变异指标可用来测定社会经济活动的稳定性和均衡性

标志变异指标与社会经济活动的均衡性和稳定性密切相关。标志变异指标值越大,稳定性和均衡性越差;标志变异指标值越小,稳定性和均衡性越高。在实际工作中,标志变异指标是衡量生产和管理质量的一个重要指标。例如,在检查企业生产计划执行情况时,利用标志变异指标,可以说明计划执行过程中的均衡性,如果各阶段计划执行速度时快时慢、变化无常,则说明生产不稳定、不均衡,不利于下一步计划的制订。相反,如果各期的计划完成指标变化不大,大体一致,则说明企业的生产经营有条不紊、比较均衡。

二、标志变异指标的种类和计算方法

在统计工作中,常用的标志变异指标有:全距、平均差、标准差(或方差)和离散系数四种。

(一)全距

全距是总体各单位标志值中的最大值与最小值之差,也称极差,用“R”表示。其计算公式为

$$R=\text{最大标志值}-\text{最小标志值}$$

如上例:甲组人工资全距　$R=750-750=0$

乙组人工资全距　$R=750-730=40$

丙组人工资全距　$R=950-550=400$

三组工人平均工资均为 750 元。因为 $R_{丙}>R_{乙}>R_{甲}$,则甲组工人的平均工资代表性最大,乙组次之,丙组代表性最差。

可见,全距是说明总体全部标志值的最大变化范围。其计算方法简便,容易理解,但在计算中没有考虑中间数值的差异情况,易受极端数值的影响,因此只能粗略地反映现象的离散程度,有一定的局限性。

(二)平均差

平均差是总体各单位标志值与其算术平均数的离差的绝对值的算术平均数,反映各标志值与算术平均数之间的平均差异。其计算过程是:先用各个标志值与其平均数相减得出离差,即$(x-\bar{x})$,但离差有正负之分。又由算术平均数的数学性质可知,$\sum(x-\bar{x})=0$。为了避免正负离差互相抵消,可取离差的绝对值$|x-\bar{x}|$,最后,用离差绝对值之和,即$\sum|x-\bar{x}|$,除以项数 n 或是单位数(次数)$\sum f$,即得平均差,通常用 AD 表示。

平均差的计算方法有简单式和加权式两种。

1. 简单平均差

由未分组资料计算的平均差即为简单平均差,就是将各个标志值与平均数离差的绝对值之和除以项数而得的数值。其公式为

$$AD=\frac{\sum|x-\bar{x}|}{n}$$

【例 4.22】 某车间有 6 名工人,日产量资料分别为 30 件、35 件、40 件、40 件、45 件、50 件。试计算这 6 名工人日产量的平均差。

$$\bar{x}=\frac{30+35+40+40+45+50}{6}=40$$

$$AD=\frac{\sum|x-\bar{x}|}{n}=\frac{10+5+0+0+5+10}{6}=5$$

若有历史资料表明,此车间平均差为 7 件,这就说明该车间工人的技术水平在不断提高,差距在缩小,平均日产量的代表性也在增强,同时,也说明生产较以前稳定、均衡。

2. 加权平均差

由分组资料计算的平均差就是加权平均差。它是将各标志值与平均数离差的绝对值,用各组次数 f 加权,然后加总,再除以 $\sum f$ 求得。其计算公式为

$$AD=\frac{\sum|x-\bar{x}|f}{\sum f}$$

【例 4.23】 某企业职工按月工资分组资料如表 4.10 所示。

表 4.10　某企业职工工资平均差计算表

按月工资分组	工人数 f	x	xf	$\lvert x-\bar{x}\rvert$	$\lvert x-\bar{x}\rvert f$
400 元以下	10	300	3 000	400	4 000
400～600	20	500	10 000	200	4 000
600～800	40	700	28 000	0	0
800～1 000	20	900	18 000	200	4 000
1 000 以上	10	1 100	11 000	400	4 000
合计	100	—	70 000	—	16 000

解:由表知

$$\bar{x}=\frac{\sum xf}{\sum f}=\frac{70\,000}{100}=700$$

$$AD=\frac{\sum|x-\bar{x}|f}{\sum f}=\frac{16\,000}{100}=160$$

平均差是根据全部标志值计算出来的,受极端值的影响较小,较全距更能客观、准确地反映标志值的差异程度。但由于它采用绝对值的计算方法,不适宜进一步运算,因此,实际应用受到一定限制,在统计中很少应用。

(三) 标准差

标准差是总体各单位标志值与其算术平均数的离差平方的算术平均数的平方根,亦称均方差。用"σ"表示。当然,标准差的平方就称为方差,用 σ^2 表示。

根据所掌握的资料不同,标准差的计算方法也有两种,即简单标准差和加权标准差。

1. 简单标准差

由未分组资料计算的标准差即为简单标准差,其计算公式为

$$\sigma=\sqrt{\frac{\sum(x-\bar{x})^2}{n}}$$

【例 4.24】　从某班 40 名学生中，随机抽取 5 名学生，其统计课成绩分别为 50 分、60 分、70 分、80 分、90 分，试计算标准差。

其计算方法如表 4.11 所示。

表 4.11　5 名学生统计成绩标准差计算表

学习成绩 x	$x-\bar{x}$	$(x-\bar{x})^2$
50	−20	400
60	−10	100
70	0	0
80	10	100
90	20	400
合计	—	1 000

解：由表知

$$\bar{x}=\frac{\sum x}{n}=\frac{350}{5}=70$$

$$\sigma=\sqrt{\frac{\sum(x-\bar{x})^2}{n}}=\sqrt{\frac{1\ 000}{5}}=14.14$$

2. 加权标准差

由分组资料计算的标准差就是加权标准差，其计算公式为

$$\sigma=\sqrt{\frac{\sum(x-\bar{x})^2f}{\sum f}}$$

【例 4.25】　甲企业工人日产量资料如表 4.12 所示，试计算日产量标准差。

表 4.12　甲企业工人日产量及加权标准差计算表

按日产量分组/件	职工工人数 f	x	xf	$(x-\bar{x})$	$(x-\bar{x})^2$	$(x-\bar{x})^2f$
10～30	20	20	400	−24	576	11 520
30～50	50	40	5 000	−4	16	800
50～70	20	60	1 200	16	256	5 120
70 以上	10	80	800	36	1 296	12 960
合计	100	—	4 400	—	—	30 400

解：由表知

$$\bar{x}=\frac{\sum xf}{\sum f}=\frac{4\ 400}{100}=44$$

$$\sigma = \sqrt{\frac{\sum (x-\bar{x})^2 f}{\sum f}} = \sqrt{\frac{30\,400}{100}} = 17.44$$

若乙企业的平均日产量为60件,标准差为18件,这两企业进行对比,则甲企业的平均日产量代表性大于乙企业,生产相对稳定和均衡些。

由上可知,标准差与平均差的实质基本相同,它采用平方的方法消除离差的正负号的影响,更便于数学处理,在反映差异状况时更灵敏,是测定标志值差异程度最常用的尺度。

(四)离散系数

全距、平均差、标准差都是对标志值差异状况的绝对值测定,其数值都表现为绝对值。其数值大小不仅受标志值差异的影响,而且还受数列平均水平的影响,显然只有在数列平均水平相同时,才能直接进行比较、评价。如果数列水平不同,要比较平均数的代表性,必须先剔除平均数大小的影响,计算相对指标。

离散系数是消除平均数影响后的变异指标,是用变异指标除以其算术平均数所得的比值,是一个以相对数形式出现的变异指标,据此判断平均数代表性的大小,通常用"V"表示。离散系数也叫差异系数。

离散系数主要有全距系数、平均差系数、标准差系数,最常用的是标准差系数。其计算公式为

$$全距系数\ V_R = \frac{R}{\bar{x}} \times 100\%$$

$$平均差系数\ V_{AD} = \frac{AD}{\bar{x}} \times 100\%$$

$$标准差系数\ V_\sigma = \frac{\sigma}{\bar{x}} \times 100\%$$

【例4.26】 2003年甲、乙两个企业平均劳动效率及标准差资料如表4.13所示,试比较甲、乙两个企业平均劳动效率代表性的大小。

表4.13　甲乙两企业平均劳动效率及标准差资料

企业名称	平均劳动效率	标准差
甲	8 000	600
乙	4 000	400

由表可知,甲、乙两个企业的平均劳动效率相差悬殊,可能属于不同类型和性质的企业,因此,不能直接用标准差来进行评价,而应该通过计算标准差系数来反映、评价,以剔除平均数之间的差异影响,从而得出正确的结论。

$$V_{\sigma甲} = \frac{\sigma_甲}{\bar{x}_甲} \times 100\% = \frac{600}{8\,000} \times 100\% = 7.5\%$$

$$V_{\sigma乙} = \frac{\sigma_乙}{\bar{x}_乙} \times 100\% = \frac{400}{4\,000} \times 100\% = 10\%$$

由计算可知,$V_{\sigma甲} < V_{\sigma乙}$,所以甲企业的平均劳动效率的代表性高于乙企业。

练习题

一、思考题

1. 什么是平均指标？平均指标的作用有哪些？
2. 计算加权算术平均数时，如何正确选择权数？
3. 什么是权数？权数有哪几种表现形式？哪种权数体现出权数的实质？
4. 权数对算术平均数有何影响？
5. 平均指标为什么要注意同质性原则？
6. 在计算平均指标时，算术平均数和调和平均数分别适用于什么样的资料条件？
7. 依据皮尔生规则，算术平均数. 众数和中位数三者之间存在何种数量关系？这种关系能成立的基本条件是什么？
8. 简述测定标志变异指标有何意义。
9. 考察一个分布数列的特征时，为什么必须运用平均指标和变异指标，两者之间是何种关系？
10. 简述标准差与平均差的区别与联系。
11. 什么叫总量指标？计算总量指标有什么重要意义？
12. 时期指标和时点指标有什么区别与联系？
13. 什么是相对指标？相对指标的作用有哪些？
14. 在分析长期计划执行情况时，水平法和累计法有什么区别？

二、单项选择题

1. 平均指标反映(　　)。

A. 总体分布的集中趋势　　B. 总体分布的离散趋势
C. 总体分布的大概趋势　　D. 总体分布的一般趋势

2. 平均指标是说明(　　)。

A. 各类总体某一数量标志在一定历史条件下的一般水平
B. 社会经济现象在一定历史条件下的一般水平
C. 同质总体内某一数量标志在一定历史条件下的一般水平
D. 量社会经济现象在一定历史条件下的一般水平

3. 计算平均指标最常用的方法和最基本的形式是(　　)。

A. 中位数　　B. 众数　　C. 调和平均数　　D. 算术平均数

4. 算术平均数的基本计算公式是(　　)。

A. 总体部分总量与总体单位数之比　　B. 总体标志总量与另一总体总量之比
C. 总体标志总量与总体单位数之比　　D. 总体标志总量与权数系数总量之比

5. 加权算术平均数中的权数为(　　)。

A. 标志值　　B. 权数之和　　C. 单位数比重　　D. 标志值的标志总量

6. 权数对算术平均数的影响作用决定于(　　)。

A. 权数的标志值　　B. 权数的绝对值　　C. 权数的相对值　　D. 权数的平均值

7. 加权算术平均数的大小(　　)。

A. 主要受各组标志值大小的影响,而与各组次数的多少无关

B. 主要受各组次数大小的影响,而与各组标志值的多少无关

C. 既受各组标志值大小的影响,又受各组次数多少的影响

D. 既与各组标志值的大小无关,也与各组次数的多少无关

8. 在变量数列中,若标志值较小的组权数较大时,计算出来的平均数(　　)。

A. 接近于标志值小的一方　　B. 接近于标志值大的一方

C. 接近于平均水平的标志值　　D. 不受权数的影响

9. 假如各个标志值都增加 5 个单位,那么算术平均数会(　　)。

A. 增加到 5 倍　　B. 增加 5 个单位

C. 不变　　D. 不能预期平均数的变化

10. 各标志值与平均数离差之和(　　)。

A. 等于各变量平均数离差之和　　B. 等于各变量离差之和的平均数

C. 等于零　　D. 为最大值

11. 当计算一个时期到另一个时期的销售额的年平均增长速度时,应采用哪种平均数?(　　)

A. 众数　　B. 中位数　　C. 算术平均数　　D. 几何平均数

12. 对比不同地区的粮食生产水平,应该采用的指标是(　　)。

A. 人均粮食产量　　B. 单位粮食产量　　C. 粮食总产量　　D. 平均单位粮食产量

13. 众数是(　　)。

A. 出现次数最少的次数　　B. 出现次数最少的标志值

C. 出现次数最多的标志值　　D. 出现次数最多的频数

14. 由组距数列确定众数时,如果众数组的相邻两组的次数相等,则(　　)。

A. 众数在众数组内靠近上限　　B. 众数在众数组内靠近下限

C. 众数组的组中值就是众数　　D. 众数为零

15. 某地区 8 月份一等鸭梨每千克 1.8 元,二等鸭梨每千克 1.5 元,10 月份鸭梨销售价格没变,但一等鸭梨销售量增加 8%,二等鸭梨销售量增加 10%,10 月份鸭梨的平均销售价格(　　)。

A. 不变　　B. 提高　　C. 下降　　D. 无法确定

16. 总量指标按其反映时间状况不同,可以分为(　　)。

A. 总体总量和标志总量　　B. 总体总量和时期指标

C. 标志总量和时期指标　　D. 时点指标和时期指标

17. 总量指标按其反映内容的不同,可以分为(　　)。

A. 时点指标和时期指标　　B. 时期指标和标志总量

C. 总体单位总量和总体标志总量　　D. 总体总量和时点指标

18. 某企业某月产品销售额为 20 万元,月末库存商品为 30 万元,这两个总量指标是(　　)。

A. 时期指标　　B 时点指标

C. 前者为时期指标,后者为时点指标　　D 前者为时点指标,后者为时期指标

19. 下列属于总量指标的是(　　)。

A. 出勤率　B. 合格率　C. 人均产粮　D. 工人人数

20. 在相对指标中,主要用有名数表示的指标是(　　)。

A. 结构相对指标　B. 强度相对指标　C. 比较相对指标　D. 动态相对指标

三、多项选择题

1. 平均指标是(　　)。

A. 一个综合指标　B. 根据变量数列计算的

C. 根据时间数列计算的　D. 在同质总体内计算的

E. 不在同质总体内计算的

2. 平均指标具有同类现象在不同空间上对比的作用,其理由是(　　)。

A. 它反映了不同总体的单位数的差异程度

B. 它反映了总体单位数量差异

C. 它消除了总体单位数多少的影响

D. 平均值表示一个代表值

E. 平均值表示将性质不同的现象抽象化

3. 算术平均数的基本公式是(　　)。

A. 分子、分母同属于一个总体　B. 分子、分母的计量单位相同

C. 分母是分子的承担者　D. 分母附属于分子

E. 分子、分母均是数量指标

4. 加权算术平均数的大小不仅受各标志值大小的影响,也受各组次数多少的影响,因此(　　)。

A. 当较大的标志值出现次数较多时,平均数接近标志值大的一方

B. 当较小的标志值出现次数较少时,平均数接近标志值小的一方

C. 当较大的标志值出现次数较少时,平均数接近标志值大的一方

D. 当较小的标志值出现次数较多时,平均数接近标志值小的一方

E. 当不同标志值出现的次数相同时,对平均值的大小没有影响

5. 简单算术平均数之所以简单,是因为(　　)。

A. 所计算的资料未分组　B. 所计算的资料已分组

C. 各组次数均为 1　D. 各变量值的次数分布不同

E. 各变量值的频率不相同

6. 当(　　)时,加权算术平均数等于简单算术平均数。

A. 各组标志值不相等　B. 各组次数均相等

C. 各组次数不相等　D. 各组次数均为 1

E. 各组标志值均相同

7. 计算加权算术平均数,在选定权数时,应具备的条件是(　　)。

A. 权数与标志值相乘能够构成标志总量

B. 权数必须是总体单位数

C. 权数必须表现为标志值的直接承担者

D. 权数必须是单位数比重

E. 权数与标志值相乘具有经济意义

8. 运用调和平均数计算算术平均数时，应具备的条件是(　　)。

A. 掌握总体标志变量和相应的标志总量

B. 掌握总体标志总量和总体单位数资料

C. 缺少算术平均数基本形式的分母资料

D. 掌握变量为相对数和相应的标志总量

E. 掌握变量为平均数和相应组的标志总量

9. 总量指标的计量单位有(　　)。

A. 实物单位　B. 劳动时间单位　C 价值单位

D. 百分比和千分比　E. 倍数、系数和成数

10. 在社会经济中计算总量指标有着重要意义，因为总量指标是(　　)。

A. 认识社会经济现象的起点　B. 实行社会管理的依据之一

C. 计算相对指标和平均指标的基础　D. 唯一能进行统计推算的指标

E 没有统计误差的统计指标

11. 下列统计指标为总量指标的有(　　)。

A. 人口密度　B. 工资总额　C. 物资库存量

D. 人均国民生产总值　E. 货物周转量

12. 下列统计指标属于时期指标的有(　　)。

A. 职工人数　B. 工业总产值　C. 人口死亡数

D. 粮食总产量　E. 铁路货物周转量

13. 时点指标的特点是(　　)。

A. 数值可以连续计算　B. 数值只能间断计算

C. 数值可以连续相加　D. 数值不能直接相加

E. 数值大小与所属时间长短无关

四、判断题

1. 同一总体时期指标的大小，必然与时期的长短成正比；时点指标数值的大小，必然与时点间的间隔成反比。(　　)

2. 工人人数是时期指标，国民生产总值是时点指标。(　　)

3. 总体单位总量和总体标志总量并不是固定不变的，而是随着统计研究目的不同而变化。(　　)

4. 旅客运输量按人次计量，是一种双重单位。(　　)

5. 比较相对指标是将不同空间条件下同类指标数值进行对比的结果。(　　)

6. 强度相对指标的数值是用复名数表示的，因此都可以计算它的正指标和逆指标。(　　)

7. 某厂劳动生产率计划在去年的基础上提高 8%，计划执行结果仅提高了 4%，劳动生产率计划仅完成了一半。(　　)

8. 计划完成相对数的数值大于 100%，就说明完成并超额完成了计划。(　　)

9. 计算平均指标的同质性原则是指社会经济现象的各个单位在被平均的标志上具有同类性。(　　)

10. 权数对算术平均数的影响作用大小取决于权数本身绝对值的大小。(　　)

11. 当各组的单位数相等时,各组单位数与总体单位数的比重也相等,所以权数的作用也就没用了。(　　)

12. 利用组中值计算算术平均数是假定各组内的标志值是均匀分布的,计算结果是准确的。(　　)

13. 调和平均数是根据标志值的倒数计算的,所以又称为倒数平均数。(　　)

14. 几何平均数是计算平均比率和平均速度最适用的一种方法。(　　)

15. 众数是总体中出现次数最多的变量值,因而,在总体中众数必定存在,而且是唯一的。(　　)

16. 众数只适用于变量数列不适用于品质数列。(　　)

17. 当中位数组相邻两组的次数相等时,中位数就是中位数组的组中值。(　　)

18. 标志变异指标既反映了总体各单位标志值的共性,又反映了它们之间的差异性。(　　)

五、计算题

1. 某工厂生产班组有 12 名工人,每个工人日产产品件数为:17,15,18,16,17,16,14,17,16,15,18,16。计算该生产班组工人的平均日产量。

2. 某销售部门有两个小组,各有 8 名销售员,某月每人销售的产品数量(件)如下:

第一组:45　50　58　60　70　80　90　100

第二组:67　69　70　73　78　79　80　83

要求:根据资料分别计算两组销售员的平均月销售量,并比较哪一组的平均数代表性更好。

3. 银行对某笔投资的年利率按复利计算,25 年利率分配如题表 4.1 所示,试计算其平均年利率。

题表 4.1

年限	利率/%	年数
第 1 年	3	1
第 2 年到第 5 年	5	4
第 6 年到第 13 年	8	8
第 14 年到第 23 年	10	10
第 24 年到第 25 年	15	2
合计	—	25

4. 某地区 2015 ~2016 年生产总值资料如题表 4.2 所示。

题表 4.2　　单位:亿元

生产总值	2015 年	2016 年
第一产业	8 157	8 679
第二产业	13 801	17 472
第三产业	14 447	18 319
合计	36 405	44 470

根据上述资料:

(1)计算2015年和2016年第一产业、第二产业、第三产业的结构相对指标和比例相对指标。

(2)计算该地区生产总值、第一产业、第二产业、第三产业增加值的动态相对指标及增长百分比。

5. 甲、乙两企业员工的生产资料如题表4.3所示。

题表4.3

日产量/(件·人$^{-1}$)	甲企业员工数/人	乙企业总产量/件
1	120	30
2	60	120
3	20	30
合计	200	180

试分析:(1)哪个企业员工的生产水平高?

(2)哪个企业员工的生产水平整齐?

6. 现有甲、乙两国钢产量和人口资料如题表4.4所示。

题表4.4

	甲国		乙国	
	2015年	2016年	2015年	2016年
钢产量/万吨	3 000	3 300	5 000	5 250
年平均人口数/万人	6 000	6 000	7 143	7 192

试通过计算动态相对指标、强度相对指标和比较相对指标来简单分析甲、乙两国钢产量的发展情况。

第五章　动 态 数 列

【学习目标】

本章阐述动态数列的基本理论知识和动态分析指标的计算和运用等问题。

【学习要求】

➢ 明确动态数列的概念，区分不同种类的动态数列；

➢ 熟练掌握平均发展水平的计算方法；

➢ 掌握各增减量指标之间和各发展速度指标之间的关系，能进行动态指标的相互推算；

➢ 能运用长期趋势测定方法对长期动态数列进行测定，并在计算季节比率的基础上理解季节比率的经济含义。

第一节　动态数列的意义和种类

统计作为认识社会的有力武器之一，仅仅利用前面学习的总量指标、相对指标、平均指标对社会经济现象做静态分析，还远远不能满足社会不断发展的要求。因此，统计不仅要从社会经济现象的相互联系中进行静态分析，而且还要从它的运动、变化、发展的全过程中进行动态分析。本章所介绍的动态数列，就是对社会经济现象进行动态分析的一种重要方法。

一、动态数列的意义

动态数列是指将同类社会经济现象在不同时间上发展变化的一系列统计指标，按时间先后顺序排列所形成的统计数列，亦称时间数列。

如将我国历年的某产品产量发展情况按时间先后顺序排列起来就是一个动态数列，如表5.1所示。

表5.1　我国2003～2010年某产品产量发展情况

年份	2003	2004	2005	2006	2007	2008	2009	2010
产量/亿吨	7.17	7.89	8.72	8.94	9.20	9.70	10.40	11.11

由表5.1可看出，时间数列由两个基本要素构成：一是被研究现象所属的时间；二是反映现象在各个时间上的发展水平，亦称动态水平。

编制和研究时间数列，有着重要的意义。第一，通过时间数列的编制和分析，可以从事物在不同时间上的量变过程中，认识社会经济现象的发展变化的方向、程度、趋势和规律，为制定政策、编制计划提供依据。第二，通过对时间数列资料的研究，可以对某些经济现象进行预测。第三，利用不同的时间数列对比，可以揭示各种社会现象的不同发展方向、发展规律及其相互之间的变化关系。第四，利用时间数列，可以在不同地区或国家之间进行对比分析。

二、动态数列的种类

动态数列按其所排列统计指标的表现形式不同可分为总量指标(绝对数)动态数列、相对数动态数列和平均数动态数列三种。其中总量指标动态数列是基本数列,其余两种是根据总量指标动态数列计算而得的派生数列。

(一)总量指标(绝对数)动态数列

总量指标动态数列是指将反映某种社会经济现象的一系列总量指标按时间的先后顺序排列而形成的数列。总量指标动态数列反映了社会经济现象总量在各个时期所达到的绝对水平及其发展变化过程。由于总量指标时间的性质不同,又可分为时期数列和时点数列两种。

1. 时期数列

是指由时期总量指标编制而成的动态数列。在时期数列中,每个指标都反映某社会经济现象在一定时期内发展过程的总量。

如表5.2所列的1990~2001年我国税收基本情况就是一个时期数列。

表5.2 1990~2001年我国税收基本情况

年份	1990	1993	1995	1999	2000	2001
全国税收/亿元	2 821	4 255	8 038	10 882	12 681	15 157

表5.2表明11年来我国税收的增长情况,它的每一个指标数值都是一年内税收额的总和。在时期数列中,每个指标所属的时间称为“时期”,相邻两个时期的时间距离称为“时间间隔”。上表中1999年至2001年的“时期”和“时期间隔”均为1年。时期与时期间隔的长短,主要依据研究目的来确定。

时期数列具有以下几个特点:

(1)数列中每一个指标,都是表示社会经济现象在一定时期内发展过程的总量。

(2)数列中的各个指标值是可以相加的。由于时期数列中每一个指标数值都是在一段时期内发展的总数,所以相加之后指标数值就表明现象在更长时期发展的总量。如全年的国内生产总值是一年中每个月国内生产总值相加的结果,各月份的国内生产总值又是月份内每天的国内生产总值之和。

(3)时期数列中,每个指标数值的大小与时期长短有直接关系。由于时期数列中每个指标都是社会经济现象在一段时期内的发展过程中不断累计的结果,所以一般来说,时期愈长指标数值就愈大,反之就愈小。

(4)时期数列中每一个指标数值,通常都是通过连续不断的登记取得的。

2. 时点数列

是指由时点总量指标编制而成的动态数列。在时点数列中,每个指标数值所反映的社会经济现象都是在某一时点(时刻)上所达到的水平。例如:表5.3所列的我国2000~2005年职工人数情况,就是一个时点数列。

表 5.3　我国 2000 ~ 2005 年职工人数情况

年份	2000	2001	2002	2003	2004	2005
年末职工人数/万人	14 015	14 459	14 925	15 012	15 347	15 879

表 5.3 表明自 2000 ~ 2005 年以来我国的人口不断增加的情况。数列中的每一个指标数值都是表明全国人口当年年末这一时刻上的总数。在时点数列中,每个指标数值所属的时间称为"时点",相邻两个时点间的距离称为"时点间隔"。上表中时点间隔为 1 年。时点间隔的长短,应根据现象在时点上的变动大小或快慢确定。时点数列有以下几个特点:

(1)时点数列中的每一个指标数值,都表示社会经济现象在某一时点(时刻)上的数量。

(2)时点数列中的每个指标值不能相加。由于时点数列中的指标数值都是反映现象在某一瞬间的数量,几个指标值相加后无法说明这个数值属于哪一个时点上的数量,没有实际意义。

(3)时点数列中每个指标数值大小和"时点间隔"长短没有直接关系。时点数列中每个指标值只是现象在某一时点上的水平,因此它的大小与时点间隔的长短没有直接关系。例如,年末的人口数不一定比某月底的人口数大。

(4)时点数列中每个指标数值通常都是定期(间断)登记取得的。

(二)相对数动态数列

是指一系列相对指标按照时间先后顺序排列所组成的动态数列。它是用来反映社会经济现象之间数量对比关系的发展变化过程及其规律的。

例如:表 5.4 所列的我国"一五"计划期间生产资料占工业总产值的比重,就是一个相对数动态数列。

表 5.4　"一五"计划时期生产资料占工业总产值的比重

年份	1953	1954	1955	1956	1957
生产资料占工业总产值的比重/%	37.5	38.5	41.7	45.5	48.4

上表反映了我国第一个五年计划期间工业总产值生产资料所占比重不断上升的趋势。因此,相对数动态数列比较直观,更能明显地表现现象发展的趋势和规律性。

相对数动态数列一般是两个有联系的总量指标动态数列对比派生的数列。由于总量指标动态数列有时期数列和时点数列之分,因而,两个总量指标动态数列对比所形成的相对数动态数列又可分为:

(1)由两个时期数列对比而成的相对数动态数列;

(2)由两个时点数列对比而成的相对数动态数列;

(3)由一个时期数列和一个时点数列对比形成的相对数动态数列。

在相对数动态数列中,由于每个指标都是相对数,因而各个指标是不能直接相加的。

(三)平均数动态数列

是由一系列同类平均指标按照时间的先后顺序排列而成的动态数列。它反映的是社会经济现象一般水平的发展过程及其变动趋势。如表 5.5 所列的某地区历年来职工平均工资的增长情况,就是一个平均数动态数列。

表5.5 某地区历年来职工平均工资增长情况

年份	2005	2006	2007	2008	2009	2010
平均工资/元	7 512	7 836	7 865	8 034	8 213	8 414

由于平均数有静态平均数和动态平均数之分,所以,平均数动态数列也有静态平均数动态数列和动态平均数动态数列之分,上表所列的平均工资属于静态平均数动态数列。

以上各种动态数列运用不同指标从不同角度来表明社会经济现象的动态,为了全面地分析社会经济现象,确切反映其变化过程及发展规律,可以将上述各种动态数列结合起来运用。

三、动态数列的编制原则

编制动态数列的目的,就是要通过同一指标在不同时间上的对比来分析社会经济现象的发展变化过程及其规律性。因此,保证动态数列中各个指标间的可比性,就成为正确编制动态数列应该遵守的基本原则。这种可比性具体体现在以下几个方面。

(一)时间的长短要统一

编制动态数列时各项指标所属的时间应该前后统一。这种时间上的一致性包括两层含义:其一是指时期的长短应该相等,其二是指时间间隔应该一致。时期长短的一致实质上是针对时期指标而言的,因为时期数列各项指标的大小与它所属的时间长短有直接关系。因此,只有保持时期一致,各项指标才能进行比较。如一个月的销售额和一年的销售额就不能比较。对于时点数列此原则和指标对应的时点间隔要相同,虽然时点数列指标值的大小与时点间隔长短没有直接关系,但保持相同的时点间隔才能准确地反映现象的变化状况。

(二)总体范围要统一

时间数列既然是同一现象在时间上的排列,那么,该现象所包括的地区范围、分组范围等应前后一致,这样才能进行对比分析。如果总体范围有了变动,必须将资料进行调整,以保持指标的可比性。例如,在研究某地区的人口和农产品的发展情况时,就必须注意该地区的行政区划有无变更。当行政区划变更时,为了保证前总体范围的一致,必须根据这种变动情况将有关资料加以调整。

(三)计算方法、计量单位要统一

统计指标的计算方法,由于适应不同时期的发展情况,往往有所改变。因此,动态数列中各指标的计算口径、计算方法和计量单位该保持一致。例如:在研究某企业劳动效率的变动情况时,如果各指标的计算方法不同,有的用全部职工人数计算,有的用生产工人数计算;或者计量单位不同,有的采用产品的实物单位,有的采用货币单位,这样各指标之间就没有可比性。

(四)经济内容要统一

经济内容,是指动态数列中各个指标所反映的经济内容在各个时期应该一致。必须是同质的经济现象才能进行对比,不能就数量论数量。在编制时间数列时,首先应对经济现象的内容进行质的分析研究,然后再将同质的经济现象编制时间数列进行对比。例如:不能将我国利改税以前的税收收入和利改税以后的税收收入混同在一起比较。

第二节　动态水平指标分析

动态数列比较清晰地反映了客观事物在各个不同时间上所达到的具体水平,编制动态数列只是提供了分析的依据,要对社会经济现象数量做进一步的动态研究(揭示事物的发展趋势和规律性),还要计算一系列的动态分析指标。动态分析指标由于运用的指标形式和计算方法不同,分为动态水平指标和动态速度指标两大类。本节讨论动态水平指标。它是指经济现象在某一时期或时点上的发展水平和增长水平,包括发展水平、平均发展水平、增长量、平均增长量。

一、发展水平

发展水平是指时间数列中的每一项具体指标数值,它反映了某种社会经济现象在不同时间上所达到的水平,也是计算各项动态分析指标的基础。

发展水平一般是时期或时点总量指标,如销售额、在册工人数等;也可以是平均指标,如平均工资、单位产品成本等;还可以是相对指标,如计划完成程度、商品流转次数等。

在动态数列中,由于发展水平所处的位置不同,有最初水平和最末水平。最初水平是指动态数列中第一项指标数值,它表示事物发展的原有基础;最末水平是指最后一项指标,它表示事物发展在一定时期内的最终结果。可用符号表示为 $a_0,a_1,a_2,\cdots,a_n$,它们代表数列中各个发展水平。其中 a_0 是最初水平,a_n 是最末水平,其余的就是中间各项水平,简称为中间水平。

为了计算动态水平指标,需要将不同时间的发展水平进行比较。对比时把所要研究的那个时期(时点)的发展水平叫作报告期发展水平(或计算期水平),简称报告期水平;把用来作为对比基础时期(时点)的发展水平叫作基期发展水平,简称基期水平。

报告期水平和基期水平不是固定不变的,它根据研究目的的不同和时间的变更而改变。

发展水平在文字说明上习惯用“增加到”“增加为”或“降低到”“降低为”,表示事物“增加”或“降低”到某种水平。如:1995 年某市高等学校在校生人数 36 700 人,2000 年增加到 65 000 人。“增加”或“降低”后面的“到”“为”两个字很重要,遗漏掉就会改变原有的意思。

例如:表 5.6 中,2012 年冰箱 12 830 万台是最初水平,2017 年冰箱 14 654 万台是最末水平,其余各项数值为中间各项水平。若用符号表示,即 2012～2017 年分别用 $a_0,a_1,a_2\cdots a_5$ 表示。如果 2017 年冰箱产量与 2012 年进行对比,那么 2012 年冰箱产量不仅是最初水平,也是基期水平,而 2017 年冰箱产量不仅是最末水平,也是报告期水平。如果 2015 年冰箱产量与 2014 年冰箱产量对比,则 2014 年为基期水平,2015 年为报告期水平。这是随着研究时间和目的的改变而改变的。

表 5.6　某企业 2012～2017 年冰箱产量　　单位:万台

年份	2012	2013	2014	2015	2016	2017
冰箱产量	12 830	13 218	13 975	13 821	14 320	14 654

二、平均发展水平

平均发展水平是动态数列中各不同时期发展水平计算的平均数,又称序时平均数或动态平均数。序时平均数作为一种平均数,与一般平均数(静态平均数)既有联系,又有区别。它们的联系就是它们都将现象的数量差异抽象化,概括反映现象的一般水平,即二者都具有平均指标的抽象性和代表性的本质特征。例如:1998 年某市农民年人均纯收入为 3 431 元,它就是把各农民的收入差异予以抽象化了,反映全体农民收入的一般水平。再如:第四次人口普查到第五次人口普查的十年零四个月中我国大陆人口平均每年增加 1 279 万人,它是把人口增加数在不同年份上的差异予以抽象化了,反映人口增长的一般水平。它们的区别主要表现在:一般平均数(静态平均数)是根据变量数列计算的,所平均的是总体各单位的某一数量标志值在同一时间上的差异,因此,它是从静态上说明现象总体各单位的一般水平;序时平均数是根据时间数列计算的,所平均的是现象在不同时间上的数量差异,因而它能够从动态上说明现象在一定时期内发展变化的一般趋势。

序时平均数可以对总量指标动态数列进行计算,也可以对相对指标或平均指标动态数列进行计算。总量指标序时平均数是最基本的。因为相对指标和平均指标都是由总量指标动态数列派生出来的,因此总量指标序时平均数的计算是解决其他两个序时平均数计算的关键。

(一)由总量指标动态数列计算序时平均数

总量指标按其性质分为时期指标和时点指标,由于两种指标的性质不同,在计算序时平均数时,所采用的计算方法不同。以下分别介绍。

1. 由时期数列计算序时平均数

由时期数列计算序时平均数比较简单。因为它的各项指标能直接相加,可采用简单算术平均法,即将数列中各项指标数值之和除以时期项数。其计算公式为

$$\bar{a} = \frac{a_1 + a_2 + \cdots + a_n}{n} = \frac{\sum a}{n}$$

式中 $\bar{a}$——序时平均数;

a——各时期发展水平;

n——时期项数。

【例 5.1】 某商业企业 2010 年各月商品销售额资料如表 5.7 所示。

表 5.7 商业企业 2010 年各月商品销售额

月份	1	2	3	4	5	6	7	8	9	10	11	12
销售额/万元	300	400	380	440	480	520	540	600	660	760	700	820

以上时期数列资料反映的销售额参差不齐,发展变化趋势也不明显。如果用序时平均法计算出各季每月的平均销售额,就可以明显地反映出它的发展基本趋势是不断增长的。

如:第一季度月平均销售额$=\frac{300+400+380}{3}=360$(万元)

第二季度月平均销售额$=\frac{440+480+520}{3}=480$(万元)

第三季度月平均销售额$=\frac{540+600+660}{3}=600$(万元)

第四季度月平均销售额$=\frac{760+700+820}{3}=760$(万元)

$$全年月平均销售额=\frac{300+400+380+440+480+520+540+600+760+700+820}{12}=550(万元)$$

从以上计算可以看出,该商业企业这一年三、四季度的月平均销售额大于第一、二季度的月平均销售额。

2. 由时点数列计算序时平均数

由时点数列计算序时平均数的方法比较复杂,而且随着掌握资料的详细情况不同而有所区别。由于时点数列都是瞬间资料,两个时点之间都有一定的间隔,因此,一般来说时点数列都是不连续数列。但是,在实际工作中,一般是将时点的最小时间单位规定为一天。如果时点数列的资料是以“日”为时间单位记录,而且以“日”为时点排列的,这种时点数列可视为连续时点数列,其余的视为间断时点数列。这样就有了连续时点数列和间断时点数列之分,因而计算方法也有差异。

(1)由连续时点数列计算序时平均数。

在连续时点数列中,有间隔相等和间隔不等两种登记情况。

第一种,间隔相等的连续时点数列。

如果时点数列的资料是逐日进行记录,并且又是逐日排列的,可采用简单算术平均法计算其序时平均数,即用各个时点数值除以点的个数(即天数)。其计算公式为

$$\bar{a}=\frac{a_1+a_2+\cdots+a_n}{n}=\frac{\sum a}{n}$$

间隔相等的连续时点数列如表5.8所示。

【例5.2】　某专业学生星期一至星期五出勤人数资料如表5.8所示。

表5.8　专业学生出勤资料

星期	星期一	星期二	星期三	星期四	星期五
人数/人	160	156	162	158	154

计算该专业学生本星期平均每天出勤人数。

$$\bar{a}=\frac{a_1+a_2+\cdots+a_n}{n}=\frac{\sum a}{n}=\frac{160+156+162+158+154}{5}=158(人)$$

由计算可知,该专业学生本星期平均每天出勤人数为158人。

第二种,间隔不等的连续时点数列。

如果被研究现象不是逐日变动的,而是每隔一段时间变动一次,则可根据每次互动的记录资料,用每次变动持续的间隔时间为权数(f)对其时点水平(a)加权,应用加权算术平均法计算序时平均数。其计算公式为

$$\bar{a}=\frac{a_1f_1+a_2f_2+\cdots+a_nf_n}{f_1+f_2+\cdots+f_n}=\frac{\sum af}{\sum f}$$

【例5.3】　某企业2010年4月上旬职工出勤人数如表5.9所示。

表5.9　某企业2010年4月上旬职工出勤人数

日期	1~3日	4~5日	6~7日	8日	9~10日
职工出勤人数/人	250	262	258	266	272

$$则4月上旬职工人平均每日出勤人数=\frac{250\times3+262\times2+258\times2+266\times1+272\times2}{3+2+2+1+2}=260(人)$$

(2)由间断时点数列计算序时平均数。

根据连续时点数列求得序时平均数是比较精确的。但在实际工作中,对各种现象在时点上的变动都逐日进行记录是不可能的,为了简化手续,往往每隔一定时间登记一次,这就是间断时点数列。在这种情况下,可假定所研究现象相邻两个时点之间的变动是均匀的。将相邻两个时点指标相加后除以2,求得表明这两个时点之间的序时平均数。然后根据这些平均数,再用简单(或加权)算术平均法计算整个研究时间内的序时平均数。时点间隔相等时用简单算术平均法,时点间隔不等时用加权算术平均法。

第一种,间隔相等的间隔时点数列。如果掌握了间隔相等的每期期末资料(如商业企业中职工人数和商品库存等月末数字),可采用简单算术平均法计算序时平均数,现举例说明。

【例5.4】 某企业2010年第四季度职工人数资料如表5.10所示。计算该企业第四季度平均职工人数。

表5.10 某企业2010年第四季度职工人数资料

日期	9月30日	10月31日	11月30日	12月31日
月末职工人数/人	250	242	246	244

解决这一问题,应先计算出各月平均职工人数。各月平均职工人数如下:

$$10\text{月份平均职工人数}=\frac{250+242}{2}=246(\text{人})$$

$$11\text{月份平均职工人数}=\frac{242+246}{2}=244(\text{人})$$

$$12\text{月份平均职工人数}=\frac{246+244}{2}=245(\text{人})$$

$$\text{则第四季度平均职工人数}=\frac{246+244+245}{3}=245(\text{人})$$

上述计算步骤合并简化为

$$\text{第四季度平均职工人数}=\frac{\frac{250+242}{2}+\frac{242+246}{2}+\frac{246+244}{2}}{3}=\frac{\frac{250}{2}+242+246+\frac{244}{2}}{3}=245(\text{人})$$

由此可见,可得出间隔相等的间断时点数列序时平均数的计算公式为

$$\bar{a}=\frac{\frac{a_1}{2}+a_2+a_3+\cdots+\frac{a_n}{2}}{n-1}$$

式中,a 为时点数列的项数。

这种方法也称作"首末折半法",它便于应用,实际计算中主要采用这一形式。

第二种,间隔不等的间断时点数列。在某些情况下,间断时点数列的间隔也可能是不相等的。如果掌握间隔不等的每期期末资料,则可用各间隔时间为权数,对各项相应的相邻两时点数列加权,应用加权算术平均法计算序时平均数。其计算公式为

$$\bar{a}=\frac{\frac{a_1+a_2}{2}\cdot f_1+\frac{a_2+a_3}{2}\cdot f_2+\cdots+\frac{a_{n-1}+a_n}{2}\cdot f_{n-1}}{f_1+f_2+\cdots+f_{n-1}}$$

【例5.5】 某商场2010年库存情况如表5.11所示。计算该商场2010年的月平均库

存额。

表 5.11　某商场 2010 年月平均库存情况表

日期	1月1日	3月1日	7月1日	12月31日
商品库存额/万元	200	220	260	300

$$\bar{a}=\frac{\frac{200+220}{2}\times 2+\frac{220+260}{2}\times 4+\frac{260+300}{2}\times 6}{2+4+6}=253.3(\text{万元})$$

(二)相对数时间数列或平均数时间数列计算序时平均数

由于相对数时间数列和平均数时间数列是由两个具有密切联系的总量指标动态数列相应项对比而得出来的,因而根据相对数动态数列或平均数动态数列计算序时平均数时,其基本方法就是要先计算出构成这个相对数动态数列或平均数动态数列的分子、分母数列的序时平均数,然后再将这两个序时平均数对比求得。其基本计算公式为

$$\bar{c}=\frac{\bar{a}}{\bar{b}}$$

式中,$\bar{c}$ 代表相对数或平均数动态数列的序时平均数;$\bar{a}$ 代表分子的总量指标动态数列的序时平均数;$\bar{b}$ 代表分母的总量指标动态数列的序时平均数。

在具体计算时,又因构成相对数或平均数动态数列的分子、分母这两个总量指标的性质不同有所不同。既可根据两个时期数列对比所形成的相对数动态数列计算序时平均数,也可以根据两个时点数列对比所形成的相对数动态数列计算序时平均数,还可以根据一个时期数列和一个时点数列对比所形成的相对数动态数列计算序时平均数。但无论根据哪种性质的相对数或平均数动态数列计算序时平均数,都应先分别计算出分子、分母两个总量指标动态数列的序时平均数,然后再进行对比,求出相对数或平均数动态数列的序时平均数。现举例计算如下。

(1)由两个时期数列对比形成的相对数或平均数动态数列计算序时平均数,其计算公式为

$$\bar{c}=\frac{\bar{a}}{\bar{b}}=\frac{\frac{a_1+a_2+\cdots+a_n}{n}}{\frac{b_1+b_2+\cdots+b_n}{n}}=\frac{\frac{\sum a}{n}}{\frac{\sum b}{n}}=\frac{\sum a}{\sum b}$$

由于相对数或平均数都是由两个总量指标对比形成的,即可以根据掌握的资料不同使以上公式变形为

$$\bar{c}=\frac{\sum a}{\sum b}=\frac{\sum b\cdot c}{\sum b}=\frac{\sum a}{\sum \frac{a}{c}}$$

【例 5.6】　某企业 2010 年 1 ~3 月份产量计划完成程度资料如表 5.12。

表5.12　某企业2010年1~3月份产量计划完成程度情况

月份	1月	2月	3月
实际完成程度 a/件	510	618	864
计划完成程度 b/件	500	600	800
计划完成 c/%	102	103	108

计算该企业第一季度平均计划完成程度。

$$\bar{c}=\frac{\sum a}{\sum b}=\frac{510+618+864}{500+600+800}=104.8\%$$

该企业第一季度平均计划完成程度为104.8%。

(2)由两个时点数列对比形成的相对数或平均数动态数列计算序时平均数。

该企业第一季度生产工人占全部职工人数的平均比重(%)为(如表5.13)

$$\bar{c}=\frac{\bar{a}}{\bar{b}}=\frac{\dfrac{\dfrac{a_1}{2}+a_2+\cdots+\dfrac{a_n}{2}}{n-1}}{\dfrac{\dfrac{b_1}{2}+b_2+\cdots+\dfrac{b_n}{2}}{n-1}}=\frac{\dfrac{\dfrac{300}{2}+368+390+\dfrac{408}{2}}{4-1}}{\dfrac{\dfrac{400}{2}+460+500+\dfrac{510}{2}}{4-1}}=78.6\%$$

表5.13　某企业2010年1~3月份生产工人占全部职工的比重

日期	1月1日	2月1日	2月28日	3月31日
生产工人 a/人	300	368	390	408
全部工人 b/人	400	460	500	510
比重 c/%	75	80	78	80

(3)由一个时期数列和一个时点数列对比形成的相对数或平均数动态数列计算序时平均数。

【例5.7】 某企业第一季度商品销售额与月初库存额资料如表5.14。计算该商业企业第一季度平均商品流转次数。

表5.14　某企业第一季度商品销售额月初库存额

月份	单位	1	2	3	4
商品销售额 a	万元	120	220	350	—
月初商品库存额 b	万元	50	70	90	110
商品流转次数 c	次	2	2.75	3.5	—

$$\bar{c}=\frac{\bar{a}}{\bar{b}}=\frac{\dfrac{\sum a}{n}}{\dfrac{\dfrac{b_1}{2}+b_2+\cdots+\dfrac{b_n}{2}}{n-1}}=\frac{\dfrac{120+220+350}{3}}{\dfrac{\dfrac{50}{2}+70+90+\dfrac{110}{2}}{4-1}}=2.875\ (次)$$

该商业企业第一季度平均商品流转次数为2.875次。

三、增长量分析

(一)增长量

增长量,也称增减量,它是指某种社会经济现象在一定时期内增长或减少的绝对数量。它等于报告期水平与基期水平之差。其计算公式为

增长量=报告期水平-基期水平

当报告期水平大于基期水平的时候,增长量为正值,表示现象的水平增加;当报告期水平小于基期水平的时候,增长量为负值,表示现象的水平减少。由于增长量采用的对比基期不同,增长量有两种,即逐期增长量和累积增长量。

1. 逐期增长量

是以相邻前期为基期,用报告期水平减去前一期的水平计算的增长量。它表示各报告期比前一期(相邻前期)增长的绝对数量。其计算公式为

逐期增长量=报告期水平-前一期水平

用符号表示为

$$a_1-a_0;a_2-a_1;\cdots;a_n-a_{n-1}$$

2. 累积增长量

是用报告期水平减去某一固定基期水平计算的增长量。它表示某种社会现象在一定时期内(从固定基期到报告期)累积增长的总量。其计算公式为

累积增长量=报告期水平-某一固定基期水平

用符号表示为

$$a_1-a_0;a_2-a_0;\cdots;a_n-a_0$$

例题如表5.15中的计算。

3. 逐期增长量与累积增长量的关系

逐期增长量与累积增长量的对比基期虽不同,但两者存在着一定的数量关系。即:

(1)整个时期的逐期增长量之和等于最后一个时期的累积增长量。公式用符号表示为

$$(a_1-a_0)+(a_2-a_1)+\cdots+(a_n-a_{n-1})=a_n-a_0$$

(2)相邻两个时期的累积增长量之差等于相应时期的逐期增长量。公式用符号表示为

$$(a_i-a_0)-(a_{i-1}-a_0)=a_i-a_{i-1}$$

掌握了逐期增长量与累积增长量的关系,就便于二者的相互推算了。

在实际统计分析工作中,为了消除季节变动的影响,也常计算发展水平比去年同期发展水平的增长量,这个指标叫年距增长量,其公式为

年距增长量=本期发展水平-去年同期发展水平

(二)平均增长量

平均增长量是指动态数列的各个逐期增长量的序时平均数,用以说明现象在一定时期内平均每期增长的数量。其计算公式为

$$平均增长量=\frac{逐年增长量之和}{逐年增长量的个数}=\frac{累积增长量}{时间数列项数-1}$$

用符号表示为

$$平均增长量=\frac{(a_1-a_0)+(a_2-a_1)+\cdots+(a_n-a_{n-1})}{n}=\frac{a_n-a_0}{n}$$

【例 5.8】 某企业 2005～2010 年产量资料，如表 5.15 所示。

表 5.15 某企业 2005～2010 年产量

年份		2005	2006	2007	2008	2009	2010
发展水平/万件		22	21	19	25	22	26
增长量/万件	逐期	—	-1	-2	6	-3	4
	累积	—	-1	-3	3	0	4

$$\text{平均增长量}=\frac{(a_1-a_0)+(a_2+a_1)+\cdots+(a_n-a_{n-1})}{n}=\frac{(-1)+(-2)+6+(-3)+4}{5}=0.8(\text{万件})$$

或

$$\text{平均增长量}=\frac{a_n-a_0}{n}=\frac{26-22}{5}=0.8\ (\text{万件})$$

第三节 动态速度指标分析

一、发展速度

发展速度是表明社会现象发展方向和程度的动态分析指标，是根据报告期水平和基期水平对比而得到的动态相对数。它主要说明报告期水平已发展到（或增加到）基期水平的若干倍（或百分之几）。其计算公式为

$$\text{发展速度}=\frac{\text{报告期水平}}{\text{基期水平}}$$

发展速度一般用百分数表示，也用倍数表示。若发展速度大于百分之百（或大于 1）则表示为上升速度；若发展速度小于百分之百（或小于 1）则表示为下降速度。由于对比的基期不同，可分为定基发展速度和环比发展速度两种。

（一）定基发展速度

定基发展速度是指报告期水平与某一固定时期水平（通常为最初水平）之比。它说明报告期水平相当于某一固定时期的多少倍（或百分之几），表明这种社会现象在较长时期内总的发展速度。因此，有时也叫“总速度”，其计算公式为

$$\text{定基发展速度}=\frac{\text{报告期水平}}{\text{固定基期水平}}$$

用符号表示为

$$\frac{a_1}{a_0},\frac{a_2}{a_0},\cdots,\frac{a_n}{a_0}$$

（二）环比发展速度

环比发展速度是指报告期水平与其前一期水平之比。它说明报告期水平相对于前一期水平来说已发展到多少倍（或百分之几），表明这种社会现象逐期发展的程度。如果计算的单位时期为一年，则这个指标也可以叫作“年速度”。其计算公式为

$$\text{环比发展速度}=\frac{\text{报告期水平}}{\text{前一期水平}}$$

用符号表示为

$$\frac{a_1}{a_0},\frac{a_2}{a_1},\cdots,\frac{a_n}{a_{n-1}}$$

(三)定基发展速度与环比发展速度的关系

虽然二者各自说明的问题不同,但却存在着一定的数量关系。

(1)定基发展速度等于相应时期内的各个环比发展速度的连乘积,用符号表示为

$$\frac{a_1}{a_0}\times\frac{a_2}{a_1}\times\frac{a_3}{a_2}\times\cdots\times\frac{a_n}{a_{n-1}}=\frac{a_n}{a_0}$$

各环比发展速度的连乘积=定基发展速度

(2)相邻两个定基发展速度之比等于相应时期的环比发展速度,用符号表示为

$$\frac{a_i}{a_0}\div\frac{a_{i-1}}{a_0}=\frac{a_i}{a_{i-1}}$$

在统计实际工作中,可以根据所掌握的资料,利用上述关系对定基发展速度与环比发展速度进行相互推算。

(四)年距发展速度

在统计工作中,为了消除季节变动的影响,通常计算年距发展速度,用以说明本期发展水平与去年同期发展水平对比而达到的相对发展方向与程度。其计算公式为

$$年距发展速度=\frac{本期发展水平}{去年同期发展水平}$$

例如,某地区2017年第三季度钢产量为3 000万吨,2016年第三季度钢产量为2 400万吨,则

$$年距发展速度=\frac{3\ 000}{2\ 400}=125\%$$

这说明2017年第三季度钢产量已达到上年同期产量水平的125%。

二、增长速度

增长速度是表明社会现象增长程度的动态相对指标,它是根据增长量与其基期水平对比求得,亦可用发展速度减1。它表明报告期水平比基期水平增长了若干倍或百分之几(或降低了百分之几)。其计算公式为

$$增长速度=\frac{报告期增长量}{基期水平}=\frac{报告期水平-基期水平}{基期水平}=\frac{报告期水平}{基期水平}-1$$

或

$$增长速度=发展速度-1$$

增长速度可正可负。若发展速度大于1,则增长速度为正值,表示这种现象增长的程度。若发展速度小于1,则增长速度为负值,表示这种现象降低的程度,此时称为降低速度。

增长速度与发展速度相似,由于采用对比的基期不同,也分为定基增长速度和环比增长速度。

(一)定基增长速度

定基增长速度是指报告期的累积增长量与某一固定基期水平之比。它表明社会经济现象在某一较长时期内总的相对增长速度。其计算公式为

$$定基增长速度=\frac{累积增长量}{某一固定基期水平}$$

$$=\frac{\text{报告期水平-某一固定基期水平}}{\text{某一固定基期水平}}$$

$$=\text{定基发展速度}-1$$

(二)环比增长速度

环比增长速度是指报告期逐期增长量与前一期水平之比,它表明社会经济现象逐期的相对增长方向和程度。其计算公式为:

$$\text{环比增长速度}=\frac{\text{逐期增长量}}{\text{前一期水平}}$$

$$=\frac{\text{报告期水平-前一期水平}}{\text{前一期水平}}$$

$$=\text{环比发展速度}-1$$

由此可见,发展速度大于1,则增长速度为正值,说明社会经济现象增长的程度是用"增加了"表示;反之,发展速度小于1,则增长速度为负值,说明社会经济现象降低的程度是用"降低了"表示。

它们的计算如表5.17。

(三)定基增长速度与环比增长速度之间的换算关系

定基增长速度和环比增长速度都是发展速度的派生指标,它只反映增长部分的相对程度,所以两者之间不能直接换算,即定基增长速度不等于环比增长速度的连乘积。如果要进行换算,则首先将环比增长速度加1变成环比发展速度,再将各期环比发展速度连乘积,得到定基发展速度,最后用定基发展速度减1即为定基增长速度。

现以发电量资料,计算发展速度和增长速度如表5.16所示。

表5.16 "十二五"时期我国发电量

年份		2011	2012	2013	2014	2015
发电量(亿千瓦小时)		47 130	49 876	54 316	57 945	58 106
发展速度/%	定基	100	105.8	115.2	122.9	123.3
	环比	—	105.8	108.9	106.7	100.3
增长速度/%	定基	—	5.8	15.2	22.9	23.3
	环比	—	5.8	8.9	6.7	0.3

从表5.16中可看出,2015年定基发展速度为123.3%,而2011~2015年的环比发展速度的连乘积为

$$105.8\%\times108.9\%\times106.7\%\times100.3\%=123.3\%$$

正好等于2015年定基发展速度。但环比增长速度的连乘积并不等于定基增长速度,所以不能进行数量上的相互推算。

(四)年距增长速度

在统计实际工作中,为了消除季节变动的影响,也常计算年距增长速度,用以说明年距增长量与去年同期发展水平对比达到的相对增长程度。其计算公式为

$$\text{年距增长速度}=\frac{\text{年距增长量}}{\text{去年同期发展水平}}=\text{年距发展速度}-1$$

三、增长1%的绝对值

速度指标是反映社会现象发展或增长的相对程度,是一种相对数。由于相对数固有的抽象化特点,速度指标把所对比的发展水平掩盖住了。高速度可能掩盖着低水平,低速度的背后可能隐藏着高水平。因此仅仅观察速度指标往往不易全面地认识现象的发展情况。为了了解增长速度带来的实际效果,常常要把增长速度与增长量联系起来,计算增长1%的绝对值。增长1%的绝对值,是指在报告期水平与基期水平的比较中,报告期比基期每增长1%所包含的绝对量。它是用逐期增长量与环比增长速度对比求得的。其计算公式为

$$\text{增长}1\%\text{的绝对值}=\frac{\text{逐期增长量}}{\text{环比增长速度}\times 100}=\frac{a_i-a_{i-1}}{\dfrac{a_i-a_{i-1}}{a_{i-1}}\times 100}=\frac{a_{i-1}}{100}$$

从上述公式上看,增长1%的绝对值等于前一期发展水平除以100。这样,只要将前一期发展水平的小数点向前移两位,即前一期发展水平增加100倍,就是增长1%的绝对值,计算过程可以大大简化。

【例5.9】 下面以我国1952~1957年全国钢产量为例计算各种动态指标,见表5.17。

表5.17 我国1952~1957年钢产量

年份		1952	1953	1954	1955	1956	1957
发展水平/万吨		134.9	177.4	222.5	285.3	446.3	535
增长量/万吨	累积	—	42.5	87.6	150.4	311.4	400.1
	逐期	—	42.5	45.1	62.8	161	88.7
发展速度/%	环比	—	131.5	125.4	128.2	156.5	119.8
	定基	100	131.5	164.9	211.5	331	396.6
增长速度/%	环比	—	31.5	25.4	28.2	56.5	19.8
	定基	—	31.5	64.9	111.5	231.5	296.6
增长1%的绝对值		—	1.35	1.77	2.23	2.85	4.46

表5.17中最后一行所计算的就是增长1%的绝对值。从计算结果来看,1957年与1956年比较得出的增长速度为19.8%,比1953年与1952年比较得出的增长速度为31.5%低得多,但是1957年每增长1%的绝对值4.46万吨又比1953年每增长1%的绝对值1.35万吨高得多。由此可见,在分析速度指标时如果离开它所代表的绝对值,就会产生错觉,得出不正确的结论。因此,在应用相对数分析问题时,只有联系增长1%的绝对值,才能明确地说明问题,避免得出不正确的结论。

四、平均发展速度与平均增长速度

平均发展速度是动态数列中的各个环比发展速度的平均数,也就是把全期的总发展速度平均化。它说明某种现象在一个较长时期中逐期平均发展变化的程度。平均增长速度是各个环比增长速度的平均数,但它不是根据各环比增长速度计算的,而是根据平均发展速度计算的。它说明某种现象在一个较长时期中逐期平均增长变化的程度。

平均发展速度与平均增长速度的关系是:

$$平均增长速度=平均发展速度-1$$

平均发展速度总是正值，而平均增长速度则可为正值也可为负值。正值表明现象在一定发展阶段内逐期平均递增的程度，负值表示现象逐期平均递减的程度。

平均发展速度和平均增长速度在实际工作中起着重要的作用。这两个指标是编制国民经济计划，进行国民经济宏观调控的重要指标，也经常用来对比不同阶段、不同时期、不同国家或地区同类现象发展变化情况，它们还可作为各种推算和预测的依据。

根据环比发展速度的连乘积等于定基发展速度，当计算各环比发展速度的平均数时，不能采用算术平均数的方法，而应采用几何平均数的方法。其计算公式表示为

$$\bar{x}=\sqrt[n]{x_1\times x_2\times x_3\times\cdots\times x_n}$$

式中，$\bar{x}$ 为平均发展速度；x_i 为第 i 年的环比发展速度。

由于环比发展速度的连乘积等于相应的定基发展速度，因此平均发展速度的公式也可写为

$$\bar{x}=\sqrt[n]{\frac{a_1}{a_0}\times\frac{a_2}{a_1}\times\cdots\times\frac{a_n}{a_{n-1}}}=\sqrt[n]{\frac{a_n}{a_0}}$$

一段时期的定基发展速度即为现象的总速度。用 R 表示总速度，则平均发展速度的公式又可写为

$$\bar{x}=\sqrt[n]{R}$$

由上面的公式，计算平均发展速度时，可根据各时期的环比发展速度来计算，也可根据最初水平和最末水平来计算，还可根据总的发展速度来计算。

平均发展速度和平均增长速度一般用百分数表示，但像人口平均出生率、死亡率、平均自然增长率等指标的分子明显小于分母，可采用千分数表示。

现以我国第四次、第五次全国人口普查资料为例，计算我国人口平均增长速度及其有关指标。

【例 5.10】 根据第四次、第五次人口普查资料，我国大陆人口 1990 年普查时为 113 368 万人，2000 年普查时为 126 583 万人，试求两次人口普查之间我国人口平均递增率。

由题中已知，$a_0=113\ 368$，$a_n=126\ 583$，$n=10$。

$$\bar{x}=\sqrt[n]{\frac{a_n}{a_0}}=\sqrt[10]{\frac{126\ 583}{113\ 368}}=1.011\ 087=101.108\ 7\%$$

$$平均增长率=(1.011\ 087-1)\times 100\%=1.108\ 7\%$$

【例 5.11】 如果以 2000 年人口普查数为基数，其后每年以 1.108 7% 递增，到 2010 年我国大陆人口数将达到多少？

根据公式可知，$\bar{x}=\sqrt[n]{\frac{a_n}{a_0}}$，$a_n=a_0\cdot\bar{x}^n$。

$$a_n=126\ 583\times 1.011\ 087^{10}=141\ 338(人)$$

即按 1.108 7% 的速度递增，到 2010 年 11 月 1 日我国大陆人口数将超过 14 亿。

【例 5.12】 若要求在 2010 年底，把我国大陆人口数控制在 14 亿以内，以 2000 年底全国人口为基数，10 年内我国人口增长率应控制在什么水平上？

由已知条件可知，$a_0=126\ 583$，$a_n=140\ 000$，$n=10$。

$$\bar{x}=\sqrt[10]{\frac{140\ 000}{126\ 583}}=1.010\ 125$$

$$平均增长率=(1.010\ 125-1)\times 100\%=1.012\ 5\%$$

即从2000年开始我国人口年平均增长速度必须控制在1.012 5%以内，才能保证到2010年底人口不突破14亿人。

第四节　动态数列的趋势分析

由于客观事物的复杂性，动态数列中社会经济现象的发展变化是诸多因素共同作用的结果。这些因素包括自然因素、社会因素、政治因素和经济因素等。在这些因素中，有的是基本因素，对现象的发展变化起着普遍的、长期的、决定性的作用，会使现象按一定方向变动，即呈现出一定的规律性；有些因素属于偶然的非基本因素，对现象的发展只起暂时的、局部的、非决定性的作用，使事物的发展表现出不规则的波动。所以为了研究现象发展变化的趋势和规律性，预测未来，就要把这些不同因素所起的不同作用和影响程度测定出来，进行分析。在实际分析中可按影响因素的性质不同加以分类，一般将社会经济现象动态数列的总变动分解为长期趋势变动、季节变动、循环变动和不规则变动四种主要因素。

一、影响动态趋势的因素分析

(一)长期趋势变动

长期趋势变动，指现象在一个相当长时期内持续发展变化的总趋势。它是现象长期的、连续的、有规律性的变化，表现在所研究的现象各期的增长量或速度有一定规律可循，如表现为不断向上、向下或呈水平式的持续变化趋势。长期趋势变动是时间数列变动的基本形式。如新中国成立几十年来，我国的社会商品零售总额是逐年上升趋势。上升的程度，特别是近20年，明显加快。所以认识和掌握事物的长期趋势，可以把握事物发展变化的基本特点。

(二)季节变动

季节变动是由于季节的更换而引起现象按一定的时间间隔周期性的明显变化。一般以一年十二个月或四个季度，也可以一月、一周、一日作为变动周期，引起季节变动的原因有自然因素，也有人为因素。例如，气候条件、节假日及风俗习惯。一些商品的收购与销售，有旺季淡季之分，每年各月或各季都按相似的曲线波动，就是季节波动。认识和掌握季节变动，对于近期进行决策有重要的作用。

(三)循环变动

循环变动是社会经济现象变动中发生周期比较长的涨落起伏的波动变化。这种变化与季节变动不同。季节变动是在每年出现的周期变动，它们都在一年内可以预见；而循环变动则是在若干年内出现的周期性变动，周期变动的时间较长。如水果生产的大年小年现象、农业收成有丰年和歉年、市场有繁荣和萧条变化等。

(四)不规则变动

不规则变动是由于临时性、偶然性的因素引起的非周期性或趋势性的随机变动。这种不规则变动由于是偶然因素引起，因而，也是暂时、局部现象。如由于旱涝灾害的出现而引起的局部地方工农业生产下降，由于运输中断而出现的暂时旅客滞留等现象，也包括大量无名的随机因素干扰造成的起伏波动。

这四种因素的变动构成了事物在一定时期内的变动。在对动态数列分析时，首先要明确的是这四种类型因素变动的构成形式,即它们是如何结合及相互作用的。把这些构成因素和动态数列的关系用一定的数学关系表示,就构成动态数列影响因素分解模型,一般常用的数学模型有加法模型和乘法模型。

(1)乘法模型是假定四种因素存在着某种相互影响关系,互不独立。因此,动态数列各期发展水平是各个影响因素相乘之积,适用于动态相对指标总变动的计算。其计算公式为

$$Y=T\cdot S\cdot G\cdot I$$

式中,Y为动态总变动;T为长期趋势变动;S为季节变动;G为循环变动;I为不规则变动。

(2)加法模型是假定四种变动因素是互相独立的,则动态数列各期发展水平是各个影响因素相加的总和,适用于动态总量指标总变动的计算。其计算公式为

$$Y=T+S+G+I$$

二、长期趋势分析

社会经济现象的发展变化,主要受长期趋势因素、季节因素、循环因素和不规则因素的影响。其中长期趋势属于基本因素,对现象的发展变化起着主要的、长期的和定向的作用,促使现象以一定的增量或速度不断向前发展;其他各项因素只起局部的、个别的和暂时的作用。所以长期趋势的目的,在于消除季节变动、循环变动和无规则变动等因素的影响,显示出现象发展变化的基本趋势。探讨现象发展变化的特点和规律,为统计预测、编制经营管理计划、优化决策、指导工作提供依据。测定长期趋势的主要方法有:时距扩大法、移动平均法、指数平滑法等。下面分别介绍这些方法的运用。

(一)时距扩大法

时距扩大法是长期趋势最原始最简便的方法。它是将原来时距较短的动态数列,加工整理为时距较长的动态数列,以消除原数列因时距过短受偶然因素和季节变动影响所引起的波动,使现象的发展趋势和规律性明显地表现出来。如表5.18。

表5.18 某商场某年销售额情况表

月份	1	2	3	4	5	6	7	8	9	10	11	12	合计
商品销售额/万元	50	55	48	46	56	57	56	52	57	54	60	66	657

从上表中可看出,由于该年某些月份销售额由于受多种因素的影响,使商品销售额的发展趋势不够明显。如将时距扩大为季度,则可编制新的动态数列,如表5.19所示,就能明显地反映其销售额不断增长的总趋势。

表5.19 某商场某年销售额情况表

季度	第一季度	第二季度	第三季度	第四季度	合计
商品销售额/万元	153	159	165	180	657
平均每月销售额/万元	51	53	55	60	54.75

应用时距扩大法时需要注意以下几个问题:

(1)扩大的时距多大为宜取决于现象自身的特点。对于呈现周期波动的动态数列,扩大的时距应与波动的周期相吻合;对于一般的动态数列,则要逐步扩大时距,以能够显示趋势变动的方向为宜。时距扩大太大,将造成信息的损失。

(2)扩大的时距要一致,相应的发展水平才具有可比性。

(二)移动平均法

移动平均法是将时间数列的时距扩大,在数列中按一定项数逐项移动计算平均数,达到对原始数列进行修匀的目的,从而形成一个趋势值时间数列。在这个趋势值数列中,消除了偶然因素的影响,显示出现象发展的趋势。

移动平均法移动的时距长短,以现象的特点和研究目的而定。一般说来,时距越长,被移动平均的项数越多,对原数列修匀的作用越大,但得到的趋势值动态数列的项数就越少;反之,时距越短,被移动平均的项数越少,修匀的作用也小,所得趋势值动态数列的项数则越多。如果动态数列中存在季节变动或循环周期,则应以周期为移动平均项数。如年度数按季分列,一年四季为一个周期,应以四项移动平均为宜,如按月度分列,一年 12 个月为一个周期,应以 12 项移动平均为好。如只有年度而无分季分月资料,则适应 5 年计划管理的特点,以 5 项移动平均为佳。在没有季节变动或循环周期的情况下,移动平均项数最好采用奇数项,这样,移动平均所得的趋势值数列,恰好对应原数列的中间时期,一次平均即可。而偶数项移动平均所得的趋势数列,却在中间两个时期之间,需再进行两项移动平均一次。现以某企业 2010 年销售额资料为例加以说明(如表 5. 20)。

表 5. 20　某企业 2010 年销售额移动平均计算表　单位:万元

月份	销售额	三项移动平均	四项移动平均	四项移动平均
1	61	—	—	—
2	50	58. 4	—	—
3	64. 2	59. 4	59. 8	61. 3
4	64	67	62. 8	66. 2
5	72. 8	71. 2	69. 5	70. 9
6	76. 8	75	72. 3	74. 2
7	75. 4	77	76	77. 6
8	78. 8	80	79. 2	79. 8
9	85. 8	82. 1	82	81. 2
10	81. 7	83	84. 5	83. 3
11	81. 5	84	—	—
12	88. 8	—	—	—

可见,该企业一年来,销售额发展受一些因素影响有些波动,但通过移动平均,便较明显看出各月销售额的变动的总趋势。

(三)指数平滑法

指数平滑法是对不同时期的观察值用递减加权的方法修匀时间数列的波动,从而对现象的发展趋势进行预测的方法。

从某种意义上说,指数平滑法是对移动平均法的改进,因为移动平均法是用简单算术平均数对不同时间的观察值进行修匀。在简单移动平均时,各期观察值的权数都是一样的。按照事物发展由量变到质变,趋势变化由远期到近期逐步演进的过程,不同时期的观察值资料对现象的趋势发展产生不同强度的影响,因此,在进行趋势分析或趋势预测时,应对不同时期的资料赋予不同的权数,方能体现远期资料的长期影响和近期资料的突出影响。指数平滑法对每期的资料分别赋予大小不同的权数,越是近期资料赋予的权数越大,越是远期资料赋予的权数越小。这种趋势修匀方法计算简便、实用,在各种社会经济现象的预测中得到广泛应用。

一次指数平滑法的基本公式为

$$\hat{y}_{t+1}=ay_t+(1-a)\hat{y}_t$$

式中，y 为实际观察值；$\hat{y}$ 为预测值；t 为不同时期（t 可理解为本期，$t+1$ 为下一期或预测期，$t-1$ 为上一期）；a 为平滑系数或比重权数（$0\leqslant a\leqslant 1$）。

预测期的预测值是根据本期实际发生的数值与本期预测值加权平均的结果。这是由于本期实际发生的数值反映现象的最新信息，而本期预测值则是以往长期资料提供的各种信息的综合结果。选用一个大于0、小于1的比重权数加权计算本期的观察值和预测值，可以排除最新信息中偶然因素的影响和长期信息中陈旧信息的影响，得出的加权平均数可以较好地代表下一期的预测结果。

公式中 a 的取值是人为主观确定的；本期观察值是已取得的统计资料，本期预测值则可根据公式递推产生，即

$$\hat{y}_t=ay_{t-1}+(1-a)\hat{y}_{t-1}$$

上期预测值可由上上期的观察值和预测值加权产生，即

$$\hat{y}_{t-1}=ay_{t-2}+(1-a)\hat{y}_{t-2}$$

由此，每期的预测值都可以照此上推。把上述指数平滑公式逐项展开，可构成如下计算式：

$$\begin{aligned}\hat{y}_{t+1}&=ay_t+(1-a)\hat{y}_t=ay_t+(1-a)[ay_{t-1}+(1-a)\hat{y}_{t-1}]\\&=ay_t+a(1-a)y_{t-1}+(1-a)^2\hat{y}_{t-1}\\&=ay_t+a(1-a)y_{t-1}+(1-a)^2[ay_{t-2}+(1-a)\hat{y}_{t-2}]\\&\quad\vdots\end{aligned}$$

如此上推，一直可以推到原始资料穷尽。

从以上递推展开的指数平滑公式可以看出：

（1）指数平滑法是一种以 a 为权数的特殊加权平均数，它对不同时期的数据资料分别赋予不同的权数。由于 a 是一个介于0与1之间的小数，a 与 $(1-a)$ 的乘积必小于 a，因此，随着时间的往上推移，权数中 a 值最大，$a(1-a)$ 次之，$a(1-a)^2$，$a(1-a)^3$，$a(1-a)^4$，…按此顺序越来越小。如果远期资料的权数太小，以致对预测值的影响微不足道，则可以省略不计。

（2）a 的取值是由人们主观决定的，如果 a 取值大一些，可以加强近期资料对预测值的影响，远期资料的影响将弱一些；如果 a 取值小一些，则可加强长期资料对预测值的影响。一般情况下，当时间数列波动不大时，a 取值可小一些（如0.1～0.3），这样可以突出以往资料中长期趋势对预测值的影响；当现象发展变化起伏较大时，a 取值可大一些（如0.6～0.8），这样可以加强近期观察值对预测值的影响。实际工作中，当不能做出很有把握的判断时，可以试算几个不同的 a 值，计算不同 a 值条件下每期观察值与预测值的离差平方和或离差绝对值总和，即计算 $\sum(y-\hat{y})^2$ 或 $\sum|y-\hat{y}|$，然后取离差平方和或离差绝对值总和较小的 a 值作为平滑系数。

（3）从公式（指数平滑法的展开式）可见，指数平滑法对预测值的逐步递推，必然要涉及一个最早的预测值，称为初始预测值或启动值。当时间数列无明显线性趋势，而呈水平状波动时，或当时间数列的项数较多（如 $n\geqslant 30$）或 a 取值较大（$a\geqslant 0.6$）时，经过长期平滑或

一段时间平滑递推,初始值的影响往往变得很小,以致对预测期预测值不产生多少影响,此时可用第一期的数据或最初几期资料的平均数作为初始预测值。如果数列表现为明显的线性趋势,且数列项数不多,或 a 的取值不太大,则可用如下估计公式推算初始预测值:

$$\hat{y}=y_1-\frac{b}{a}$$

式中,y_1 为第一期的观察值;a 为平滑系数;$b=\frac{y_n-y_1}{n-1}$(其中,y_n 为最近一期的观察值,n 为数据项数)。

设某企业 2010 年各月销售额资料如表 5.21 所示,取 a 为 0.7,试计算各月的趋势预测值,并推算 2011 年 1 月该企业销售额的预测值(用最初期 3 个月的平均数做初始值和用估计公式推算初始预测值两种方法计算)。

表 5.21　某企业 2010 年各月销售额预测值计算

(a=0.7)

单位:万元

月份	销售额 y	按第一种方法计算的预测值 $\hat{y}$	按第二种方法计算的预测值 $\hat{y}$
1	16.8	—	16.38
2	15.6	—	16.67
3	17.1	—	15.92
4	16.9	16.5	16.75
5	17.6	16.78	16.86
6	17.4	17.35	17.38
7	18.5	17.39	17.39
8	19.2	18.17	18.17
9	19	18.89	18.89
10	18.4	18.97	18.97
11	19.6	18.57	18.57
12	20	19.29	19.29

按第一种方法确定初始预测值,是以 1 月的销售额平均数作为 4 月份的预测值,即

$$\hat{y}_{4月}=\frac{16.8+15.6+17.1}{3}=16.5(万元)$$

以后各月的预测值为

$$\hat{y}_{5月}=ay_{4月}+(1-a)\hat{y}_{4月}=(0.7\times16.9+0.3\times16.5)=16.78(万元)$$

按此推算,2011 年 1 月该企业销售额预测值为

$$\hat{y}_{2011.1}=ay_{2010.12}+(1-a)\hat{y}_{2010.12}=(0.7\times20+0.3\times19.29)=19.79(万元)$$

按第二种方法确定初始预测值,是以下述估计公式推算的。

$$b=\frac{y_n-y_1}{n-1}=\frac{20-16.8}{12-1}=0.290\ 9$$

以后各月仍按指数平滑公式推算:

$$\hat{y}_{1月}=y_1-\frac{b}{a}=(16.8-\frac{0.2909}{0.7})=16.3844(万元)$$

$$\hat{y}_{2月}=ay_{1月}+(1-a)\hat{y}_{1月}=0.7\times16.8+0.3\times16.38=16.67(万元)$$

2011 年 1 月的预测值为

$$\hat{y}_{2011.1}=0.7\times20+0.3\times19.29=19.97(万元)$$

本例销售额资料呈线性发展趋势，且 a 取值又比较大，所以根据两种方法确定的初始值对预测结果的影响几乎没有什么区别。

用原销售额资料与预测值资料进行比较可以看出，经过指数平滑后的预测值数列，修匀了原数列的波动程度。

一次指数平滑法也在一定程度上存在着局限性：当原始数列存在线性发展趋势时，预测值往往存在滞后效应，即预测值小于实际值。这是因为在指数平滑法的公式中，$t+1$ 期的预测值（$\hat{y}_{t+1}$）是根据 t 期的观察值和预测值计算的，而 t 期的预测值又是根据 $t-1$ 期的观察值、预测值计算的。依此类推，预测值在时间上始终落后了一期，由此造成预测值偏小。

因此，上述方法仅适用于分析呈水平状态波动且无明显线性趋势变动的资料。当原始数列有较明显的长期线性趋势时，需在一次指数平滑的基础上进行二次、三次指数平滑。二次指数平滑适用于建立直线趋势方程，能比较有效地克服一次指数平滑的滞后效应，且能进行隔月或隔年的跳跃式预测。三次指数平滑适用于建立曲线趋势方程。二次和三次指数平滑法比一次指数平滑法具有更多的使用价值。

二次指数平滑的计算公式为

$$\hat{y}_{t+1}=a\hat{y}_t+(1-a)\hat{y}'_t$$

式中，$\hat{y}$ 为一次指数平滑预测值；$\hat{y}'$ 为二次指数平滑预测值；t，$t+1$ 为不同的预测期；a 为平滑系数。

用估计公式推算二次指数平滑的初始预测值：

$$\hat{y}=2\hat{y}_1-\frac{\sum y}{n}+\frac{n+1}{2}\cdot b$$

式中，$b=\frac{y_n-y_1}{n-1}$。

仍以 5.21 的资料为例，计算二次指数平滑初始值，并按月推算各月的二次指数平滑预测值（详见表 5.22）。

表 5.22　指数平滑计算表

（$\alpha=0.7$）　　单位：万元

月份	销售额 y	一次指数平滑预测值 $\hat{y}$	二次指数平滑预测值 $\hat{y}'$
1	16.8	16.38	16.66
2	15.6	16.67	16.64
3	17.1	15.92	16.61

续表5.22

月份	销售额 y	一次指数平滑预测值 $\hat{y}$	二次指数平滑预测值 $\hat{y}'$
4	16.9	16.75	16.13
5	17.6	16.86	16.56
6	17.4	17.38	16.77
7	18.5	17.39	17.20
8	19.2	18.17	17.33
9	19	18.89	17.92
10	18.4	18.97	18.60
11	19.6	18.57	18.86
12	20	19.29	18.66

$$\hat{y}'_1 = 2\hat{y}'_1 - \frac{\sum y}{n} + \frac{n+1}{2}\cdot b = 2\times 16.3844 - \frac{216.1}{12} + \frac{12+1}{2}\times 0.2902 = 16.6593(\text{万元})$$

$$\hat{y}'_2 = a\,\hat{y}_1 + (1-a)\,\hat{y}'_1 = 0.7\times 16.38 + 0.3\times 16.66 = 16.46(\text{万元})$$

$$\vdots$$

根据二次指数平滑预测值建立直线方程：

$$\hat{y}_{t+T} = a_t + b_t T$$

式中，T 为需要预测的递推时期数；a_t，b_t 为直线方程的两个待定参数。

$$a_t = 2\hat{y}_t - \hat{y}_t$$

$$b_t = \frac{a}{1-a}(\hat{y}_t - \hat{y}'_t)$$

现以表5.21的资料建立直线方程，并预测2011年3月、4月的销售额。

$$a_{12} = 2\,\hat{y}_{12} - \hat{y}_{12} = 2\times 19.29 - 18.66 = 19.92$$

$$b_{12} = \frac{a}{1-a}(\hat{y}_{12} - \hat{y}'_{12}) = \frac{0.7}{1-0.7}(19.29 - 18.66) = 1.47$$

当 $T=3$ 时：

$$\hat{y}'_{12+3} = 19.92 + 1.47\times 3 = 24.33(\text{万元})$$

当 $T=4$ 时：

$$\hat{y}'_{12+4} = 19.92 + 1.47\times 4 = 25.8(\text{万元})$$

即根据二次指数平滑推算，该企业2011年3月销售额预计为24.33万元，2011年4月销售额预计为25.8万元。

(四)最小平方法

最小平方法又称最小二乘法，是分析和预测现象长期趋势常用的方法之一。它的基本思想是：通过对原始数列的数学处理，拟合一条比较理想的趋势直线或趋势曲线，使原数列各数据点与趋势线垂直距离的离差平方和为最小。

根据最小平方法的要求，建立直线趋势方程：

$$\hat{y} = a + bx$$

式中，$\hat{y}$ 为时间数列 y 的理论趋势值；x 为时间序号；a，b 为直线方程的两个待定参数。

a 表示直线的截距，即当 $x=0$ 时 $\hat{y}$ 的数值，b 表示直线的斜率，即 x 每变动一个单位，$\hat{y}$ 的平均增加量或减少量。

$$\sum (y-a-bx)^2 = \text{最小值}$$

如果把 Q 看成是待定参数 a 和 b 的函数，要使 Q 等于最小值，可对上式的 a 和 b 分别求偏导数，并使其等于0，即

$$\frac{\partial Q}{\partial a} = 2\sum (y-a-bx)(-1) = 0$$

$$\frac{\partial Q}{\partial b} = 2\sum (y-a-bx)(-x) = 0$$

经整理，可得如下两个标准方程式：

$$\left.\begin{aligned}\sum y &= na + b\sum x \\ \sum xy &= a\sum x + b\sum x^2\end{aligned}\right\}$$

求解，可得待定参数 a 和 b 的计算公式：

$$\left.\begin{aligned}b &= \frac{\sum xy - \sum x\sum y/n}{\sum x^2 - \left(\sum x\right)^2/n} \\ a &= \bar{y} - b\bar{x}\end{aligned}\right\}$$

【例 5.13】 依据我国 1992 ~ 2009 年历年粮食产量的资料（见表 5.23），运用最小平方法建立直线趋势方程，测定我国粮食产量的长期趋势值。

表 5.23 1992 ~ 2009 年我国历年粮食产量（最小平方法计算表）

年度	序号 x	粮食年产量 y/万吨	xy	x^2	$\hat{y}$
1992	1	44 266	44 266	1	45 633.18
1993	2	45 649	91 298	4	45 915.23
1994	3	44 510	133 530	9	46 197.28
1995	4	46 662	186 648	16	46 479.33
1996	5	50 454	252 270	25	46 761.38
1997	6	49 417	296 502	36	47 043.43
1998	7	51 230	358 610	49	47 325.48
1999	8	50 839	406 712	64	47 607.53
2000	9	46 218	415 962	81	47 889.58
2001	10	45 264	452 640	100	48 171.63
2002	11	45 706	502 766	121	48 453.68
2003	12	43 070	516 840	144	48 735.73
2004	13	46 947	610 311	169	49 017.78
2005	14	48 402	677 628	196	49 299.83
2006	15	49 804	747 060	225	49 581.88

续表5.23

年度	序号 x	粮食年产量 y/万吨	xy	x^2	$\hat{y}$
2007	16	50 160	802 560	256	49 863.93
2008	17	52 871	898 807	289	50 145.98
2009	18	53 082	955 476	324	50 428.03
合计	171	864 551	8 349 886	2 109	864 550.89

按照表5.23各栏的计算,可得 $\sum x, \sum y, \sum xy, \sum x^2$ 以及 $\bar{x},\bar{y}$ 等各项计算数据。将其代入式中,求得 a 和 b 参数值:

$$b=\frac{\sum xy-\sum x\sum y/n}{\sum x^2-\left(\sum x\right)^2/n}=\frac{8\ 349\ 886-\dfrac{171\times 864\ 551}{18}}{2\ 109-\dfrac{171^2}{18}}=282.05$$

$$a=\bar{y}-b\bar{x}=\frac{864\ 551}{18}-282.05\times\frac{171}{18}=45\ 351.13$$

据参数 a 和 b 的值建立直线趋势方程:

$$\hat{y}=45\ 351.13+282.05x$$

将各年的序号 x 值代入式中,可求出各年的 $\hat{y}$ 趋势值。比如,1996 年序号 $x=5$,代入式中计算出:

$$\hat{y}_{1996}=45\ 351.13+282.05\times 5=46\ 761.38(\text{万吨})$$

假设,估计 2015 年全国粮食总产量可以依照建立的直线趋势方程,进行长期趋势外推预测。2015 年的时间序号 $x=24$,则:

$$\hat{y}_{2015}=45\ 351.13+282.05\times 24=52\ 120.33(\text{万吨})$$

关于直线趋势方程的参数 a 与 b 值的求解,还可以采用简化公式计算。

若 $\sum x=0$,则

$$b=\frac{\sum xy-\sum x\sum y/n}{\sum x^2-\left(\sum x\right)^2/n}$$

$$a=\bar{y}-b\bar{x}$$

可简化成

$$\left.\begin{aligned}b&=\frac{\sum xy}{\sum x^2}\\ a&=\bar{y}\end{aligned}\right\}$$

但是,时间数列的项数是任意的,所以,当时间数列是奇数项时,将时间数列居中的一项,序号确定为0,其以前的各项序号,依次为 -1,-2,-3,… 其以后的各项序号,依次为 1,2,3,… 这样,$\sum x=0$ 是成立的。

当时间数列是偶数项时,将时间数列居中的两项序号,分别确定为 -1 与 1,然后,时间序号以间隔2 的顺序重新排列,其前的各项序号依次为 -3,-5,-7,… 其后的各项序号依次为 3,5,7,… 同样,$\sum x=0$ 也成立。现在,试以两个案例分别演示之。

【例 5.14】 我国 2001～2009 年全国每年财政收入的资料，如表 5.24 所示。运用简化计算公式，求解直线趋势方程的参数值，建立直线趋势方程，并外推预测财政收入的发展趋势。

表 5.24 我国 2001～2009 年全国财政收入（最小平方法的简化计算表）

年度	序号 x	全国财政收入 y/亿元	xy	x^2	$\hat{y}$
2001	−4	16 386	−65 544	16	10 066.89
2002	−3	18 904	−56 712	9	16 853.89
2003	−2	21 715	−43 430	4	23 640.89
2004	−1	26 396	−26 396	1	30 427.89
2005	0	31 649	0	0	37 214.89
2006	1	38 760	38 760	1	44 001.89
2007	2	51 322	102 644	4	50 788.89
2008	3	61 330	183 990	9	57 575.89
2009	4	68 477	273 908	16	64 362.89
合计	—	334 934	407 220	60	334 934.01

将表 5.24 的相关数据代入上式中，计算得：

$$b=\frac{\sum xy}{\sum x^2}=\frac{407\ 220}{60}=6\ 787$$

$$a=\bar{y}=\frac{334\ 934}{9}=37\ 214.89$$

以计算出的参数值建立直线趋势方程：

$$\hat{y}=37\ 214.89+6\ 787x$$

按直线趋势方程，可计算出每年的趋势值 $\hat{y}$，如 2002 年的财政收入趋势值是

$$\hat{y}_{2002}=37\ 214.89+6\ 787\times(-3)=16\ 853.89\text{（亿元）}$$

若以此直线趋势方程，对 2015 年全国财政收入进行预测，估计为

$$\hat{y}_{2015}=37\ 214.89+6\ 787\times10=105\ 084.89\text{（亿元）}$$

【例 5.15】 我国 2002～2009 年全国每年财政支出的资料，如表 5.25 所示。运用简化计算公式，求解直线趋势方程的参数值。

建立直线趋势方程，并外推预测财政支出的发展趋势见表 5.25。

表 5.25 我国 2002～2009 年全国财政支出（最小平方法的简化计算表）

年度	序号 x	全国财政收入 y/亿元	xy	x^2	$\hat{y}$
2002	−7	22 053	−154 371	49	15 694
2003	−5	24 650	−123 250	25	23 274
2004	−3	28 487	−85 461	9	30 854
2005	−1	33 930	−33 930	1	38 434

续表5.25

年度	序号 x	全国财政收入 y/亿元	xy	x^2	$\hat{y}$
2006	1	40 423	40 423	1	46 014
2007	3	49 781	149 343	9	53 594
2008	5	62 593	312 965	25	61 174
2009	7	75 874	531 118	49	68 754
合计	—	337 791	636 837	168	337 792

偶数项参数 a,b 值的计算：

将表 5.25 的计算结果代入式中计算：

$$b=\frac{\sum xy}{\sum x^2}=\frac{636\ 837}{168}=3\ 790$$

$$a=\bar{y}=\frac{337\ 791}{8}=42\ 224$$

建立预测财政支出趋势的直线趋势方程：

$$\hat{y}=42\ 224+3\ 790x$$

为了验证，按此方程计算 2002—2009 年间各年财政支出的趋势值，列入表 5.25 的 $\hat{y}$ 栏中。

$$\hat{y}_{2002}=42\ 224+3\ 790\times(-7)=15\ 694(\text{亿元})$$

运用所建立的直线趋势方程，可以进行外推预测。如预测 2012 年的全国财政支出，估计是

$$\hat{y}_{2012}=42\ 224+3\ 790\times13=91\ 494(\text{亿元})$$

（五）半数平均法

半数平均法，也称平均法，它是分析和预测现象长期趋势的重要方法之一。这种预测方法的数理依据是运用数学上两点可以确定一条直线的原理而建立的。按照半数平均法的要求，建立直线趋势方程为

$$\hat{y}=a+bt$$

式中，$\hat{y}$ 为时间数列中 y 的理论（或估计）趋势值；t 为时间顺序；a,b 为直线方程的待定参数。

配合的直线趋势方程，一定要符合所研究现象的发展趋势，必须根据掌握的实际资料，正确估计出方程中的参数 a 和 b。

按照半数平均法的要求，最佳的一条直线应是

$$\sum(y-\hat{y})=0$$

即实际值与估计趋势值之间的离差总和等于零。

即

$$\sum(y-\hat{y})=\sum[y-(a+bt)]=0$$

则

$$\sum y-\sum a-\sum bt=0$$

将上式两端除以 n，得：

$$\frac{\sum y}{n} - a - b\frac{\sum t}{n} = 0$$

将原时间数列分成相等的两部分，假若实际的时间数列是奇数项，则取消最早的那项数据，然后，按两部分的平均数建立一组联立方程式，即

$$\begin{cases} \bar{y}_1 - b\bar{t}_1 = 0 \\ \bar{y}_2 - b\,\bar{t}_2 = a \end{cases}$$

解此联立方程组，得出求参数 a 与 b 值的公式，即

$$\begin{cases} b = \dfrac{\bar{y}_1 - \bar{y}_2}{\bar{t}_1 - \bar{t}_2} \\ a = \bar{y}_1 - b\bar{t}_1 \end{cases}$$

$$\begin{cases} b = \dfrac{\bar{y}_2 - \bar{y}_1}{\bar{t}_2 - \bar{t}_1} \\ a = \bar{y}_2 - b\,\bar{t}_2 \end{cases}$$

根据求出的参数值 a，b 建立直线趋势方程，即

$$\hat{y} = a + bt$$

据此，可以外推出各个时间上的估计趋势值，并进行趋势预测分析。

【例 5.16】　我国 2000～2009 年社会消费品零售总额资料，如表 5.26 所示，用半数平均法预测。

将表 5.26 的有关数据代入式中：

$$b = \frac{\dfrac{242\ 314}{5} - \dfrac{466\ 628}{5}}{\dfrac{15}{5} - \dfrac{40}{5}} = 8\ 972.56$$

$$a = \frac{242\ 314}{5} - \frac{15}{5} \times 8\ 972.56 = 21\ 545.1$$

根据这样的结果，可建立直线趋势方程：

$$\hat{y} = 21\ 545.1 + 8\ 972.56t$$

依此方程式，依次代入 $t=1,2,\cdots,10$，可得出 2000～2009 年间各年的社会消费品零售总额的趋势值。如 $t=3$ 代入方程式，可计算出 2002 年的社会消费品零售总额为

$$\hat{y}_{2002} = 21\ 545.1 + 8\ 972.56 \times 3 = 48\ 462.78\text{（亿元）}$$

各年趋势值见表 5.26 的 $\hat{y}$ 栏。

表5.26 我国2000~2009年社会消费品零售总额(半数平均法计算)

年度	序号 t	社会消费品零售总额 y/亿元	$\sum y$	$\sum t$	$\hat{y}$
2000	1	39 106			30 517.7
2001	2	43 055	$\overline{y}_1=48\ 462.8$	$\overline{t}_1=3$	39 490.2
2002	3	48 136	242 314	15	48 462.8
2003	4	52 516	(前5年合计)	(前5年合计)	57 435.3
2004	5	59 501			66 407.9
2005	6	67 177			75 380.5
2006	7	76 410	$\overline{y}_2=93\ 325.6$	$\overline{t}_2=8$	84 353.0
2007	8	89 210	466 628	40	93 325.6
2008	9	108 488	(后5年合计)	(后5年合计)	102 298.1
2009	10	125 343			111 270.7

若外推预测2012年的社会消费品零售总额,$t=13$ 估计为

$$\overline{y}_{2012}=21\ 545.1+8\ 972.56\times 13=138\ 188.38\text{(亿元)}$$

(六)发展速度预测法

一些社会经济现象的发展可能保持相对稳定的发展速度,因此,利用其环比发展速度或平均发展速度对它未来的趋势进行预测,不失为可行的方法。

1.按环比发展速度预测

按环比发展速度预测是在本期实际值的基础上,按本期的实际环比发展速度,估计下期的预测值,依此类推。

$$\hat{y}=y_t\cdot\frac{y_t}{y_{t-1}}$$

式中,y_t 为本期实际值;y_{t-1} 为上期实际值。

这种方法很简便,但会存在较大的偶然性,务必谨慎使用。一般适用于短期或近期预测。

2.按平均发展速度预测

对社会经济现象的中长期趋势的预测,采用平均发展速度的预测方法较为可取。平均发展速度预测法,是以本期实际值为基数,按过去一段时期的平均发展速度考量,估计出后期可能达到的水平。预测计算公式是

$$\hat{y}_{t+k}=y_t\cdot b^k$$

式中,b 为一定时期的平均发展速度;y_t 为本期实际值;k 为预测期的时期间隔;$\hat{y}_{t+k}$ 为预测各时期的估计值。

由于平均发展速度是在某些偶然因素被消除后,代表一相对长的历史时期的一般发展速度,所以,可用来预测以后各个时期的发展状况。

例如,以表5.26的资料,预测2012年的社会消费品零售总额将会是什么水平。

2000~2009年的平均发展速度为

$$b=\sqrt[9]{\frac{125\ 343}{39\ 106}}=1.138\ 1(113.81\%)$$

据 $b=113.81\%$ 的平均发展速度,预测2012年全国社会消费品零售总额可达到 $k=3$:

$$\hat{y}_{2012}=125\ 343\times1.138\ 1^{3}=184\ 774(\text{亿元})$$

三、季节变动的测定分析和循环波动分析

（一）季节变动分析

在现实生活中，季节变动是一种极为普遍的现象。例如，许多农副产品的产量都因季节更替而有淡季、旺季之分；商业部门的许多商品的销售量也随着气候变化的影响而形成有规律的周期性变动。季节变动具有三个特点：一是季节变动每年重复进行，二是季节变动按照一定的周期进行，三是每个周期变化强度大体相同。

研究季节变动的目的在于了解季节变动对人们经济生活的影响，以便更好地组织生产和安排生活。分析季节变动，还可以根据季节变动规律，配合适当的季节模型，结合长期趋势，进行经济预测，计划未来行动。

分析和测定季节变动的主要方法是计算季节比率来反映季节变动的程度。季节比率高说明是“旺季”，反之则是“淡季”。计算季节比率最常用最简便的方法是按月（季）平均法。

季节比率是通过对若干年资料的数据，求出同月份的平均水平与全数列总平均月份水平，然后对比得出各月份各季节比率。为了较准确地观察季节变动情况，一般用连续三年以上的发展水平资料，加以平均分析。其计算步骤如下：

（1）根据各年按月（季）的动态数列资料计算出各年同月（季）的平均水平。

（2）计算各年所有月（季）的总平均水平。

（3）将各年同月（季）的平均水平与总平均水平进行对比，即得出季节比率，季节比率是进行季节变动分析的重要指标，可用来说明季节变动的程度。其计算公式为

$$\text{季节比率}=\frac{\text{同月份平均水平}}{\text{总平均水平}}\times100\%$$

【例5.17】 某商场2007年至2010年各月某一品牌的毛衫的销售量如表5.27。具体计算过程如下。

表5.27　某商场2007～2010年某品牌毛衫销售量　　单位：件

	2007	2008	2009	2010	四年合计	同月平均	季节比率/%
1	80	150	240	280	750	187.5	165.2
2	60	90	150	140	440	110	96.9
3	20	40	60	80	200	50	44.1
4	10	25	40	30	105	26.3	23.2
5	6	10	20	12	48	12	10.6
6	4	8	11	9	32	8	7.1
7	8	12	32	37	89	22.3	19.7
8	12	20	40	48	120	30	26.3
9	20	35	70	83	208	52	45.8
10	50	85	150	140	425	106.3	93.7
11	210	340	420	470	1 440	360	317.2
12	250	350	480	510	1 590	397.5	350.2
合计	730	1 165	1 713	1 839	5 447	1 361.9	1 200
平均	60.8	97.1	142.8	153.3	453.9	113.5	100

第一步:计算同月份平均水平。

$$1\text{ 月份平均数}=\frac{80+150+240+280}{4}=187.5(\text{件})$$

第二步:求总平均月份水平。

$$\text{总平均月份水平}=\frac{5\,447}{48}=113.5(\text{台})$$

或

$$\text{总平均月份水平}=\frac{1\,361.9}{12}=113.5(\text{台})$$

$$\text{总平均月份水平}=\frac{453.9}{4}=113.5(\text{台})$$

第三步:计算季节比率。

$$\text{如 1 月份的季节比率}=\frac{187.5}{113.5}=165.2\%$$

其余如表 5.27 中第 8 列所示。

第四步:用季节比率进行预测。为了预测以后各年不同月(季)发展趋势和状况,通常假定按过去资料测定的季节变动模型能够适用于未来。因此,按月(季)平均预测法的计算公式为

各月(季)预测值=上年各月(季)的平均值×各月(季)的季节比率

如对 2011 年销售量进行预测:

5 月份的销售量=153.3×10.6%=16(件)

10 月份的销售量=153.3×93.7%=144(件)

通过上面计算的由各月份季节比率组成的数列,可以看出毛衫销售量的季节变动趋势,自 1 月份其季节比率逐月降低,6 月份降低到最低点,7 月份开始上升,到 12 月份上升到最高点。

按月(季)平均法计算简便,容易掌握。但季节比率的计算不够精确,究其原因,一是它不考虑长期趋势的影响;二是季节比率的高低受各年数值大小的影响,数值大的年份,对季节比率影响较大,数值小的年份,对季节比率的影响较小。

(二)循环变动分析

循环波动是以若干年为一个周期,涨落起伏、扩张与收缩交替出现的一种周期性变动现象。这种现象在自然界和人类社会生活中时有发生。例如,各种自然灾害的发生,时多时少,时强时弱,以若干年为一个循环周期;果树生产有大、小年的轮回;工业新产品从试制、投产到销售高峰,从少到多,由盛至衰,有各自的产品寿命周期。经济运行中的循环波动,则更为人们所常见和熟悉。马克思、恩格斯称之为“资本主义经济危机”,西方经济学家称之为“经济周期性波动”。“商业循环”的理论研究已有 100 多年的历史,形成了几十种内容各异的经济周期理论。由于历史原因,我们对中国社会主义经济周期的理论研究,20 世纪 80 年代中后期刚刚起步。随着改革的深化和市场经济体制的建立,越来越多的理论工作者和实际工作者认识到了研究我国经济运行中确实存在的周期性循环波动的重要性。正确认识我国社会主义条件下周期性经济波动的客观规律性,掌握波动的方向、特点,分析循环波动可能产生的各种社会、经济影响,是实际工作者和理论工作者面临的新课题。利用经济调控措施弱化波动可能带来的消极影响,针对循环波动中不同时期的特点,适时出台

改革措施,则是各级政府需予以充分注意的重要问题。

1. 循环波动的测定指标

循环波动虽与季节变动一样,表现为周而复始的周期性波动,但循环波动每个周期长短不一,每次波动都不是前次波动的简单重复,它们表现出不同的波动特点,显示出不同的波动曲线。由于循环波动的不规则性,要保证对其测定和分析的准确性困难更大。常用的测定循环波动的指标有:

①周期时间,即某个周期从开始到结束的时间。

②周期长度,即周期从开始到结束的时间长度。

③波峰时间,即达到周期高潮或周期顶点的时间。

④峰值,即周期顶点的循环波动数值。

⑤谷底时间,即进入周期低潮或周期谷底的时间。

⑥谷值,即周期谷底的循环波动数值。

⑦扩张长度,即从周期起点到顶点的时间长度。

⑧扩张差,即周期顶点的峰值与谷底谷值之差。

⑨收缩长度,即从周期顶点到谷底的时间长度。

⑩收缩差,即周期顶点的峰值与谷底谷值之差。

对每一循环都可用上述指标进行测定,并可进一步计算各个循环周期的平均周期长度、平均峰值、平均谷值、平均扩张长度、平均扩张差、平均收缩长度、平均收缩差等。

2. 循环波动的测定方法

测定循环波动的主要方法有三种:剩余法、直接法和循环平均法。其中剩余法最为常用。

练 习 题

一、思考题

1. 什么是时间数列?它由哪些基本要素组成?编制时间数列应遵循哪些原则?

2. 时期数列与时点数列有何区别?

3. 常用的动态比较指标有哪些?

4. 发展速度与增长速度有何区别与联系?

5. 连续时点数列与间断点数列是怎样划分的?在计算序时平均数时有何区别?

6. 一般平均数与动态平均数有何区别?

7. 计算增长 1% 的绝对值有何实际意义?

8. 什么是现象的长期趋势?为什么要测定长期趋势?

二、单项选择题

1. 下列时间数列中,指标数值能够直接相加的是(　　)。

A. 时期数列　B. 时点数列　C. 相对数时间数列　D. 平均数时间数列

2. 定基增长速度等于(　)。

A. 相邻两个环比增长速度之商　B. 环比增长速度的连乘积

C. 环比增长速度加 1 的连乘积　D. 环比发展速度的连乘积减 100%。

3. 某地区粮食产量的远期增长量2008年为86万千克,2010年为77万千克,而2010年的累计增长量为252万千克,则2009年远期增长量为(　　)。

A. 89万千克　B. 166万千克　C. 175万千克　D. 415万千克

4. 计算序时平均数的“首末折半法”是用于(　　)。

A. 时期数列　B. 时点数列　C. 间断时点数列　D. 间隔相等的间断时点数列

5. 几何平均法平均发展水平的计算,是下列哪个指标的连乘积的 n 次方根(　　)。

A. 环比增长速度　B. 环比发展速度　C. 定基增长速度　D. 定基发展速度

6. 某企业产品产量2000年为10万件,若以后每年递增20%,到2010年则应达到(　　)。

A. 60万件　B. 61万件　C. 61.9万件　D. 74.3万件

7. 某企业产品产量2010年比2005年增长了50%,2009年比2005年增长了48%,则2010年比2009年增长了(　　)。

A. 47.17%　B. 2%　C. 4.5%　D. 1.35%

8. 企业2009～2010年受过高等教育的职工人数分别为150人和200人,占全部职工人数的比重分别为7%,7.5%,则该企业2009～2010年受过高等教育的职工占全部职工人数的平均比重为(　　)。

A. 7.25%　B. 7.5%　C. 7.28%　D. 7.3%

三、多项选择题

1. 时间数列按其指标的性质不同可分为(　　)。

A. 总量指标时间数列　B. 时期数列　C. 时点数列

D. 相对数时间数列　E. 平均数时间数列

2. 下列属于时期数列的是(　　)。

A. 全国每年大专院校毕业生人数

B. 某地区历年来出生的人数

C. 某商业企业历年来的商品销售额

D. 某商业企业历年年末商品库存额

E. 某地区历年年末工人数

3. 下列时间数列中可以计算序时平均数的有(　　)。

A. 时期数列　B. 动态相对数时间数列

C. 动态平均数时间数列　D. 静态平均数时间数列

E. 结构相对数时间数列

4. 发展水平、增长量、发展速度、增长速度间的关系是(　　)。

A. 发展速度=基期水平÷报告期水平

B. 增长速度=增长量÷基期水平

C. 增长量=报告期水平-基期水平

D. 增长速度=发展速度-1

E. 发展水平=增长量之和

5. 季节变动是现象(　　)。

A. 在一个月内的周期性变动

B. 在一个季节内的周期性变动

C. 在若干年内周期性变动

D. 在一个年度内的周期性变动

E. 因季节问题引起的周期性变动

四、应用分析题

1. 如果已知某企业的月平均库存额资料如题表5.1所示。那么，该企业这样计算正确吗，为什么？

$$第一季度月平均库存额=\frac{\frac{12}{2}+23+17+\frac{10}{2}}{4-1}=17(万元)$$

题表5.1

月份	1月	2月	3月	4月
月平均库存额/万元	12	23	17	10

2. 题表5.2表示某地区国民经济发展变化的情况。请指出哪些是时期数列？哪些是时点数列？

题表5.2

时间	1990	1991	2000	2005	2010
国内生产总值/亿元	281.0	518.6	1 062.7	2 793.4	4 669.1
年末库存商品额/亿元	73.5	118.1	273.8	691.8	967.4
社会消费品零售总额/亿元	101.8	195.5	421.1	1 122.0	1 847.6
进出口总额/亿美元	40.5	53.9	63.2	109.9	190.2
竣工房屋建筑面积/万平方米	1 386	2 758	3 049	3 649	5 202

五、实际应用计算题

1. 我国"七五"计划期间各年的布匹产量如题表5.3所示。

题表5.3

年份	1985	1986	1987	1988	1989	1990
布匹产量/亿米	147	165	167	176	186	201

要求：

(1)计算各年逐期增减量、累积增减量；

(2)计算各年环比发展速度、定基发展速度和相应的增长速度；

(3)计算增长1%的绝对值。

2. 某企业第十一个五年计划期间工业总产值资料如题表5.4所示。

题表5.4

年份	2006	2007	2008	2009	2010
工业总产值/万元	572	635	695	753	807

要求：计算该企业此时期的年平均工业总产值。

3. 某企业2010年第一季度职工出勤人数资料如题表5.5所示。

题表5.5

日期	1月1日～1月15日	1月16日～1月26日	1月27～2月14日	2月15日～3月6日	3月7日～3月31日
每日职工出勤人数	110	120	114	120	130

要求：计算该企业第一季度的平均职工出勤人数。

4. 某公司历年销售额如题表5.6所示。

题表5.6

年度	发展水平	增长量/万元		发展速度/%		增长速度/%		增长%的绝对值
		累积	逐期	定基	环比	定基	环比	
2006								
2007						28.9		
2008				147.7				
2009					100.74			16.54
2010			3 241					

请运用动态指标的相互关系，确定表中未填入的指标数值。

5. 某企业2010年第一季度各月末职工人数资料如题表5.7所示。

题表5.7

月份	2009年12月末	2010年1月末	2010年2月末	2010年3月末
职工人数	110	114	120	130

要求：计算该企业2010年第一季度的平均职工人数。

6. 某企业4月份职工人数增减变动如下：

1日2 800人　7日增加5人　13日增加2人　20日减少1人　26日增加10人

试计算4月份平均职工人数。

7. 某年某地生猪存栏数资料如题表5.8所示。

题表5.8

月份	上年12月末	本年2月末	本年6月末	本年9月末	本年12月末
生猪存栏数/百头	250	110	240	330	269

要求：计算该地本年生猪平均存栏数。

8. 某企业2010年职工人数资料如下：1月初1 000人，3月初1 050人，3月末1 040人，4～9月平均人数为1 020人，10月初1 030人，12月末1 040人。

要求：根据所给资料计算该企业2010年全年平均职工人数。

9. 某工厂2010年第二季度工人人数资料如题表5.9所示。

题表5.9

月份	3月末	4月末	5月末	6月末
生产工人人数/人	435	452	462	567
全部工人人数/人	580	580	600	720
比重/%	75	78	77	80

要求:计算该厂该第二季度生产工人占全部工人人数的平均比重。

10. 某公司所属两个企业 1 月份产值及每日在册工人数资料如题表 5.10 所示。

题表 5.10

企业	总产值/万元	每日在册人数		
		1~15 日	16~21 日	22~31 日
甲	31.5	230	212	245
乙	35.2	232	214	228

试计算各企业月劳动生产率并综合两个企业的月劳动生产率。

11. 2000 年某省社会消费零售额为 421.1 亿元,2000 年为 1 847.6 亿元,试计算该省 11 年间社会消费零售额的平均增长速度,若以此速度发展,到 2020 年该省的社会消费零售额将达到多少亿元?

12. 某商业企业历年商品销售额资料如题表 5.11 所示。

题表 5.11

年份	2005	2006	2007	2008	2009	2010
商品销售额/万元	451	494	517	526	542	596

要求:

(1)用最小平方法求出直线趋势方程;

(2)预测该企业 2011 年的商品销售额。

13. 某商场 2007~2010 年各月空调的销售量如题表 5.12 所示。

题表 5.12

单位:台

月份	2007	2008	2009	2010
1	10	9	12	9
2	19	15	12	10
3	20	24	20	36
4	24	24	18	14
5	32	36	36	32
6	42	45	46	43
7	41	48	57	30
8	88	82	88	86
9	30	28	26	28
10	22	19	22	21
11	16	17	17	18
12	8	13	16	15

要求:按月(季)平均法计算季节比率,并对 2011 年 5 月份的销售量进行预测。

第六章　统 计 指 数

【学习目的】

统计指数是统计分析的重要方法。学习本章的目的在于掌握和应用统计指数的基本原理和方法。

【学习要求】

➢ 深刻理解指数的意义及其分类；
➢ 掌握总指数两种形式的编制方法及在现实中的应用；
➢ 掌握平均数指数的编制原理及应用；
➢ 能运用指数体系进行两因素分析。

第一节　统计指数的意义和种类

一、统计指数的意义

(一)统计指数的概念

统计指数的概念有两种理解,即广义的统计指数和狭义的统计指数。

广义上讲,统计指数是说明一切社会经济现象变动程度的相对数。包括前面所讲的相对指标和发展速度指标,都可以称为指数。社会经济现象又分为简单总体和复杂总体。简单总体是指数量上可以直接加总的同类经济现象的总体,例如大米价格变动的价格指数,皮鞋销售数量的销售量指数,大米、皮鞋是两个简单总体,它们的这两个指数只说明一种商品的价格或销售量的变动情况的比较指标,都只反映单一的、个别的总体变化。复杂总体是指数量上不能直接加总的同类经济现象的总体,例如居民消费价格指数,既包括了几百种商品的价格,也包括几十种服务项目的价格,这种指数说明多种商品、多种服务项目价格变动情况的比较指标,反映了一个多种多样的复杂的总体变化。可见,凡是说明社会经济现象动态的相对数,包括说明单一相同事物的个体变化和说明多种不同事物的综合变化的相对数,都还是广义上的统计指数。

狭义上讲,统计指数是说明不能直接相加和不能直接对比的各种事物综合变动方向和变动程度的相对数。因为有些现象总体是由许多性质不同的个别事物组成的,而这些事物的数量不能直接相加,或相加后无意义。例如,原煤、木材、棉布、粮食等产品,其使用价值不同,计量单位也不同,因此也就不能用这些产品产量直接相加和直接对比来说明这些产品产量的总变动。由于每种产品的价格水平不同,因此简单相加对比不能说明市场上全部产品价格的总变动情况。为了研究这些不能直接相加和不能直接对比的社会经济现象总体的综合变动,就需要计算狭义上的统计指数。本章所阐述的就是这种狭义的统计指数的编制方法及其运用。

(二)统计指数的作用

统计指数主要有以下几方面的作用。

(1)综合反映复杂现象总体总变动的方向和程度。这是指数最主要的作用。指数一般是用百分数来表示的相对数。百分数大于或小于100%,反映经济现象变动的方向是正还是负;而比100%大多少或小多少,则反映经济现象变动程度的大小。如某市零售物价指数为10.5% ,说明该地区多种商品零售物价总体上涨了10.5%,但具体到某种商品价格,则可能有涨有跌,变动方向和幅度亦不够完全一致。

(2)通过指数体系,对现象的总变动进行因素分析,研究各因素对现象总变动的影响方向和程度。任何一个复杂现象的总体一般是由多个因素构成的。对于包括两个或两个以上因素的总体现象,可以通过指数体系,利用综合指数或平均数指数分析其各构成因素对总指数变动的影响,从相对数和绝对数两方面分析各因素的影响方向和程度。

(3)研究现象的长期变动趋势。通过编制指数数列,分析现象发展变化的程度和趋势,便于分析相互联系而性质不同的时间数列之间的变动关系。

(4)对经济现象进行综合评价和测定。随着指数分析在实际应用中的不断发展,许多经济现象都可以运用指数进行评价和测定,从而对其水平做出综合的数量判断。例如,一个地区或单位经济效益的高低、技术进步程度、物价水平、工资水平等都可以运用指数方法来分析说明。

二、统计指数的种类

统计指数可以从不同的角度来进行分类。

(一)按其所反映对象的范围不同分类

按指数反映对象的范围不同,可分为个体指数和总指数。

1.个体指数

个体指数是指现象总体中各个个别现象数量对比关系的相对数。它反映个别现象在不同时间上的变动程度。例如,个别商品的销售量指数、价格指数等。个体指数的计算比较简单,只要将个别现象的报告期水平与基期水平直接对比即可。其计算公式如下:

$$个体指数=\frac{报告期个体水平}{同一个体基期水平}$$

如对某一产品或商品的产量、成本、价格的个体指数,计算公式如下:

个体产品产量指数:

$$K_q=\frac{q_1}{q_0}$$

个体产品成本指数:

$$K_Z=\frac{z_1}{z_0}$$

个体物价指数:

$$k_p=\frac{p_1}{p_0}$$

式中,K为个体指数;q_1,q_0为报告期和基期的产量;z_1,z_0为报告期和基期的单位产品成本;p_1,p_0为报告期和基期的价格。

2. 总指数

总指数是指反映现象总体的各个事物所构成的整个总体数量对比关系的相对数。它综合反映不能同度量的多种事物动态变化的程度和方向。如零售物价总指数、工业总产值指数、全部工业产品的产量总指数。

(二)按其反映的统计指标的性质不同分类

指数按其所表明的指标性质不同,分数量指标指数和质量指标指数。

1. 数量指标指数

数量指标指数简称数量指数,是指综合反映现象的规模、水平发展变化的指数。如产品产量指数说明总产值这一指标变动中由于产品产量的变动而影响的程度。商品销售量指数说明销售额这一指标的变动中由于销售量的变动而影响的程度。

2. 质量指标指数

质量指标指数简称质量指数,是指反映管理水平、工作质量等变动情况的指数。如成本指数表明生产费用这一经济总体中单位产品成本的变动情况,物价指数表明商品销售额这一经济总体中商品价格的变动情况。

(三)按指数所采用的基期分类

指数按照所采用的基期的不同,可分为定基指数和环比指数。

1. 定基指数

定基指数是指把基期固定在某一时期的指数。编制定基指数数列可以反映某种现象的长期趋势及发展过程。

2. 环比指数

环比指数是指把报告期的前一期作为基期编制的指数。编制环比指数数列是为了反映某种现象的逐期变动情况。

此外,总指数按其编制方法不同,可分为综合指数和平均数指数。

第二节　综 合 指 数

一、综合指数的概念及特点

综合指数是编制总指数的基本形式。它是由两个总量指标对比而形成的指数。其编制方法是先综合后对比。在所研究的总量指标中,包含两个或两个以上的因素指标时,将其中一个或一个以上的因素指标固定下来,仅观察其中一个因素的变动情况。按这样编制出来的总指数就叫作综合指数。

综合指数从编制的方法来看,具有以下特点。

(一)先综合后对比

先解决总体中各个个体由于度量单位不同不能直接加总的问题。为此,需要从经济现象的内在联系出发,确定与研究现象相联系的因素,使它成为同度量因素,从而使不能直接相加的指标过渡到能够相加和比较的指标,然后进行对比。例如,我们把 100 台电视机、500 架照相机、200 辆自行车简单相加,不能说明这三种商品的总量。因为这三种商品使用价值不同、计量单位不同,直接相加没有经济意义。为了解决这些不能直接相加的问题,得到反映这些不能直接相加的个别现象数量的总量指标,就需要引入一个因素,使不能直接相加的现象变为能相加的现象,这个因素就叫作同度量因素。例如,我们将电视机、照相机、自行车三种商品的数量分别乘以各自的销售价格,就得到每种商品的销售额。各种商品的销售额相加即为销售总额。将不同时期的商品销售总额进行对比,就可计算出它的变动情况。在此,各种商品的销售价格就是同度量因素。

(二)把总量指标中的同度量因素加以固定,以测定所要研究的另一个因素的变动情况

即固定一个或一个以上因素指标,观察另一个因素指标的变动。例如,若要观察两个时期商品价值总量中商品数量的变动,就需要把两个时期各种商品的价格作为同度量因素固定在同一时期,以测定两个时期各种商品总数量的变动。这里还必须强调同度量因素固定的时期问题。通过上面讲的同度量因素,解决了计算中不能直接相加的问题,可以计算出总量指标。但在总量指标中包括两个或两个以上的因素的影响,即它的变动是两个或两个以上因素共同作用的结果。如果只研究或分析其中某一个因素的变动对总变动影响的情况,就需要将另一个或两个以上的因素固定不变。这就是指数因素分析法的特点,即假定其他因素不变,测定其中某一个因素的影响方向和影响程度。例如,商品销售额的变动是商品销售量和商品销售价格两个因素变动共同影响的结果,如果只观察销售价格的变动,就需要假定商品销售量不变,即把销售量固定不变;反之,如果只观察商品销售量的变动,就要将商品销售价格固定不变。但是,同度量因素可以是报告期水平,也可以是基期水平。究竟选择哪个时期的指标作为同度量因素?一般来说编制数量指标指数时,其同度量因素是质量指标,固定在基期;编制质量指标指数时,其同度量因素是数量指标,固定在报告期。这是编制综合指数及进行因素分析时,固定同度量因素的基本原则。但这个原则也不是固定不变的,也不能机械地加以应用。要注意根据研究现象的不同情况及分析任务的不同要求,来具体确定同度量因素所属时期。

(三)分子、分母所研究对象的范围,原则上必须一致

所反映的现象变动程度应是在所综合资料的范围内该现象的变动程度。

二、综合指数的编制方法

综合指数可分为数量指标指数和质量指标指数两种。它们的编制原则和方法不同,分别说明如下。

(一)数量指标指数

数量指标指数是用来说明社会经济现象规模的变动情况的指数。如产品产量指数、商品销售量指数、货物运输量指数等。根据前面讲的同度量因素的固定原则,其同度量因素应是质量指标,固定在基期,才能进行不同时期的产量对比分析。如果用报告期价格做同度量因素,由于报告期是不断变化的,作为同度量因素的价格也不断地变化,无法通过各个时期数量指标的对比来说明产量的变动。另外,从指数体系的要求来看,总量指标指数等于数量指标指数与质量指标指数的乘积,数量指标指数也就只能用基期的价格做同度量因素了。

现以销售量指数为例,说明数量指标指数的编制方法。

【例 6.1】 根据表 6.1 三种商品销售量资料和价格资料计算商品销售量总指数。

表 6.1 三种商品销售量指数计算表

商品名称	计量单位	销售量		价格/元		销售额/元		
		基期 q_0	报告期 q_1	基期 p_0	报告期 p_1	$q_0 p_0$	$q_1 p_1$	$q_1 p_0$
甲	台	1 000	1 150	100	100	100 000	115 000	115 000
乙	件	2 000	2 200	50	55	100 000	121 000	110 000
丙	千克	3 000	3 150	20	25	60 000	78 750	63 000
合计	—	—	—	—	—	260 000	314 750	288 000

销售量个体指数的计算公式如下：

$$k_q = \frac{q_1}{q_0}$$

式中，k_q为数量指标个体指数；q_1为报告期数量指标；q_0为基期数量指标。

三种商品的销售量个体指数分别为

$$甲 = \frac{1\ 150}{1\ 000} = 115\% \quad 乙 = \frac{2\ 200}{2\ 000} = 110\% \quad 丙 = \frac{3\ 150}{3\ 000} = 105\%$$

通过计算个体指数可以看到，三种商品的销售量的变动幅度是不同的。

根据要求，计算三种商品销售量综合指数，这是对复杂现象总体的销售量这一数量指标的变动研究。因为三种商品的计量单位不同、使用价值不同，三种商品的销售量无法直接加总，也就无法求出其销售量的总变动。为了反映商品销售量的变动情况，需要用基期价格作为同度量因素，去分别乘以基期和报告期的销售量，得到基期销售额和按基期价格与报告期销售量计算的销售额，然后将两个销售额指标对比，即可得出销售量综合指数。计算公式如下：

$$\bar{k}_q = \frac{\sum q_1 p_0}{\sum q_0 p_0}$$

式中，$\bar{k}$ 表示销售量综合指数，分子是报告期销售量与基期价格计算的总销售额，分母是基期的销售额。

三种商品销售量指数计算如下：

$$\bar{k}_q = \frac{288\ 000}{260\ 000} = 110.77\%$$

计算结果表明三种商品销售量增长 10.77%，由于销售量的增长使销售额增长 10.77%，由于销售量的增加而增加的销售额为

$$\sum q_1 p_0 - \sum q_0 p_0 = 288\ 000 - 260\ 000 = 28\ 000(万元)$$

（二）质量指标指数

质量指标指数是用来说明社会经济现象质量、内涵变动情况的指数。如价格指数、产品成本指数等。它的编制原理与数量指标指数的编制原理相同，只是同度量因素的固定时期不同。编制质量指标综合指数的一般原则是：编制质量指标指数，将数量指标作为同度量因素，并将其固定在报告期的水平上。用符号“k_p”表示。下面举例说明质量指标指数的编制方法。

【例 6.2】 根据表 6.1 资料，计算三种商品的价格个体指数如下：

$$\bar{k}_p=\frac{p_1}{p_0}$$

式中,p_1 为报告期价格;p_0 为基期价格。

三种商品的价格个体指数分别为

$$甲=\frac{100}{100}=100\% \quad 乙=\frac{55}{50}=110\% \quad 丙=\frac{25}{20}=125\%$$

三种商品价格总指数如下:

$$\bar{k}_p=\frac{314\ 750}{288\ 000}=109.29\%$$

计算结果说明了三种商品价格综合变动程度,即报告期比基期价格增长了9.29%,由于价格的增长使销售额增长了9.29%。由于价格提高而增加的销售额为

$$\sum p_1q_1-\sum p_0q_1=314\ 750-288\ 000=26\ 750(万元)$$

物价指数是质量指标指数,其编制方法完全可用于其他质量指标指数的编制。

第三节 平均数指数

一、平均数指数的概念

总指数的平均形式,叫平均数指数。既然综合指数是由两个总量指标对比形成的相对数,其条件应是顺利地取得两个总量指标的资料,即必须有各因素的原始资料方能综合,条件要求较高,实际取得不容易,综合指标的计算受一定的局限。但在实际统计工作中就经常根据非全面资料计算综合指数,这就是总指数的平均形式。

平均数指数的计算特点是:先个体,后平均。即先计算所研究现象的各个项目的个体指数,然后给出权数,按权数进行加权平均求出总指数。其编制的方法是:在个体指数计算的基础上,给出基期总值的材料(如销售额或产值)作为权数,运用加权算术平均法求总指数;给出报告期总值材料做权数,运用加权调和平均法求总指数。可见,平均数指数是以指数化因素的个体指数的平均数形式计算的一种指数,实质上是运用非全面资料计算综合指数的一种形式。

二、算术平均数指数

算术平均数指数是指将个体指数作为变量"x"按算术平均数形式计算的总指数。在计算数量指标指数时(比如商品销售量指数),如果各种商品的基期和报告期的销售量资料难以取得,而只有各种商品销售量的个体指数和基期销售额资料时,就用基期各种商品的销售额作为权数,采用加权算术平均数的方法来计算所得的综合指数。

已知 $k_q=\frac{q_1}{q_0}$ 和 q_0p_0 资料,则代入商品销售量综合指数公式,得

$$\bar{k}_q=\frac{\sum k_qp_0q_0}{\sum q_0p_0}=\frac{\sum q_1p_0}{\sum q_0p_0}$$

以上计算公式是以个体指数(k_q)为变量(x),以基期销售额(q_0p_0)为权数(f)的销售量

个体指数的加权算术平均数（$\bar{k}_q=\frac{\sum k_q p_0 q_1}{\sum q_0 p_0}=\frac{\sum q_1 p_0}{\sum q_0 p_0}$），叫作加权算术平均数指数。

【例6.3】　仍以表6.1的商品销售量指数的计算为例，其具体情况见表6.2。

表6.2　算术平均数指数计算表

商品	计量单位	销售量个体指数/%	基期销售额/万元	按基期价格计算的销售额/万元
甲	台	115	10 000	11 500
乙	件	110	10 000	11 000
丙	千克	105	6 000	6 300
合计	—	—	26 000	28 800

根据表中资料代入加权算术平均数指数公式，得

$$\bar{k}_q=\frac{28\ 800}{26\ 000}=110.77\%$$

$$\sum k_q p_0 q_0-\sum p_0 q_0=28\ 800-26\ 000=2\ 800(\text{万元})$$

计算结果及经济意义与综合指数的计算完全相同。这就进一步表明，加权算术平均数实际上是综合指数的变形，两者虽然形式不同，但结果和经济内容是一致的。在以q_0p_0为权数的情况下，两者之间可以相互转化，加权算术平均数指数是用于编制数量指标指数。

三、调和平均数指数

调和平均数指数是将个体指数按调和平均数（$\bar{x}=\frac{\sum m}{\sum \frac{m}{x}}$）形式加权平均计算的总指数。

在计算质量指标指数时（如商品价格指数），如果直接采用质量指标指数公式计算，必须掌握各种商品的销售量和价格资料，才能计算出$\sum p_1q_1$和$\sum p_0q_1$的值。在实际工作中，如果只有各种商品价格的个体指数和报告期商品流转额的资料时，就用报告期各种商品的流转额作为权数，采用加权调和平均数的方法来计算得到综合指数，就叫作加权调和平均数指数。已知$k_p=\frac{p_1}{p_0}$和$\sum p_1q_1$资料，代入综合物价指数公式得

$$\bar{k}_p=\frac{\sum p_1q_1}{\sum p_0q_1}=\frac{\sum p_1q_1}{\sum \frac{1}{k_p}p_1q_1}$$

以上计算公式是以个体指数（k_p）为变量（x）、以报告期销售额（p_1q_1）为权数（m）的物价个体指数的加权调和平均数。从推导过程来看它是质量指标综合指数的变形。

【例6.4】　仍以表6.1的商品销售量指数的计算为例，其具体情况见表6.3。

表 6.3 调和平均数指数计算表

商品	计量单位	价格个体指数/%	报告期销售额/万元	按基期价格计算的销售额/万元
甲	台	100	11 500	11 500
乙	件	110	12 100	11 000
丙	千克	125	7 875	6 300
合计	—	—	31 475	28 800

根据表中资料代入加权调和平均数指数计算公式,得

$$\bar{k}_p = \frac{31\ 475}{28\ 800} = 109.29\%$$

$$\sum p_1 q_1 - \sum \frac{1}{k} p_1 q_1 = 31\ 475 - 28\ 800 = 2\ 675(\text{万元})$$

计算结果及经济意义与采用综合指数的计算完全相同。这就表明:加权调和平均数指数实际上就是综合指数的变形。两者虽然形式不同,但结果和经济内容是一致的。

四、平均数指数公式的实用意义

综合指数和平均数指数都是计算总指数的科学方法,但从应用条件来看,前者不如后者灵活。综合指数主要适用于全面资料的编制,也可使用非全面资料编制。有些社会经济现象的研究难以取得全面资料,还必须使用非全面资料按平均数指数形式来计算。以社会商品零售价格指数为例,市场上成千上万种零售商品,不可能取得这些商品的全部资料来编制物价指数,反映零售价格的变动,即使假定选用 200 种代表规格品调查零售物价变动来编制总指数,用综合指数方法也只能包括这 200 种规格品价格及相对应的零售量资料,这样编成的指数,反映了代表规格品价格变动,虽然基本上可以代表社会商品价格动态,但各规格品的零售量并不等于零售商品的全部销售量,难免会影响到指数的计算结论。而采用平均数指数,除了选用代表规格品计算个体物价指数外,还可以采用社会商品零售额为权数进行平均计算,这就可以比较完整地反映出市场上的零售物价动态了。

在客观经济领域中,许多重要经济指数的编制工作,广泛应用平均数指数。这些平均数指数的编制往往使用重点产品或代表产品的个体指数,权数则根据实际资料做进一步推算确定。

第四节 指数体系和因素分析

一、指数体系的概念

社会经济现象是复杂的,许多现象之间存在着相互依存、相互制约的关系,某一现象的变动,往往受其他因素变动的影响。例如,商品销售额变动受商品价格和商品销售量变动的影响,产值的变动受产品出厂价格和产量变动的影响,总成本变动受单位产品成本和产品产量变动的影响等。经济现象之间在静态上是什么关系,在动态上仍然保持这种关系。统计上把若干个经济上有联系、数量上保持一定关系的指数构成的有机整体叫作指数体系。

构成指数体系的指数必须满足两个条件:第一,各因素指数的乘积等于总变动指数;第二,各因素指数分子与分母差额的总和等于总量指数实际发生的总差额。例如:

商品销售额指数=商品销售量指数×商品价格指数

工业总产值指数=产品产量指数×产品价格指数

产品总成本指数=产品产量指数×单位产品成本指数

原材料支出总额指数=产量指数×单位产品原材料消耗量指数×单位原材料价格指数

销售额实际增加(减少)额=销售量的变动对销售额的影响额+商品价格的变动对销售额的影响额

同样道理,工业总产值和产品总成本相应的绝对增加(减少)额等于各因素指数所引起的绝对增加(减少)额之和。

由此可见,满足指数体系的两个条件,一个是通过相对数的形式来表示的,另一个是以绝对数的形式来表示的。以上所述统计指数之间的联系是客观存在的,因此编制统计指数时,确定同度量因素必须满足指数体系的要求,即编制质量指标指数时,以报告期数量指标为同度量因素,编制数量指标指数时,以基期质量指标为同度量因素。上述关系用公式表示如下:

$$\frac{\sum q_1p_1}{\sum q_0p_0}=\frac{\sum q_1p_0}{\sum q_0p_0}\times\frac{\sum p_1q_1}{\sum q_1p_0}$$

上面介绍的指数体系公式及其关系,是进行因素分析的基础。只要将指数体系及其关系搞清楚,因素分析的方法也就容易掌握了。

二、指数体系的作用

(一)指数体系是因素分析法的基本依据,并可以对复杂现象进行因素分析

利用指数体系从相对数和绝对数两方面分析现象受各个因素变动影响,可以观察现象中变动的具体原因和数量表现。例如:商品销售额指数=商品销售量指数×商品价格指数,在这个指数体系中,就可以将销售额的变动分解为销售量变动和销售价格变动两个因素的结果。

(二)可以根据已知的指数体系推算某一未知指数

由于指数体系表现为社会经济现象总变动指数等于影响现象总体各因素指数的乘积,其指数间的数量关系是可以相互推算的。例如:商品销售额的指数体系,已知商品销售额指数和商品销售量指数,则推算商品价格指数就是商品销售额指数除以商品销售量指数。下面具体介绍利用指数体系如何进行因素分析。

三、指数体系的因素分析应用举例

因素分析法就是从数量上分析研究对象的变动中,分别受各因素影响的方向、程度及绝对数量。通过这种方法对社会经济现象的分析,找到现象变动的具体原因,进而为分析问题和解决问题提出科学的管理方法。因素分析按照包含因素的多少,分为两因素分析法和多因素分析法,按照分析的总变动指标性质不同分为总量指标分析法和平均指标分析法。

(一)两因素的分析

1. 总量指标变动的因素分析

由于总量指标可以用来表明简单现象,也可以用来表明复杂现象,因此总量指标的因素分析又可分为简单现象总量指标因素分析和复杂现象总量指标因素分析。

(1)简单现象总量指标变动的因素分析。

所谓简单现象变动是指单项事物的变动情况,如某一种产品、某一种商品、某一个单位的变动情况等。简单现象总量指标两因素的分析,是把现象总量指标变动的指数分解为两个因素个体指数的乘积,分别计算两个因素指标对总量指标影响的相对数和绝对数,从而说明现象变动的方向和程度。

【例 6.5】 假如某产品产值、出厂价格和产量资料如表 6.4 所示。

表 6.4 某产品产值、出厂价格和产量

指标	基期	报告期
产值/万元	200	255
出厂价格/元	80	85
产量/吨	2 500	30 000

产值指数分解为产量指数和出厂价格指数,它们形成的指数体系为

$$\frac{p_1q_1}{p_0q_0}=\frac{p_1}{p_0}\times\frac{q_1}{q_0}=\frac{p_0q_1}{p_0q_0}\times\frac{p_1q_1}{p_0q_1}$$

应用这个指数体系对上例的产值分析如下:

①产值变动:

$$产值指数=\frac{p_1q_1}{p_0q_0}=\frac{255}{200}=127.5\%$$

产值增长的绝对数:

$$p_1q_1-p_0q_0=255-200=55(万元)$$

②由于产量变动对产值的影响:

$$产量指数=\frac{q_1}{q_0}=\frac{p_0q_1}{p_0q_0}=\frac{80\times30\ 000}{80\times25\ 000}=120\%$$

产量变动对产值影响的绝对数额:

$$q_1-q_0=p_0\ q_1-p_0\ q_0=240-200=40(万元)$$

③出厂价格指数 $=\frac{p_1}{p_0}=\frac{p_1\ q_1}{p_0\ q_1}=\frac{85\times30\ 000}{80\times30\ 000}=106.5\%$

出厂价格变动对产值影响的绝对数额:

$$p_1-p_0=p_1\ q_1-p_0\ q_1=255-240=15(万元)$$

④三个指数之间的联系:

相对数:127.5% = 120% ×106.25%　　　绝对数:55 万元=40 万元+15 万元

以上计算表明:该种产品的产值报告期比基期增长了 27.5%,是产量增长 20% 和价格上升 6.25% 共同作用的结果。增加的产值为 55 万元,其原因是产量增长使产值增加了 40 万元,出厂价格上涨使产量增加了 15 万元。由此可见,产值增长主要是发展生产、提高产量的结果。

在上述分析中，可以看出，在进行简单现象总体因素分析时，相对数分析可以不使用同度量因素，而绝对数分析一定要加入同度量因素。

(2)复杂现象总体总量指标变动的因素分析。

【例 6.6】 某商场商品销售量、商品价格及销售额资料如表 6.5 所示。

表 6.5　某企业商品销售量、价格及销售额计算表

商品名称	计量单位	销售量		价格/元		销售额/元		
		q_0	q_1	p_0	p_1	q_0p_0	q_1p_1	q_1p_0
帽子	顶	200	140	68	70	13 600	9 800	9 520
上衣	件	460	500	300	320	138 000	160 000	150 000
皮鞋	双	120	180	240	200	28 800	36 000	43 200
合计	—	—	—	—	—	180 400	205 800	202 720

商品销售额指数可分解为销售量指数和价格指数。三者之间关系为

$$\frac{\sum p_1 q_1}{\sum p_0 q_0} = \frac{\sum p_0 q_1}{\sum p_0 q_0} \times \frac{\sum p_1 q_1}{\sum p_0 q_1}$$

运用这个指数体系对上述的销售额变动分析如下：

① 销售额指数 $= \frac{\sum p_1 q_1}{\sum p_0 q_0} = \frac{\sum p_0 q_1}{\sum p_0 q_0} \times \frac{\sum p_1 q_1}{\sum p_0 q_1} = \frac{205\ 800}{180\ 400} = 114.08\%$

销售额报告期比基期增加的绝对额：

$$\sum q_1 p_1 - \sum q_0 p_0 = 205\ 800 - 180\ 400 = 25\ 400(\text{元})$$

计算结果表明，销售额的变动，是销售量和价格两因素变动作用的结果。

② 销售量变动的影响：

$$\text{销售量指数} = \frac{\sum q_1 p_0}{\sum q_0 p_0} = \frac{202\ 720}{180\ 400} = 112.37\%$$

销售量的增长使销售额增加的绝对额：

$$\sum q_1 p_0 - \sum q_0 p_0 = 202\ 720 - 180\ 400 = 22\ 320(\text{元})$$

③ 价格变动的影响：

$$\text{价格指数} = \frac{\sum p_1 q_1}{\sum p_0 q_1} = \frac{205\ 800}{202\ 720} = 101.52\%$$

价格提高使销售额增加的绝对额：

$$\sum p_1 q_1 - \sum p_0 q_1 = 205\ 800 - 202\ 720 = 3\ 080(\text{元})$$

④ 三个指数之间的联系：

相对数：114.08% = 112.37% × 101.52%

绝对数：25 400 元 = 22 320 元 + 3 080 元

以上指数体系说明了该商场三种商品销售额报告期比基期增加 14.08%，是销售量提高 12.37% 和销售价格提高 1.52% 两个因素共同影响的结果。因销售量的增加而增加的销售额为 22 320 元，由于价格提高而增加的销售额为 3 080 元，两个因素共同作用，使销售

额总共提高 25 400 元。

2. 平均指标变动的因素分析

在统计资料分组的情况下，社会经济现象总体平均水平的变动受两个因素的影响，一个是各组变量值（标志值）的变化，另一个是总体结构的变化（即比重的变化）。要测定这两个因素对总体平均指标变动的影响，可以运用指数体系来分析。统计中把经济内容相同的不同时期的平均指标数值进行对比，用来反映现象在不同时期一般水平的变动程度。这种由两个平均指标对比而形成的相对数，就称为平均指标指数。常见的平均指标指数有平均工资指数、平均单位成本指数和平均劳动生产率指数等。

平均指标指数可用计算公式表示如下：

$$K_{\bar{x}} = \frac{\bar{x}_1}{\bar{x}_0} = \frac{\dfrac{\sum x_1 f_1}{\sum f_1}}{\dfrac{\sum x_0 f_0}{\sum f_0}} = \frac{\sum x_1 \cdot \dfrac{f_1}{\sum f_1}}{\sum x_0 \cdot \dfrac{f_0}{\sum f_0}}$$

式中，$K_{\bar{x}}$ 为平均指标指数（可变构成指数）；$\bar{x}_1$，$\bar{x}_0$ 分别为报告期和基期的平均指标；x_1，x_0 分别为报告期和基期的变量值或组平均数；f_1，f_0 分别为报告期和基期的组次数或权数。

从式中可以看出，在总平均指标对比关系的指数中，同时包括组平均值 x 和组的权数比重 $\frac{f}{\sum f}$ 这两个因素的变动。统计上把包括这两个因素变动的平均指标指数，称为可变构成指数，简称可变指数。由于可变构成指数包含组平均数 x 和组的权数比重 $\frac{f}{\sum f}$ 两个因素，要观察其中一个因素的变动情况，只有将另一因素固定下来。如何来固定，应固定在哪个时期？要解决这个问题，我们首先得弄清楚组平均数 X 和组的权数比重 $\frac{f}{\sum f}$ 这两个因素指标的性质。在实际工作中，在统计资料分组条件下，由于 x 所代表的是各组标志的平均数，所以组平均数 X 应是质量指标；而 f 代表的是各组的次数或权数，应是数量指标。各组次数的结构，即组权数的比重 $\frac{f}{\sum f}$ 虽然是一个结构相对数，但它是次数 f 的变形，在可变构成指数分析中它作为数量指标来考虑不容置疑，且符合实际情况。根据综合指数的编制原则，编制质量指标指数时要以报告期的数量指标作为同度量因素；编制数量指标指数时要以基期的质量指标为同度量因素。因此，可以将构成可变构成指数的因素指数编制如下：

为了反映各组平均水平 X 的变动程度，消除各组单位数在总体中所占有比重 $\frac{f}{\sum f}$ 的变化影响，则应将比重因素 $\frac{f}{\sum f}$ 固定在报告期，即固定在 $\frac{f_1}{\sum f_1}$。这种把总体的结构因素固定不变来测定组平均数的变动程度的指数就叫作固定构成指数。其编制方法与上述编制质量指标指数相同，计算公式为

$$固定构成指数 = \frac{\dfrac{\sum x_1 f_1}{\sum f_1}}{\dfrac{\sum x_0 f_1}{\sum f_1}} = \frac{\sum x_1 \cdot \dfrac{f_1}{\sum f_1}}{\sum x_0 \cdot \dfrac{f_1}{\sum f_1}}$$

如果使各组平均水平 x 这个因素固定不变，反映总体结构变动，即各组单位数占总体的比重$\dfrac{f}{\sum f}$的变动程度，则应将组平均水平因素 x 固定在基期，即固定在x_0。这种把各组平均水平这个因素固定不变来测定总体结构变动程度的指数，就叫作结构影响指数。其编制方法同编制数量指标指数的方法相同。其计算公式为

$$结构影响指数 = \frac{\dfrac{\sum x_0 f_1}{\sum f_1}}{\dfrac{\sum x_0 f_0}{\sum f_0}} = \frac{\sum x_0 \cdot \dfrac{f_1}{\sum f_1}}{\sum x_0 \cdot \dfrac{f_0}{\sum f_0}}$$

从上述总平均指标指数、固定构成指数和结构影响指数的编制，可以看出三个指数的数量对比关系具有密切的联系，它们组成了平均指数的指数体系。即

$$\frac{\bar{x}_1}{\bar{x}_0} = \frac{\dfrac{\sum x_1 f_1}{\sum f_1}}{\dfrac{\sum x_0 f_0}{\sum f_0}} = \frac{\dfrac{\sum x_1 f_1}{\sum f_1}}{\dfrac{\sum x_0 f_1}{\sum f_1}} \times \frac{\dfrac{\sum x_0 f_1}{\sum f_1}}{\dfrac{\sum x_0 f_0}{\sum f_0}}$$

可变构成指数 = 固定构成指数 × 结构影响指数

三种指数的绝对数，也存在以下的关系：

$$\bar{x}_1 - \bar{x}_0 = \frac{\sum x_1 f_1}{\sum f_1} - \frac{\sum x_0 f_0}{\sum f_0}$$

总平均数的增长额=组平均数的变动对总平均数的影响额+结构的变动对总平均数的影响额

下面，举例说明平均指标指数因素分析方法的应用。

【例 6.7】　某工业企业的职工人数及工资情况见表 6.6。

表 6.6　某工业企业职工人数及工资情况

工人组别	工人人数/人		平均工资/元		工资总额/元		
	f_0	f_1	x_0	x_1	x_0f_0	x_1f_1	x_0f_1
甲	400	1 000	1 000	1 150	400 000	1 150 000	1 000 000
乙	600	600	1 200	1 300	720 000	780 000	720 000
合计	1 000	1 600	—	—	1 120 000	1 930 000	1 720 000

试分析该企业职工总平均工资的变动以及受各因素的影响。

(1)总平均工资变动。

$$\text{总平均工资指数}=\frac{\dfrac{\sum x_1 f_1}{\sum f_1}}{\dfrac{\sum x_0 f_0}{\sum f_0}}=\frac{\dfrac{1\ 930\ 000}{1\ 600}}{\dfrac{1\ 120\ 000}{1\ 000}}=107.7\%$$

总平均工资增加的绝对额:

$$\frac{\sum x_1 f_1}{\sum f_1}-\frac{\sum x_0 f_0}{\sum f_0}=\frac{1\ 930\ 000}{1\ 600}-\frac{1\ 120\ 000}{1\ 000}=86.25(\text{元})$$

(2)由于组平均工资变动对总平均工资的影响。

$$\text{固定构成指数}=\frac{\dfrac{\sum x_1 f_1}{\sum f_1}}{\dfrac{\sum x_0 f_1}{\sum f_1}}=\frac{\dfrac{1\ 930\ 000}{1\ 600}}{\dfrac{1\ 720\ 000}{1\ 600}}=\frac{1\ 206.25}{1\ 075}=112.2\%$$

组平均工资的增长使总平均工资增加的绝对额:

$$\frac{\sum x_1 f_1}{\sum f_1}-\frac{\sum x_0 f_1}{\sum f_1}=1\ 206.25-1\ 075=131.25(\text{元})$$

(3)职工人数结构变动对总平均工资的影响。

$$\text{结构影响指数}=\frac{\dfrac{\sum x_0 f_1}{\sum f_1}}{\dfrac{\sum x_0 f_0}{\sum f_0}}=\frac{\dfrac{1\ 720\ 000}{1\ 600}}{\dfrac{1\ 120\ 000}{1\ 000}}=\frac{1\ 075}{1\ 120}=95.98\%$$

职工收入水平结构(比重)的变动,即工资水平较低的甲组工人数的比重从40% 增加到62.5% ,而工资水平较高的乙组工人人数的比重从60% 降到37.5%,从而使该企业的总平均工资相对下降了4.12%。其下降的绝对额为

$$\frac{\sum x_0 f_1}{\sum f_1}-\frac{\sum x_0 f_0}{\sum f_0}=1\ 075-1\ 120=-45(\text{元})$$

(4)三个指数之间的联系。

相对数:107.7%=112.2%×95.98%

绝对数:86.25 元=131.25 元+(-45 元)

以上计算结果表明:该企业职工总的平均工资上升 7.7%,增加的绝对额是 86.25 元。其中,组平均工资上升 12.2%使总平均工资增加 131.25 元;工人内部结构发生变动使总平均工资下降了4.02%,其下降的绝对额为45 元。从分析中可以看出,该企业总平均工资的上升,主要是组平均工资上升而导致的。

(二)多因素分析

社会经济现象总量指标的变动,有些受两个因素变动的影响,有些受两个以上的多个因素变动的影响。这样,指数体系就由更多的指数组成,因而就要应用指数体系进行多因

素现象的分析,以测定各因素对现象总体变动的影响程度。例如,以下指数体系,就是三个因素的变动分析。

工业净产值指数=职工人数指数×劳动生产率指数×净产值占总产值的比重指数

工业产品原材料支出总额指数=产量指数×单位产品原材料消耗量指数×单位原材料价格指数

产值指数=职工人数指数×工人占职工人数比重指数×工人劳动生产率指数

这种对三个以上因素的现象进行分析所采用的方法就叫作多因素分析法。在实际运用中,由于多因素中包含的现象因素较多,指数的编制过程也比较复杂。对多因素现象的变动分析,应注意以下两个方面的问题:

第一,在因素变动分析中,为了分析某一因素指数的变动影响,需要使其他两个或两个以上的因素同度量固定不变。被固定的因素应固定在哪个时期,必须依据综合指数的编制原则来选定。即在测定数量指标因素的变动影响时应以基期质量指标作为固定因素;而在测定质量指标因素变动时,应以报告期数量指标作为同度量因素。

第二,根据现象各因素相互之间的内在联系,正确地确定各因素的替换程序。一般可用下列原则来加以检验:

(1)数量指标在前、质量指标在后的原则。如果相邻的两个指标同时都是数量指标或质量指标,则把相对看来属于数量指标的因素放在前面。

(2)两个相邻指标相乘,必须具有实际经济意义。例如对工业企业原材料支出总额的因素分析,就要按产量(q)、单位产品原材料消耗量(m)、单位原材料的价格(p)的顺序排列。只有这样排列,才能保持它们之间彼此适应和相互结合,具有实际经济意义。从下列分析中明显体现出来

原材料支出额=产量×单位产品原材料消耗量×单位原材料价格

上式用字母表示为

$$\sum qmp = \sum q \times m \times p$$

综上所述,根据以上原则,将构成所要分析的总量指标的各个因素按顺序排列,数量指标在前,质量指标在后。分析第一个因素变动对总量指标影响的时候,将后面的各个因素固定在基期;分析第二个因素变动对总量指标影响的时候,则在第一个因素已经替换为报告期的基础上进行,即将分析过的因素固定在报告期,将后面的因素仍然固定在基期;以此类推,直到分析完为止。例如,原材料支出额指数体系为

$$\frac{\sum q_1 m_1 p_1}{\sum q_0 m_0 p_0} = \frac{\sum q_1 m_0 p_0}{\sum q_0 m_0 p_0} \times \frac{\sum q_1 m_1 p_0}{\sum q_1 m_0 p_0} \times \frac{\sum q_1 m_1 p_1}{\sum q_1 m_1 p_0}$$

以上是复杂现象总量指标多因素的分析方法,对简单现象总量指标多因素的分析同样适用,只需在此指数体系公式的基础上去掉加总符号 $\sum$ 就行了,分析步骤完全相同。

现就以原材料支出额为例进行具体的分析计算。

【例 6.8】　某工业企业原材料的消耗情况见表 6.7。

表6.7　某工业企业某产品原材料支出额指数因素计算表

产品种类	计量单位	生产量		单位产品原材料消耗量		单位原材料价格/元		原材料支出额/元			
		q_0	q_1	m_0	m_1	p_0	p_1	$q_0\,m_0\,p_0$	$q_1\,m_1\,p_1$	$q_1\,m_0\,p_0$	$q_1\,m_1\,p_0$
甲	千克	800	1 000	0.6	0.5	20	21	9 600	10 500	12 000	10 000
乙	件	500	500	1.2	1.1	15	14	9 000	7 700	9 000	8 250
丙	件	1 000	1 200	2.4	2.5	30	28	7 200	84 000	86 400	90 600
合计	—	—	—	—	—	—	—	90 600	102 200	107 400	108 250

具体分析步骤如下：

(1)原材料支出额的变动。

原材料支出额指数：

$$\bar{k}_{qmp}=\frac{\sum q_1\,m_1\,p_1}{\sum q_0\,m_0\,p_0}=\frac{102\ 200}{90\ 600}=112.8\%$$

原材料支出额增加的绝对额：

$$\sum q_1\,m_1\,p_1-\sum q_0\,m_0\,p_0=102\ 200-90\ 600=11\ 600(\text{元})$$

(2)由于产量的变动对原材料支出额的影响。

产量指数：

$$\bar{k}_q=\frac{\sum q_1\,m_0\,p_0}{\sum q_0\,m_0\,p_0}=\frac{107\ 400}{90\ 600}=1.185(\text{或}\ 118.5\%)$$

产量的增长使原材料支出额增加的绝对额：

$$\sum q_1\,m_0\,p_0-\sum q_0\,m_0\,p_0=107\ 400-90\ 600=16\ 800(\text{元})$$

(3)由于单位产品原材料消耗变动对原材料支出额的影响。

产品单位消耗指数：

$$\bar{k}_m=\frac{\sum q_1\,m_1\,p_0}{\sum q_1\,m_0\,p_0}=\frac{108\ 250}{107\ 400}=1.008(\text{或}\ 100.8\%)$$

产品单位消耗量的增长使原材料支出额增加的绝对额：

$$\sum q_1\,m_1\,p_0-\sum q_1\,m_0\,p_0=108\ 250-107\ 400=850(\text{元})$$

(4)由于单位原材料价格变动对原材料支出额的影响。

原材料价格指数：

$$\bar{k}_p=\frac{\sum q_1\,m_1\,p_1}{\sum q_1\,m_1\,p_0}=\frac{102\ 200}{108\ 250}=0.944(\text{或}\ 94.4\%)$$

原材料价格下跌使原材料支出额减少的绝对额：

$$\sum q_1\,m_1\,p_1-\sum q_1\,m_1\,p_0=102\ 200-108\ 250=-6\ 050(\text{元})$$

(5)四个指数之间的联系。

相对数：112.8%＝118.5%×100.8%×94.4%

绝对数：11 600元＝16 800元+850元+(－6 050元)

计算表明:该企业原材料支出额报告期比基期增长12.8%,净增支出额为11 600元。其中由于产品产量增长18.5%,支出额增加16 800元;由于单位产品原材料消耗量增长0.8%,支出额增加850元;由于原材料价格下跌5.6%,支出额节约6 050元。由此可见,该企业原材料支出额的增长主要是产品产量增加的结果。

练　习　题

一、思考题

1. 什么是统计指数?统计指数具有哪些性质?
2. 举例说明什么是复杂现象总体。如何解决复杂现象总体不能相加的问题?
3. 什么是综合指数?编制综合指数的基本原则是什么?试就社会经济现象举1~2个例子来说明。
4. 简单说明在编制综合指数时,同度量因素为什么要固定在同一时期水平上。
5. 简述平均数指数的应用条件及编制原则。
6. 什么是指数体系?它与因素分析有什么关系?请列举出你所熟悉的指数体系。
7. 什么是可变构成指数、固定构成指数和结构影响指数?它们的计算公式如何组成?
8. 指数体系与指标体系有什么区别和联系?

二、单项选择题

1. 根据统计指标的性质不同,指数可分为(　　)。
A. 个体指数与总指数　　B. 综合指数与平均数指数
C. 数量指标指数与质量指标指数　　D. 算术平均数指数和调和平均数指数
2. 劳动生产率指数从指标内容上看是(　　)。
A. 综合指数　B. 平均数指数　C. 数量指标指数　D. 质量指标指数
3. 平均工资指数是(　　)。
A. 平均数指数　B. 数量指标指数　C. 平均指标指数　D. 综合指数
4. 平均指标指数体系中,各直属的关系是(　　)。
A. 固定构成指数=可变构成指数×结构影响指数
B. 可变构成指数=固定构成指数×结构影响指数
C. 结构影响指数=固定构成指数×可变构成指数
D. 平均指标指数=可变构成指数×结构影响指数
5. 价格降低后,同样多的人民币可多购商品10%,则物价指数为(　　)。
A. 90%　B. 90.9%　C. 87%　D. 110%
6. 某厂各级别工人工资比基期都提高了10%,然而全厂工人平均工资却比基期降低2%,则由于工人结构的变化,总平均工资下降(　　)。
A. 10.9%　B. 12%　C. 11.4%　D. 12.5%
7. 若物价上涨,销售额持平,则销售量指数为(　　)。
A. 为零　B. 降低　C. 增长　D. 不变

三、多项选择题

1. 总指数的计算形式有(　　)。

A. 综合指数　　B. 加权算术平均数指数

C. 平均指标指数　　D. 加权调和平均数指数

2. 综合指数中的同度量因素(　　)。

A. 除了起同度量的作用,还起加权的作用

B. 其时期选择是编制综合指数的关键问题

C. 也称为权数

D. 其时期的选择主要根据研究分析的目的、任务等情况而定

3. 在编制综合指数时确定同度量因素的一般原则是(　　)。

A. 数量指标指数以报告期的质量指标作为同度量因素

B. 质量指标指数以基期的数量指标作为同度量因素

C. 数量指标指数以基期的质量指标作为同度量因素

D. 质量指标指数以报告期的数量指标作为同度量因素

4. 已知某商场报告期销售额为 3 250 万元,基期销售额为 2 600 万元,按基期价格计算的报告期假定销售额为 2 800 万元,则计算可得(　　)。

A. 销售额指数为 125%　　B. 物价指数为 116.1%

C. 销售额指数为 107.7%　　D. 物价指数为 115.8%

5. 指数体系中(　　)。

A. 总量指数等于它的因素指数的乘积

B. 总量指数等于它的因素指数的代数和

C. 总量指数的绝对增减额等于它的因素指数引起的绝对增减额的代数和

D. 存在相对数之间的数量对等关系

四、判断题

1. 狭义的统计指数指的是总指数。(　　)

2. 编制综合指数的关键问题,是同度量因素及其时期的选择问题。(　　)

3. 某商店报告期的零售价格与基期一样,则该商店的零售物价指数 100%。(　　)

4. 价格降低后,同样多的人民币可多购商品 15%,则物价指数为 85%。(　　)

5. 平均数指数是平均指标指数。(　　)

6. 只有用平均指标指数体系才能进行因素分析。(　　)

7. 某农场某种农作物的播种面积比上年增长 10%,而总售量增长 12%,则单位面积产量增长 2%。(　　)

五、实际应用计算题

1. 某地三种商品的零售价格及其销售量情况如题表 6.1 所示。

题表 6.1

商品名称	价格/元		销售量/担	
	基期	报告期	基期	报告期
甲	10.96	13.80	24 117	26 800
乙	16	17.00	27 938	38 104
丙	13	14.00	6 251	8 847

要求:(1)计算三种商品的个体价格指数和个体销售量指数。(2)计算三种商品价格总指数。

2. 某地四种农产品收购价格和收购量资料如题表 6.2 所示。

题表 6.2

商品名称	价格/(元/担)		销售量/担	
	基期	报告期	基期	报告期
稻谷	8.5	6.3	1 455 400	1 918 800
油菜籽	23.8	24.5	17 545	19 671
皮棉	86	94.5	37 300	58 492
芝麻	82.5	85	10 500	13 297

要求: (1)计算四种商品的收购价格总指数、收购量总指数。

(2)计算价格变动对农民收入产生的影响。

(3)分析收购价格变动和收购量变动对收购额变动的影响。

3. 某企业三种产品产值资料如题表 6.3 所示。

题表 6.3

产品名称	实际产值/万元		报告期比基期产量增加/%
	基期	报告期	
甲	200	240	25
乙	450	485	10
丙	350	480	40

要求:计算三种商品的产值总指数、产量总指数、价格总指数,并进行因素分析。

4. 某地区某年猪肉、牛肉、鸡蛋三种商品零售量个体指数和基期销售额情况如题表 6.4 所示。

题表 6.4

商品名称	单位	销售量个体指数/%	基期销售额/元
猪肉	千克	121	33 420 000
牛肉	千克	125	505 000
鸡蛋	千克	118	1 589 000

要求:计算三种商品的零售量总指数。

5. 某纺织品公司三种商品的销售情况如题表 6.5 所示。

题表 6.5

商品名称	销售量/百件		销售额/元	
	基期	报告期	基期	报告期
汗衫背心	1 078	1 864	220 990	391 440
棉毛衫裤	302	500	155 530	252 550
卫生衫裤	274	517	268 520	500 456

要求:(1)计算各种商品的销售量个体指数。

(2)计算销售量总指数和销售价格总指数。

(3)计算销售额总指数及销售额变动的影响因素。

6. 某县三种农副产品收购情况如题表 6.6 所示。

题表 6.6

产品名称	收购价格/(元/担)		报告期收购额/元
	基期	报告期	
甲	65	70	255 500
乙	55.5	66.80	32 400
丙	105	114.50	602 800

要求:计算三种商品的收购价格总指数,并分析价格变动使农民增加的货币收入。

7. 某县三种农副产品收购情况如题表 6.7 所示。

题表 6.7

商品名称	个体价格指数/%	报告期收购价格/(元/担)	报告期收购量/担
甲	104	74.88	3 467
乙	118	66.08	2 896
丙	107.4	48.33	8 526

要求:计算收购价格总指数,并分析价格提高导致商业部门多支付的货币额。

8. 某集市三种商品贸易额的资料如题表 6.8 所示。

题表 6.8

商品名称	贸易额/元		价格上涨(+)或下降(-)/%
	基期	报告期	
甲	3 600	4 000	-50
乙	400	700	-12.5
丙	600	600	+50

要求:分别计算三种商品的集市贸易额、贸易量和价格变动的总指数,并对三者之间的联系加以分析。

9. 某企业 2011 年和 2012 年的产值和职工人数资料如题表 6.9 所示。

题表 6.9

指标名称	2011 年	2012 年
产值/万元	2 000	2 800
职工人数/人	600	500
其中生产工人人数/人	460	400

要求根据资料从相对数和绝对数两个方面分析：

(1)职工人数和工人劳动生产率两个因素变动对产值变动的影响。

(2)职工人数、生产工人人数占职工人数的比重和工人劳动生产率三个因素的变动对产值的影响。

(3)你能说明对同一现象进行两因素分析和三因素分析有什么意义吗?

10. 某厂有关资料如题表 6.10 所示，试计算全厂平均工资指数，并用相对数和绝对数说明平均工资变动中两个因素的影响。

题表 6.10

	工人人数/人		工资水平/元	
	基期	报告期	基期	报告期
技术工人	80	120	980	1 400
普通工人	320	340	700	1 000

第七章　统 计 推 断

【学习目标】

本章的目的在于提供一套利用抽样资料来估计总体数量特征的方法。

【学习要求】

➢ 什么是抽样推断，对比一般推算，它具有哪些特点，在哪些场合应用抽样推断方法；
➢ 抽样误差是怎样形成的，如何计算抽样误差，如何确定一定误差范围的置信度；
➢ 抽样估计的优良标准是什么，怎样估计总体的平均指标和成数指标；
➢ 抽样调查的组织形式及其误差。

第一节　抽样推断概述

一、抽样推断的意义

抽样推断是在抽样调查的基础上，利用样本的实际资料计算样本指标，并据以推算总体相应数量特征的一种统计分析方法。上一章我们已经学习了计算各项综合指标，如总量指标、相对指标、平均指标等等，来反映总体的数量特征，但是，在实际工作中在许多场合我们并没有可能对总体的所有单位进行全面调查，来达到总体数量特征的认识。例如市场商品需求量、城市居民家庭收支情况、城乡居民的电视收视率以及民意测验等等，都很难对每个单位进行观察，只能组织抽样调查，取得部分的实际资料，来估计和判断总体的数量特征，以达到对现象总体的认识。

归纳起来，抽样推断有如下特点：

(1)抽样推断是由部分推算整体的一种认识方法。抽样调查是一种非全面调查，但调查的目的却不在于了解部分单位的情况，它只是作为进一步推断的手段，目的在于认识总体的数量特征。抽样调查资料如果不进行抽样推断，这种资料就不会有什么价值。这里存在着认识上手段与目的之间、局部与整体之间的矛盾。这种矛盾在现实生活中是大量存在的，例如检测几克棉花纤维的长度，能不能判断整批棉花纤维的强度？又如对几克种子进行催芽试验，能不能判断该品种整批种子的发芽率。如果在方法上不能解决这类问题，那么统计的认识活动就要受到限制，统计科学也很难得到发展。抽样推断原理解决了这一矛盾，它科学地论证了样本指标与相应的总体参数之间存在着内在的联系，两者误差的分布也是有规律可循的，并提供一套利用抽样调查的部分信息来推断总体数量特征的方法，这就大大提高了统计分析的认识能力，为信息采集和开发开辟了一条崭新的途径。

(2)抽样推断是建立在随机取样的基础上的。抽样调查可以是概率抽样也可以是非概率抽样，但是作为抽样推断基础的必须是概率抽样，按随机原则抽取样本单位，是抽样推断的前提。在第二章第三节中已经指出，随机原则就是总体中样本单位的中选或不中选，不受主观因素的影响，保证每一单位都有相等的中选可能性。把抽样推断建立在随机样本的基础上，才可能事先掌握各种样本出现的可能性大小，提供样本指标数值的分布情况，计算样本指标的抽样平均误差，同时估计样本指标与总体指标的抽样误差不超过一定范围的概率保证程度，只有坚持抽样的随机原则，使任何一个样本变量都是随机变量，因而任何一种样本指标（统计量）也是随机变量，抽样推断才可能利用概率论原理来研究样本指标（统计量）与总体指标（总体参数）的关系，确定优良估计的标准，为抽样设计寻求更有效的抽样组织形式建立科学的理论基础。

（3）抽样推断是运用概率估计的方法。利用样本指标来估计总体参数，在数学上运用不确定的概率估计法，而不是运用确定的数学分析法。因为样本数据和总体参数之间并不存在严格对应的自变量和因变量的关系，它不能利用一定的函数关系来推算总体参数。抽样推断原则上把由样本观察值所决定的样本指标看作随机变量。在实践中抽取一个样本，并计算样本指标值作为相应总体指标的估计值，接着需要研究的问题便是用这样的样本指标值来代表相应的总体指标值其可靠程度究竟有多大，这就是概率估计所要解决的问题。例如我们不知道全县的粮食平均亩产量是多少，现在抽取若干村为样本，并计算样本的粮食平均亩产量为400千克，又求得以这个400千克来代表全县的粮食平均亩产量其误差不超过3千克的概率保证程度不低于90%。如果这一估计的可靠程度被认为已经满足分析工作的要求，我们就可以用400千克作为全县的粮食平均亩产量，否则就要改善抽样组织，更新进行抽样调查，以提高结论的可靠程度，这便是概率估计的基本思路。

（4）抽样推断的误差可以事先计算并加以控制。以样本指标估计相应的总体指标虽然也存在一定的误差，但它与其他统计估算不同。抽样误差范围可以事先通过有关资料加以计算，并且可以采取必要的组织措施来控制这个误差范围，保证抽样推断的结果达到一定的可靠程度。我们也可以这样说，抽样调查就是根据事先给定的误差允许范围进行设计的，而抽样推断则是具有一定可取程度的估计和判断，这些都是其他估算方法所办不到的。

二、抽样推断的内容

抽样推断的前提是我们对总体的数量特征不了解或了解很少，但是利用抽样推断方法去解决这类问题，可以有两种途径，因此抽样推断的主要内容也就有两个方面，即参数估计和假设检验。这两方面内容虽然都是利用样本观察值所提供的信息，对总体做出估计或判断，但它们所解决问题的着重点是不同的。

（一）参数估计

由于我们不知道总体的数量特征，可以这样考虑，即依据所获得的样本观察资料，对所研究现象总体的水平、结构、规模等数量特征进行估计，这种推断方法称为总体参数的估计。例如粮食产量抽样调查、居民家计抽样调查、产品质量抽样调查、民意抽样测验等等都是基于参数估计的推断方法。由于社会经济统计绝大多数场合都要求对总体的各项综合指标做出客观的估计，而参数估计恰好满足这一方面的要求，所以参数估计推断方法在实际工作中较广泛地采用。参数估计包括许多内容，如确定估计值、确定估计的优良标准并加以判别、求估计值和被估计参数之间的误差范围、计算在一定误差范围内所做推断的可靠程度等等。

（二）假设检验

由于我们对总体的变化情况不了解，不妨先对总体的状况做某种假设，然后再根据抽样推断的原理,依据样本观察资料对所做假设进行检验,来判断这种假设的真伪,以决定我们行动的取舍,这种推断方法称为总体参数的假设检验。例如工厂生产某种产品,经过工艺改革,不知道产品质量是否有所提高。我们不妨假设工艺改革没有效果,产品质量和以往正常生产的产品质量没有显著性的差异,所有差异仅仅由随机性的原因引起的。我们从假设为其实的出发,考虑样本指标的实际值和假设的总体参数之间的差异是否超过了给定的显著性标准。如果已经超过这一标准,或且说这种差异仅由随机因素引起的可能性是很小的,我们就有理由否定原来的假设,而采纳其对立的假设,即认为工艺改革是有效果的,产品质量的差异由质量提高引起,差异是显著的,新的工艺流程值得推广。当然检验的结果也可能是样本指标的实际和假设的总体参数之间的差异没有超过给定的显著性标准,那么我们就有理由认为这种差异是由随机性原因引起的,接受工艺改革没有效果的原假设,新的工艺流程不宜推广。

在抽样检验中,要求样本指标的实际值和假设的总体参数完全一致是难以做到的,事实上两者的差异是客观存在的。现在的问题是这种差异可允许达到什么程度,总体的假设仍然算是可信的,因而就产生差异显著性水平的标准问题,并由此确定显著性水平的临界值,此外还要分析各类判断错误的可能性,这些都是假设检验所应该研究的问题。

本章着重讨论参数估计的问题。

三、有关抽样的基本概念

现在介绍有关抽样的若干基本概念,它是研究抽样推断的基础。

(一)总体和样本

总体也称全及总体,指所要认识的研究对象全体,它是由所研究范围内具有某种共同性质的全体单位所组成的集合体。总体的单位数通常都是很大的,甚至是无限的,这样有必要组织抽样调查。一般用英文字母大写 N 来表示总体的单位数。在组织抽样调查时首先要弄清总体的范围、单位的含义,以及可实施的条件,以清单、名册、图表等形式,编制抽样框作为抽样的母体。

样本又称子样.它是从全及总体中随机抽取出来,作为代表这一总体的那部分单位织成的集合体。样本的单位数总是有限的,相对来说它的数目比较小,一般用英文小写字母 n 来表示样本的单位数。

作为推断对象的总体是确定的,而且是唯一的。但作为观察对象的样本就不是这样。从一个总体可以抽取很多个样本,每次可能抽到哪个样本不是确定的,也不是唯一的,而是可变的。明白这一点对于理解抽样推断原理是很重要的。

(二)参数和统计量

根据总体各单位的标志值或标志属性计算的,反映总体数量特征的综合指标称为全及指标。全及指标是总体变量的函数,其数值是由总体各单位的标志值或标志属性决定的,一个全及指标的指标值是确定的、唯一的,所以称为参数。

对于总体中的数量标志,常用的总体参数有总体平均数 $\overline{X}$ 和总体方差 σ^2(或总体标准差 σ)。

设总体变量为 $X:X_1,X_2,\cdots,X_N$ 则有

$$\overline{X}=\frac{\sum X}{N}=\frac{\sum XF}{\sum F}$$

$$\sigma^2 = \frac{\sum (X - \overline{X})^2}{N} = \frac{\sum (X - \overline{X})^2 F}{\sum F}$$

对于总体中的品质标志,由于各单位标志不能用数量来表示,因此总体参数常以成数指标 P 来表示总体中具有某种性质的单位数在总体全部单位数中所占的比重。以 Q 表示总体中不具有某种性质的单位数在总体中所占的比重。

设总体 N 个单位中,有 N_1 个单位具有某种性质,N_0 个单位不具有某种性质,$N_1+N_0=N$,则有

$$P=\frac{N_1}{N},Q=\frac{N_0}{N}=\frac{N-N_1}{N}=1-P$$

如果品质标志表现只有是非两种,例如产品质量标志表现为合格品和不合格品,性别标志表现为男性和女性,则可以把"是"的标志表示为1,而"非"的标志表示为0。那么成数 P 就可以视为(0,1)分布的平均数,并可以求相应的方差和标准差。

$$\overline{X}_p=\frac{0\times N_0+1\times N_1}{N_1}=\frac{N_1}{N}=P$$

$$\sigma_P^2=\frac{(0-P)^2N_0+(1-P)^2N_1}{N}=\frac{P^2N_0+Q^2N_1}{N}$$

$$=P^2Q+Q^2P=PQ(P+Q)=PQ$$

例如某批零件的合格品率 $P=80\%$,则有

$$\overline{X}_P=80\%$$

$$\sigma_P^2=80\%\times 20\%=16\%$$

在抽样调查中,总体参数的意义和计算方法是明确的,但参数的具体数值事先是未知的,需要用抽样来估计它。

根据样本各单位标志值或标志属性计算的综合指标称为统计量。统计量是样本变量的函数,用来估计总体参数,因此和常用的总体参数相对应,而有样本平均数、样本方差和样本成数等等,以小写字母表示。

设样本变量 x 为:$x_1,x_2,\cdots,x_n$,则有

$$\overline{x}=\frac{\sum x}{n}=\frac{\sum xf}{\sum f}$$

$$\sigma_i^2=\frac{\sum (x-\overline{x})^2}{n}=\frac{\sum (x-\overline{x})^2 f}{\sum f}$$

$$\overline{x}_P=\frac{n_1}{n}=p$$

$$\sigma_p^2=p(1-p)$$

样本统计量的计算方法是确定的,但它的取值随着不同的样本,有不同样本变量,从而发生变化。所以统计量本身也是随机变量,用来作为参数的估计值,有的误差大些,有的误差又小些,有的发生正误差,有的发生负误差,情况各不相同。

(三)样本容量和样本个数

样本容量和样本个数是两个有联系但又完全不同的概念。样本容量是指一个样本所

包含的单位数。一个样本应该包含多少单位最合适,是抽样设计必须认真考虑的问题。必须结合调查任务的要求以及总体标志值的变异情况来考虑。样本容量的大小不但关系到抽样调查的效果,而且关系到抽样方法的应用。通常将样本单位数不少于30个的样本称为大样本,单位数不到30个的样本称为小样本。社会经济统计的抽样调查多居于大样本调查。

样本个数又称样本可能数目,是指从一个总体中可能抽取的样本个数。一个总体可能抽取多少样本,和样本容量以及抽样方法等因素都有关系,是一个比较复杂的问题。一个总体有多少样本,则样本统计量就有多少种取值,从而形成该统计量的分布。而统计量的分布又是抽样推断的基础。虽然在实践上只抽取个别或少数样本,但要判断所取样本的可能性就必须联系到全部可能样本数目所形成的分布。

(四)重复抽样和不重复抽样

从抽样的方法方面来看,抽样可以有重复抽样和不重复抽样两种。

重复抽样也称回置抽样。它是这样安排的,要从总体 N 个单位中随机抽取一个容量为 n 的样本,每次从总体中抽取一个单位,并把它看作一次试验,连续进行 n 次试验构成一个样本。每次抽出一个单位,把结果登记下来,又重新放回,参加下一次抽选。因而重复抽样的样本是由 n 次相互独立的连续试验构成的,每次试验在完全相同的条件下进行,每个单位中选的机会在各次都完全相等。

从总体 N 个单位中,用重复抽样的方法,随机抽取 n 个单价构成一个样本,则共可抽取 N^n 个样本。

例如总体有 A,B,C,D 4 个单位,要从中以重复抽样的方法抽取 2 个单位构成样本。先从 4 个单位中取 1 个,共有 4 种取法,结果登记后再放回,然后再从相同的 4 个中取 1 个,也有 4 种取法。前后取两个构成一个样本,全部可能抽取的样本数目为 $4\times4=16$ 个,它们是:

$$AA,AB,AC,AD,BA,BB,BC,BD$$
$$CA,CB,CC,CD,DA,DB,DC,DD$$

不重复抽样也称为不回置抽样。它是这样安排的,要从总体 N 个单位中抽取一个容量为 n 的样本,每次从总体中抽取一个单位,连续进行 n 次抽取构成一个样本,但每次抽出一个单位就不再放回参加下一次的抽选。因而不重复抽样有这样的特点:样本由 n 次连续抽取的结果构成。实质上等于一次同时从总体中抽 n 个样本单位,连续 n 次抽选的结果不是相互独立的,每次抽取的结果都影响下一次抽取,每抽一次总体单位数就少一个,因而每个单位的中选机会在各次是不相同的。

从总体 N 个单位中,用不重复抽样的方法,抽取 n 个单位样本,全部可能抽取的样本数目为 $N(N-1)(N-2)\cdots(N-n+1)$ 个。

例如从 A,B,C,D 4 个单位,用不重复抽样的方法从中抽取两个单位构成样本。先从 4 个单位中取 1 个,共有 4 种取法,第二次再从留下的 3 个单位中取 1 个,共有 3 种取法,前后两个构成一个样本,全部可能抽取的样本数目为 $4\times3=12$ 个,它们是:

$$AB,AC,AD,BA,BC,BD,CA,CB,CD,DA,DB,DC$$

由此可见,在相同的样本容量的要求下,重复抽样的样本个数总是大于不重复抽样的样本个数。

第二节　抽样误差

一、抽样误差的意义

用抽样指标来估计全及指标是否可行,关键问题在于抽样误差。抽样误差大小表明抽样效果好坏,如果误差超过了允许的限度,抽样调查也就失去了价值,所以有必要加以专门讨论。

抽样误差是指由于随机抽样的偶然因素使样本各单位的结构不足以代表总体各单位的结构,而引起抽样指标和全及指标之间的绝对离差。如抽样平均数与总体平均数的绝对离差、抽样成数与总体成数之间的绝对离差等等。例如班级100个同学中有60个男同学和40个女同学,现在随机抽取10个同学为样本,由于随机的原因未必都能抽到6个男同学和4个女同学,使得利用样本计算的性别比例指标不能代表班级同学的性别比例指标,而发生样本指标与总体指标之间存在绝对离差,这就是抽样误差。

必须指出,抽样推断的误差来源可以有多种,抽样误差不同于登记误差。登记误差在第二章有过说明。它是指在调查过程中由于观察、测量、登记、计算上的差错所引起的误差,登记误差是所有统计调查都可能发生的,而抽样误差不是由调查失误所引起的,它是随机抽样所特有的误差。

抽样误差虽然是一种代表性误差,但不是所有代表性误差都是抽样误差。由于违反抽样调查随机原则,有意地抽选较好或较差的单位进行调查,这种系统性原因造成的样本代表性不足所引起的误差称为系统偏误,它不是抽样误差。系统偏误和登记误差都属于思想、作风、技术问题,可以防止或避免,而抽样误差则不可避免、难于消灭,只能加以控制。

影响抽样误差大小的因素主要有:

(1)总体各单位标志值的差异程度。差异程度愈大,则抽样误差愈大,反之则小。

(2)样本的单位数。在其他条件相同的情况下,样本的单位数愈多,则抽样误差愈小。

(3)抽样方法。抽样方法不同,抽样误差也不同。一般地说重复抽样的误差比不重复抽样的误差要大些。

(4)抽样调查的组织形式。不同的抽样组织形式就有不同的抽样误差。而且同一种组织形式的合理程度也影响抽样误差。

二、抽样平均误差

抽样平均误差是反映抽样误差一般水平的指标。前面已经提过,从一个总体可能抽取很多个样本,因此抽样指标如抽样平均数、抽样成数等,随着不同样本而有不同的取值,它们对全及指标,如总体平均数、总体成数等的离差就有大有小,我们有必要用一个指标来衡量抽样误差的一般水平。

通常用抽样平均数的标准差或抽样成数的标准差来作为衡量其抽样误差一般水平的尺度。按照标准差的一般意义,抽样平均数(或成数)的标准差是按抽样平均数(或成数)与其平均数的离差平方和计算的,但由于抽样平均数的平均数等于总体平均数,而抽样成数的平均数等于总体成数,抽样指标的标准差恰好反映了抽样指标和总体指标的平均离差程度。

设以μ_x表示抽样平均数的平均误差,μ_p表示抽样成数的平均误差,M表示全部可能的样本数目。则:

$$\mu_x = \sqrt{\frac{\sum (\bar{x} - \bar{X})^2}{M}}$$

$$\mu_p = \sqrt{\frac{\sum (p - P)^2}{M}}$$

这些公式表明了抽样平均误差的关系。但是由于总体平均数和总体成数我们并不知道,而且也无法计算全部样本的抽样指标值,所以按上述公式来计算抽样平均误差实际上是不可能的。在实用时可以通过其他方法加以推算。现在分别就抽样平均数和抽样成数的抽样平均误差的计算问题加以讨论。

抽样平均数的平均误差,又分重复抽样和不重复抽样两种情况。

在重复抽样的条件下,抽样平均数的平均误差和总体的变异程度以及样本容量两个因素有关,它们的具体关系如下:

$$\mu_x = \frac{\sigma}{\sqrt{n}}$$

从这一公式可以看出,抽样平均误差的大小和总体标准差σ成正比变化,而和样本容量n的平方根成反比变化。现在用具体例子加以验证。

设有4个工人,其每周工资分别为70元、90元、130元、150元。这一总体阶平均工资$\bar{X}$和工资标准差σ为

$$\bar{X} = \frac{\sum X}{N} = \frac{70 + 90 + 130 + 150}{4} = 110(\text{元})$$

$$\sigma = \sqrt{\frac{\sum (x - \bar{X})^2}{N}} = \sqrt{\frac{(70 - 110)^2 + (90 - 110)^2 + (130 - 110)^2 + (150 - 110)^2}{4}}$$

$= 31.62(\text{元})$

现在用重复抽样的方法,从4人工资中抽2人构成样本,并求样本的平均工资,用以代表4人总体的平均工资水平。所有可能的样本以及各样本的平均工资如表7.1所示。

表7.1 所有可能样本及各样本平均工资

	样本变量 x	样本平均 $\bar{x}$	平均数离差 $\bar{x}-E(\bar{x})$	离差平方 $[\bar{x}-E(\bar{x})]^2$
1	7 070	70	−40	1 600
2	7 090	80	−30	900
3	70 130	100	−10	100
4	70 150	110	0	0
5	9 070	80	−30	900
6	9 090	90	−20	400
7	90 130	110	0	0

续表7.1

	样本变量 x	样本平均 $\bar{x}$	平均数离差 $\bar{x}-E(\bar{x})$	离差平方 $[\bar{x}-E(\bar{x})]^2$
8	90 150	120	10	100
9	13 070	100	-10	100
10	13 090	110	0	0
11	130 130	130	20	400
12	130 150	140	30	900
13	15 070	110	0	0
14	15 090	120	10	100
15	150 130	140	30	900
16	150 150	150	40	1 600
合计	—	1 760	0	8 000

样本平均数的平均数 $E(\bar{x})=\frac{\sum \bar{x}}{M}=\frac{1\ 760}{16}=110$(元)

抽样平均误差 $\mu_x=\sqrt{\frac{\sum(\bar{x}-\bar{X})^2}{M}}=\sqrt{\frac{8\ 000}{16}}=22.36$(元)

现在直接按重复抽样误差公式计算抽样平均误差 μ_x。

$$\mu_x=\frac{\sigma}{\sqrt{n}}=\frac{31.62}{\sqrt{2}}=22.36(\text{元})$$

所得结果与由定义计算的抽样平均误差完全相同。

从以上计算过程中,我们可以看出几个基本关系。

①样本平均数的平均数 $E(\bar{x})$ 等于总体平均数 $\bar{X}$。因而抽样平均误差实质上就是抽样平均数的标准差,所以也称为抽样标准误差。

②抽样平均数的标准差(即抽样平均误差)比总体标准差小得多,仅为总体标准差的 $\frac{1}{\sqrt{n}}$。例如一个县的粮食亩产量有高有低,相差悬殊,亩产标准差 σ 达到 80 千克。如果随机取 400 亩求平均亩产,那么平均亩产的差异就显著减少。平均亩产标准差(即抽样平均误差)只及全县亩产离差的 $\frac{1}{\sqrt{400}}=\frac{1}{20}$,即 $\mu_x=\frac{80}{\sqrt{400}}=4$(千克)。这意味着以样本平均亩产量代表全县粮食亩产水平,要比各亩的亩产水平更有代表性。

③可以通过调整样本单位数 n 来控制抽样平均误差。例如将样本单位数扩大为原来的 4 倍,则平均误差就缩小一半;而抽样平均误差允许增加一倍,则样本单位数只需要原来的四分之一,等等。

在不重复抽样的条件下,抽样平均数的平均误差不但和总体变异程度、样本容量有关,而且还要考虑总体单位数多少。它们的关系如下:

$$\mu_x=\sqrt{\frac{\sigma^2}{n}(\frac{N-n}{N-1})}$$

式中,N 为总体单位数。

与重复抽样公式对比可以知道不重复抽样误差等于重复抽样误差在开方内乘以修正因子$\left(\frac{N-n}{N-1}\right)$。

由于这个因子总是小于 1,因此不重复抽样误差总是小于重复抽样误差,但当总体单位数 N 很大的情况下,这个因子就十分接近于 1,因而两种抽样误差相差很小。不重复抽样平均误差公式可以表示为如下近似式:

$$\mu_x=\sqrt{\frac{\sigma^2}{n}(1-\frac{n}{N})}$$

现在仍以上述 4 个工人工资的例子,假设用不重复抽样的方法从总体中抽 2 人求平均工资,加以验证。样本相关统计数据如表 7.2 所示。

表 7.2　样本相关统计数据

序号	样本变量 x	样本平均 $\bar{x}$	平均数离差 $\bar{x}-E(\bar{x})$	离差平方 $[\bar{x}-E(\bar{x})]^2$
1	7 090	80	−30	900
2	70 130	100	−10	100
3	70 150	110	0	0
4	9 070	80	−30	900
5	90 130	110	0	0
6	90 150	120	10	100
7	13 070	100	−10	100
8	13 090	110	0	0
9	130 150	140	30	900
10	15 070	110	0	0
11	15 090	120	10	100
12	150 130	140	30	900
合计	—	13 200	0	4 000

样本平均数的平均数 $E(\bar{x})=\frac{\sum\bar{x}}{M}=\frac{1\ 320}{12}=110$(元)

抽样平均误差 $\mu_x=\sqrt{\frac{\sum(\bar{x}-\bar{X})^2}{M}}=\sqrt{\frac{4\ 000}{12}}=18.26$(元)

根据已经计算的总体平均数 $\bar{X}=110$ 元,总体标准差 $\sigma=31.62$ 元,也可按不重复抽样误差公式计算:

$$\mu_x=\sqrt{\frac{\sigma^2}{n}(\frac{N-n}{N-1})}=\sqrt{\frac{1\ 000}{2}\times(\frac{4-2}{4-1})}=18.26(\text{元})$$

两者计算结果完全相同。由此可见，在不重复抽样的条件下，抽样平均数的平均数 $E(\bar{x})$ 仍然等于总体平均数 $\bar{X}$，而它的抽样平均误差 18.26 元比重复抽样的平均误差 22.36 元小。在计算抽样平均误差时，通常得不到总体标准差的数值，要用样本标准差 s 来代替总体标准差 σ，样本标准差计算公式为

$$s=\sqrt{\frac{\sum (x-\bar{x})^2}{n-1}}$$

式中，x 为样本变量；$\bar{x}$ 为样本平均数；$n-1$ 为样本变量自由度。

因为 s 是在估计 $\bar{x}$ 的基础上进行第二次估计，所以失去一个自由度。用这一公式计算 s^2，才是总体 σ^2 的无偏估计。但在大样本的情况下一般也可以用样本的标准差一般公式，即以 n 为分母计算，来代替总体标准差。

三、抽样成数的平均误差

抽样成数的平均误差表明各样本成数和总体成数绝对离差的一般水平。由于总体成数可以表现为总体是非标志的(0,1)分布的平均数，而且它的标准差也可以从总体成数推算出来，即

$$\bar{X}_p=P$$

$$\sigma_p=\sqrt{P(1-P)}$$

因此容易从抽样平均数的抽样平均误差和总体标准差的关系推出抽样成数平均误差的计算公式。

(一)在重复抽样的条件下

$$\mu_p=\sqrt{\frac{P(1-P)}{n}}$$

式中，P 为总体成数；n 为样本单位数。

(二)在不重复抽样的条件下

$$\mu_p=\sqrt{\frac{P(1-P)}{n}\left(\frac{N-n}{N-1}\right)}$$

在总体单位数 N 很大的情况下，μ_p 的近似式为

$$\mu_p=\sqrt{\frac{P(1-P)}{n}\left(1-\frac{n}{N}\right)}$$

在得不到总体成数 P 的资料时，也可以用实际样本的抽样成数 p 来代替。

举例说明，要估计某地区 10 000 名适龄儿童的入学率，随机从这一地区抽取 400 名儿童，检查有 320 名儿童入学，求抽样入学率的平均误差。

根据已知条件：$P=\frac{320}{400}=80\%$

$$\sigma^2=P(1-P)=80\%\times20\%=16\%$$

(1)在重复抽样的情况下，入学率的抽样平均误差为

$$\mu_p=\sqrt{\frac{P(1-P)}{n}}=\sqrt{\frac{0.16}{400}}=2\%$$

(2)在不重复抽样的情况下，入学率的抽样平均误差为

$$\mu_p=\sqrt{\frac{P(1-P)}{n}(1-\frac{n}{N})}=\sqrt{\frac{0.16}{400}\times(1-\frac{400}{10\ 000})}=1.96\%$$

计算结果表明,用样本的入学率来估计总体的入学率,其误差的绝对值平均说来在2%左右。

四、抽样极限误差

抽样极限误差是从另一角度考虑抽样误差问题。以样本的抽样指标来估计总体指标,要达到完全准确毫无误差,这几乎是不可能的事情。所以在估计总体指标的同时就必须同时考虑估计误差的大小。我们不希望误差太大,误差愈大样本的价值便愈小,但也不是误差愈小愈好,因为在一定限度之后减少抽样误差势必增加很多费用。所以在做抽样估计时,应该根据所研究对象的变异程度和分析任务的要求确定可允许的误差范围,在这个范围内的数字都算是有效的。我们把这种可允许的误差范围称为抽样极限误差。它等于样本指标可允许变动的上限或下限与总体指标之差的绝对值。

设Δ_x,Δ_p分别表示抽样平均数极限误差和抽样成数极限误差。则有

$$\Delta_x=|\bar{x}-\bar{X}|$$

$$\Delta_p=|p-P|$$

上式中$\bar{x}$与p都表示样本平均数和样本成数可允许的上限或下限数值。容易将上面的等式变换为下列等价的不等式关系:

$$\bar{x}-\Delta_x\leqslant\bar{X}\leqslant\bar{x}+\Delta_x$$

$$p-\Delta_p\leqslant P\leqslant p+\Delta_p$$

上面第一式表示被估计的总体平均数以抽样平均$\bar{x}$为中心,在$\bar{x}-\Delta_x$至$\bar{x}+\Delta_x$之间变动。区间($\bar{x}-\Delta_x$,$\bar{x}+\Delta_x$)称为平均数的估计区间或称平均数的置信区间。区间的总长度为$2\Delta_x$,在这个区间内样本平均数和总体平均数之间的绝对离差不超过Δ_x。

同样,上面第二式表明被估计的总体成数是以抽样成数p为中心,在$p-\Delta_p$至$p+\Delta_p$之间变动。在($p-\Delta_p$,$p+\Delta_p$)区间内,抽样成数与总体成数之间的绝对离差不超过Δ_p。

现在分别举例说明。

【例7.1】 要估计某乡粮食亩产和总产水平,从8 000亩粮食作物中,用不重复抽样抽取400亩,求得平均亩产为450千克。如果确定抽样极限误差为5千克,这就要求某乡粮食亩产在(450±5)千克,即在445至455千克之间,而粮食总产量在8 000×(450±5)千克,即在356万千克至364万千克之间。

【例7.2】 要估计某农作物苗的成活率,从播种这一品种的秧苗地块随机抽取秧苗1 000棵,其中死苗80棵,则样本秧苗成活率$P=1-\frac{80}{1\ 000}=92\%$。如果确定抽样极限误差$\Delta_p$为2%,这就要求该种农作物苗的成活率$P$落在92%±2%之间,即在90%至94%之间。

五、抽样误差的概率度

基于概率估计的要求,抽样权限误差通常需要以抽样平均误差μ_x或μ_p为标准单位来衡量。把极限误差Δ_x或Δ_p分别除以μ_x或μ_p得相对数t,表示误差范围为抽样平均误差的t倍。t是测量估计可靠程度的一个参数,称为抽样误差的概率度。

$$t=\frac{\Delta_x}{\mu_x}=\frac{|\bar{x}-\bar{X}|}{\mu_x};\Delta_x=t\mu_x$$

$$t=\frac{\Delta_p}{\mu_p}=\frac{|p-P|}{\mu_p};\Delta_p=t\mu_p$$

如例7.1,已知某乡粮食亩产量的标准差为$\sigma=82$千克,总体单位数$N=8\ 000$亩,样本单位数$n=400$亩,则可求得抽样平均误差:

$$\mu_x=\sqrt{\frac{\sigma^2}{n}\left(1-\frac{n}{N}\right)}=\sqrt{\frac{(82)^2}{400}\left(1-\frac{400}{8\ 000}\right)}=4(\text{千克})$$

我们就可以用概率度$t=\frac{\Delta_x}{\mu_x}=\frac{5}{4}=1.25$来表示极限误差的范围,即以$1.25\mu_x$来规定误差范围的大小。这时就要求某乡的粮食平均亩产量在$(450\pm1.25\mu_x)$千克之间。

又如例7.2,已知秧苗成活率为92%,则可以求得成活率抽样平均误差:

$$\mu_p=\sqrt{\frac{P(1-P)}{n}}=\sqrt{\frac{92\%\times8\%}{1\ 000}}=0.86\%$$

我们就可以用概率度$t=\frac{\Delta_p}{\mu_p}=\frac{2\%}{0.86\%}=2.33$来表示极限误差范围的大小,这时要求该农作物秧苗成活率P在$92\%\pm2.33\mu_p$之间。

第三节　抽样估计的方法

抽样估计就是指利用实际调查计算的样本指标值来估计相应的总体指标的数值。由于总体指标是表明总体数值特征的参数,所以也称为参数估计。总体参数估计有点估计和区间估计两种。以下分别加以介绍。

一、总体参数的点估计

参数点估计的基本特点是,根据总体指标的结构形式设计样本指标(称统计量)作为总体参数的估计量,并以样本指标的实际值直接作为相应总体参数的估计值。例如以样本平均数的实际值作为相应总体平均数的估计值、以样本成数的实际值作为相应总体成数的估计值等等。我们所以做这样的考虑是基于我们对所研究的总体指标的具体指标值虽然不知道,但是它的指标结构形式都是清楚的。例如我们要研究某乡的粮食亩产水平,虽然实际的平均亩产量的数值是未知的,但平均亩产指标是由总体各单位变量值代数和除以单位数求得的,这个指标的结构形式则是已知的。很自然可以认为如果抽样调查所取得的样本数据有足够的代表性,那么根据已知的指标结构形式计算样本指标值,便可以作为相应总体指标的估计值。

设$\hat{\bar{X}}$表示总体平均数$\bar{X}$的估计量,$\hat{P}$表示总体成数的估计量,则有:

$$\hat{x}=\hat{\bar{X}}$$

式中,$\bar{x}=\frac{\sum x}{n}$,$\bar{X}=\frac{\sum X}{N}$有相同的结构形式;$p=\frac{n_1}{n}$,$P=\frac{N_1}{N}$也有相同的结构形式。

再经过实际调查取得样本平均数$\bar{x}$和样本成数p的实际值,便可以作为总体平均数$\bar{X}$和

总体成数 P 的估计值。例如我们以样本平均亩产 350 千克作为全乡粮食亩产的估计值、以样本秧苗成活率 92% 作为全地区秧苗成活率的估计值等等。

对总体参数做估计的时候,总是希望估计是合理的或优良的。那么什么是优良估计的标准呢?

所谓优良估计总是从总体上来评价的。其标准有三个方面。

1. 无偏性

即以抽样指标估计总体指标要求抽样指标值的平均数等于被估计的总体指标值本身。就是说,虽然每一次的抽样指标值和总体指标值之间都可能有误差,但在多次反复的估计中,各个抽样指标值的平均数应该等于所估计的总体指标值本身,即抽样指标的估计,平均说来是没有偏误的。

从上一节已经知道,抽样平均数的平均数等于总体平均数,抽样成数的平均数等于总体成数,即

$$E(\bar{x})=\bar{X}$$

$$E(p)=P$$

这说明以抽样平均数作为总体平均数的估计量,以抽样成数作为总体成数的估计量,是符合无偏性原则的。

2. 一致性

以抽样指标估计总体指标要求当样本的单位数充分大时,抽样指标也充分地靠近总体指标。就是说,随着样本单位数的无限增加,抽样指标和未知的总体指标之差的绝对值小于任意小的数,它的可能性也趋近于必然性,即实际上是几乎肯定的。

我们知道,抽样平均数和抽样成数的抽样平均误差和样本单位数的平方根成反比例变化,样本单位数众多则平均误差便愈小,当样本单位数接近于总体单位数时,平均误差也就接近于零。也就是说抽样平均数和抽样成数作为总体平均数和总体成数的估计且是符合一致性原则的。

3. 有效性

以抽样指标估计总体指标要求作为优良估计量的方差应该比其他估计量的方差小。例如用抽样平均数或总体某一变量值来估计总体平均数,虽然两者都是无偏的,而且在每一次估计中,两种估计量和总体平均数都可能有离差,但样本平均数更靠近于总体平均数的周围,平均说来其离差比较小。所以对比说来,抽样平均数是更为有效的估计量。

总体参数点估计的方法优点是简便、易行、原理直观,常为实际工作所采用,但也有不足之处,即这种估计没有表明抽样估计的误差,更没有指出误差在一定范围内的概率保证程度有多大。要解决这个问题,必须采用总体参数的区间估计方法。

二、抽样估计的精度

根据实际调查的样本指标的具体数值来估计相应的总体指标而完全没有误差实在是难以达到的,因此在进行抽样估计时总要提出估计精度的要求、以便作为评价估计好坏的标准。在上一节讨论了极限抽样误差即允许的抽样误差范围 Δ_x,事实上就给定了评价的标准。但是应该指出允许的抽样误差范围 Δ_x 是指抽样平均数与总体平均数离差的绝对值,同一数值对于不同的现象可能具有完全不同的意义。例如,在粮食亩产量抽样调查中,规定允许误差范围 $\Delta_x=10$ 千克,这对于亩产水平超过 500 千克以上的高产地区可能是合适的,

而对于亩产水平仅为100～200千克的低产地区，10千克的误差意味着占产量水平的5～10%，无论如何都是超过了可接受范围的，因为在农业生产中粮食增产5%等同于难得的丰收年景，现在估计的误差就在5%以上。显然这种估计就没有意义了。

现在我们来考虑可允许的相对误差范围。即以样本平均数为基数的误差率。

$$误差率=\frac{\Delta_x}{\bar{x}}=\frac{|\bar{x}-\bar{X}|}{\bar{x}}$$

并根据误差率再计算估计精度。

$$估计精度=1-误差率=1-\frac{\Delta_x}{\bar{x}}=1-\frac{|\bar{x}-\bar{X}|}{\bar{x}}$$

例如，给定估计精度不小于90%，从以下推算知道，这意味着相对误差率不大于10%，或总体平均数与样本平均数的比例应该保持在90%～110%。

$$1-\frac{|\bar{x}-\bar{X}|}{\bar{x}}\geqslant 90\%$$

$$-10\%\leqslant\frac{\bar{x}-\bar{X}}{\bar{x}}\leqslant 10\%$$

$$90\%\leqslant\frac{\bar{X}}{\bar{x}}\leqslant 110\%$$

同时，我们可以根据样本平均数，对任何给定的精度要求，推算出可允许的抽样误差范围。例如已知样本平均数为500千克，根据估计精度为90%的要求，即可推算出允许的抽样误差范围为

$$\Delta_x=|\bar{x}-\bar{X}|=10\%\bar{x}=10\%\times 500=50(千克)$$

三、抽样估计的置信度

我们已经学习了确定允许的抽样误差范围，从主观愿望说，当然希望抽样调查的结果、样本指标的估计值都能够落在允许的误差范围内，但这并非都能实现的事情。由于抽样指标值随着样本的变动而变动，它本身是个随机变量，因而抽样指标和总体指标的误差仍然是个随机变量，并不能保证误差不超过一定范围的这件事是必然的，而只能给以一定程度的概率保证，抽样估计置信度就是表明抽样指标和总体指标的误差不超过一定范围的概率保证程度。

所谓概率就是指在随机事件进行大量试验中，某种事件出现的可能性大小，它通常可以用某种事件出现的概率来表示。抽样估计的概率保证程度就是指抽样误差不超过一定范围的概率大小。可以用以下形式表示：

$$P(|\bar{x}-\bar{X}|\leqslant\Delta_x)=P_1+P_2+\cdots+P_k$$

等式左边括号内$|\bar{x}-\bar{X}|\leqslant\Delta_x$表示样本平均数与总体平均数的误差范围不超过$\Delta_x$。$P(|\bar{x}-\bar{X}|\leqslant\Delta_x)$则表示误差不超过这一范围的概率。等式右边表示属于这一区间范围内各种样本平均值出现的概率之和。现在仍用第二节工人平均工资的例子来说明抽样估计置信度的概念。已知4个工人的周工资分别为70元、90元、130元、150元，总平均工资为110元，总体标准差为31.62元。用重复抽样的方法从中取2人为样本，计算样本平均工资，并

加以整理,平均工资的分布如表 7.3 所示。

表 7.3 样本平均工资分布

样本平均数/元	70	80	90	100	110	120	130	140	150
频数	1	2	1	2	4	2	1	2	1
概率	1/16	2/16	1/16	2/16	4/16	2/16	1/16	2/16	1/16

我们可以根据以上分布写出平均工资落在各种区间范围内的概率 P,例如:

$$P(100 \leqslant \bar{x} \leqslant 120)=\frac{2}{16}+\frac{4}{16}+\frac{2}{16}=\frac{1}{2}$$

$$P(90 \leqslant \bar{x} \leqslant 130)=\frac{1}{16}+\frac{2}{16}+\frac{4}{16}+\frac{2}{16}+\frac{1}{16}=\frac{5}{8}$$

$$P(80 \leqslant \bar{x} \leqslant 140)=\frac{2}{16}+\frac{1}{16}+\frac{2}{16}+\frac{4}{16}+\frac{2}{16}+\frac{1}{16}+\frac{2}{16}=\frac{7}{8}$$

容易将上述概率形式变换抽样误差的形式,即求得抽样平均数与总体平均数误差绝对值不超过一定范围的概率。例如:

$$P(|\bar{x}-\bar{X}| \leqslant 10)=\frac{1}{2}$$

$$P(|\bar{x}-\bar{X}| \leqslant 20)=\frac{5}{8}$$

$$P(|\bar{x}-\bar{X}| \leqslant 30)=\frac{7}{8}$$

这说明在重复抽样中,抽样平均工资与总体平均工资绝对误差不超过 10 元的概率为 $\frac{1}{2}$,即有 50% 的概率保证在一次抽样中使上述误差得以实现。同理,抽样误差不超过 20 元的概率为 $\frac{5}{8}$,抽样误差不超过 30 元的概率为 $\frac{7}{8}$,等等。由此可见,抽样误差范围和估计置信度是不可分离的,而且抽样误差范围愈小,则估计的置信度也愈小。

当总体很大时,要依靠列表来求抽样误差的置信度几乎是难以做到的。从理论上已经证明,在样本单位数足够多($n \geqslant 30$)的条件下,抽样平均数的分布接近于正态分布。这一分布的特点是,抽样平均数以总体平均数为中心,两边完全对称分布,就是说抽样平均数的正误差和负误差的可能性是完全相等的。而且抽样平均数愈接近总体平均数,出现的可能性愈大,概率愈大。反之,抽样平均数愈离开总体平均数,出现的可能性愈小,概率愈小,而趋于 0。

该曲线和 $\overline{ox}$ 轴所包围的面积等于 1,则抽样平均数 $\bar{x}$ 落在某一区间的概率 P 就能以曲线在这一区间所包围的面积来表示。经计算结果如下:

$$P(\bar{X}-\mu \leqslant \bar{x} \leqslant \bar{X}+\mu)=P(|\bar{x}-\bar{X}| \leqslant \mu)=68.27\%$$

$$P(\bar{X}-2\mu \leqslant \bar{x} \leqslant \bar{X}+2\mu)=P(|\bar{x}-\bar{X}| \leqslant 2\mu)=95.45\%$$

$$P(\bar{X}-3\mu \leqslant \bar{x} \leqslant \bar{X}+3\mu)=P(|\bar{x}-\bar{X}| \leqslant 3\mu)=99.73\%$$

这表明抽样平均数与总体平均数误差不超过 μ 的概率为 68.27%,抽样误差不超过 2μ 的概率为 95.45%,抽样误差不超过 3μ 的概率为 99.73%,等等。

由于概率度 $t=\frac{|x-\overline{X}|}{\mu_x}$，所以抽样误差的概率就是概率度 t 的函数，即 $P(|x-\overline{X}|\leqslant t\mu)=F(t)$。上述关系式便可以表达为

$$t=1 \text{ 时}, F(t)=68.27\%$$

$$t=2 \text{ 时}, F(t)=95.45\%$$

$$t=3 \text{ 时}, F(t)=99.73\%$$

将这种对应函数关系编成《正态分布概率表》，给定 t 值，便可以直接从表上查找抽样误差的概率，即估计置信度。

现在举实例来说明估计置信度的求法。设样本粮食平均亩产量 $\bar{x}$ 为 350 千克，又知抽样平均误差 $\mu_x=6.25$ 千克，求总体粮食平均亩产量 $\overline{X}$ 为 345～355 千克的估计置信度是多少。根据

$$t=\frac{\Delta_x}{\mu_x}=\frac{|x-\overline{X}|}{\mu_x}=\frac{5}{6.25}=0.8$$

查《正态分布概率表》，当 $t=0.8$ 时，估计置信度 $F(t)=0.5763$，即总体平均亩产量在 345～355 千克的概率保证程度为 57.63%。现在如果允许误差范围扩大至 10 千克，即总体平均亩产量在 340～360 千克，则概率度 t 为

$$t=\frac{\Delta_x}{\mu_x}=\frac{|x-\overline{X}|}{\mu_x}=\frac{10}{6.25}=1.6$$

查《正态分布概率表》，当 $t=1.6$ 时，$F(t)=0.8904$，这时概率保证程度提高到89.04%，即基本上达到了足够可信的程度。

四、总体参数的区间估计

我们介绍了估计值、抽样误差范围，以及抽样误差范围的概率保证程度之后，就可以来研究总体参数的区间估计了。总体参数区间估计的基本特点是根据给定的概率保证程度的要求，利用实际抽样资料，指出总体被估计值的上限和下限，即指出总体参数可能存在的区间范围，而不是直接给出总体参数的估计值。换句话说，对于总体的被估计指标 X，找出样本的两个估计量 x_1 和 x_2，使被估计指标 X 落在区间(x_1, x_2)内的概率 $1-\alpha$，$(0<\alpha<1)$，为已知的，即 $P(x_1\leqslant X\leqslant x_2)=1-\alpha$ 是给定的，我们称区间$(x_1、x_2)$为总体指标 X 的置信区间，其估计置信度为 $1-a$，称 a 为显著性水平，x_1 是置信下限，x_2 是置信上限。

如上例粮食平均亩产量，也可以做如下的区间估计，即以 89.04% 的概率保证，总体平均亩产量 $\overline{X}$ 在 340～360 千克。估计置信度 $1-\alpha=89.04\%$，显著性水平 $\alpha=1-89.04\%=10.96\%$，它表示总体平均亩产量落在 340～360 千克区间内有 89.04% 的概率，而不落在这个区间内的概率有 10.96%，因此做上述区间估计就必须冒不超过 10.96% 的失败风险。显著性水平正是判别估计可信不可信的一个标准。当你不愿意冒这样大的风险时，可以缩小显著性水平，则置信区间就要扩大，估计的准确性便要降低了。就如上例，当以 57.63% 的概率保证，总体平均亩产落在 345～355 千克之间时，显著性水平为 $1-57.63\%=42.37\%$，这就要冒 42.37% 的失败危险。如果要减少冒险程度，显著性水平降为 10% 左右，则置信区间便要扩大到 340～360 千克，如此等等。

由此可见，总体参数的区间估计必须同时具备估计值、抽样误差范围和概率保证程度

三个要素,抽样误差范围决定估计的准确性,而概率保证程度则决定估计的可靠性。在抽样估计的时候很自然希望估计的准确性要尽量高些,而估计的可靠性也要尽量大些。但是这两个愿望是矛盾的,对于一个样本,提高了估计准确性的要求,伴随着必然降低了估计的可靠性。同样,提高了估计可靠性的要求,也必然降低了估计的准确性。因此在抽样估计的时候,只能对其中的一个要素提出要求,而推求另一个要素的变动情况,例如对估计的准确性提出要求,即要求误差范围不超过给定的标准,来推算估算估计的可靠性,即概率保证程度。或对估计的可靠性提出要求,即要求给定的概率保证程度,来推算可能的误差范围。如果所推算的另一要素(不论是准确性或可靠性)不能满足实际工作的需要就应该增加样本单位改善抽样组织,重新进行抽样,直到符合要求为止。

所以总体参数的区间估计根据所给定的条件不同,有两种估计方法。一种是根据已经给定的抽样误差范围求概率保证程度。具体步骤是:首先抽取样本,计算抽样指标,如计算抽样平均数或抽样成数,作为相应总体指标的估计值,并计算样本标准差以推算抽样平均误差。其次,根据给定的抽样极限误差范围,估计总体指标的下限和上限。最后,将抽样误差除以抽样平均误差求出概率度 t 值,再根据 t 值查《正态分布概率表》求出相应的置信度 $F(t)$,并对总体参数做区间估计。

【例 7.3】 对某型号的电子元件进行耐用性能检查,抽查的资料分组如表 7.4 所示,要求耐用时数的允许误差范围 $\Delta_x=10.5$ 小时,试估计该批电子元件的平均耐用时数。

表 7.4 某型号电子元件耐用时数抽查资料

耐用时数	组中值 x	原件数 f
900 以下	875	1
900~950	925	2
950~1 000	975	6
1 000~1 050	1 025	35
1 050~1 100	1 075	43
1 100~1 150	1 125	9
1 150~1 200	1 175	3
1 200 以上	1 225	1
合计	—	100

(1) 计算抽样平均数和标准差:

$$\bar{x}=\frac{\sum xf}{\sum f}=\frac{105\ 550}{100}=1\ 055.5(\text{小时})$$

$$\mu_x=\frac{\sigma}{\sqrt{n}}=\frac{51.91}{\sqrt{100}}=5.191(\text{小时})$$

$$\sigma=\sqrt{\frac{\sum(x-\bar{x})^2 f}{\sum f}}=51.91(\text{小时})$$

(2)根据给定的 $\Delta_x=10.5$ 小时,计算总体平均数的上下限:

$$\text{下限}=\bar{x}-\Delta_x=1\ 055.5-10.5=1\ 045(\text{小时})$$

$$上限=\bar{x}+\Delta_x=1\ 055.5+10.5=1\ 066(小时)$$

(3)根据 $t=\frac{\Delta_x}{\mu_x}=\frac{10.5}{5.191}=2$,查表得置信度 $F(t)=0.9\ 545$。

我们可以做如下估计:可以概率95.45%的保证程度,估计该批电子元件的耐用时数在1 045~1 066小时之间。

【例7.4】 按例7.3资料,设该厂的产品质量检验标准规定,元件耐用时数达到1 000小时以上为合格品,要求合格率估计的误差范围不超过5%,试估计该批电子元件的合格率。

(1)计算样本合格率 p 和方差:

$$p=\frac{n_1}{n}=1-\frac{n_0}{n}=1-\frac{9}{100}=91\%$$

$$\sigma_p^2=p(1-p)=0.91\times0.09=0.081\ 9$$

$$\mu_p=\sqrt{\frac{p(1-p)}{n}}=\sqrt{\frac{0.081\ 9}{100}}=2.86\%$$

(2)根据给定极限误差 $\Delta_p=5\%$,求总体合格率的上下限:

$$下限=p-\Delta_p=91\%-5\%=86\%$$

$$上限=p-\Delta_p=91\%+5\%=96\%$$

(3)根据 $t=\frac{\Delta_p}{\mu_p}=\frac{5\%}{2.86\%}=1.76$,查表得置信度 $F(t)=0.92$。

我们可以做如下估计:可以概率92%的保证程度,估计该批电子元件的合格率在86%~96%之间。

总体参数区间估计的另一种方法是根据给定的置信度要求,来推算抽样极限误差的可能范围。具体步骤是:首先,抽取样本,计算抽样指标,如计算抽样平均数或抽样成数作为总体指标的估计值,并计算样本标准差以推算抽样平均误差。其次,根据给定的置信度 $F(t)$ 要求,查《正态分布概率表》求得概率度 t 值。最后,根据概率度 t 和抽样平均误差来推算抽样极限误差的可能范围,再根据抽样极限误差求出被估计总体指标的上下限,对总体参数做区间估计。

【例7.5】 某城市进行居民家计调查,随机抽取400户居民,调查得年平均每户耐用品消费支出为850元,标准差为200元,要求以95%的概率保证程度,估计该城市居民户年平均每户耐用消费品支出。

(1)根据抽样资料已求得:

$$样本每户平均开支\ \bar{x}=850(元)$$

$$样本标准差\ \sigma=200(元)$$

$$\mu_x=\frac{\sigma}{\sqrt{n}}=\frac{200}{\sqrt{400}}=10(元)$$

(2)根据给定的概率置信度 $F(t)=0.95$,查概率表得 $t=1.96$。

(3)计算 $\Delta_x=t\mu_x=1.96\times10=19.6$(元),则该市居民每户年平均耐用消费品支出的上下限为

$$下限=\bar{x}-\Delta_x=850-19.6=830.4(元)$$

$$上限=\bar{x}+\Delta_x=850+19.6=869.6(元)$$

我们可以95%的概率保证程度，估计该市居民户家庭年平均每户耐用消费品支出在830.4~869.6元之间。

【例7.6】 为了研究新式时装的销路，在市场上随机对900名成年人进行调查，结果有540名喜欢该新式时装，要求以90%的概率保证程度，估计该市成年人喜欢该新式时装的比率。

(1)根据抽样资料计算：

$$样本喜爱人数比率\ p=\frac{n_1}{n}=\frac{540}{900}=60\%$$

$$样本方差\ \sigma_p^2=p(1-p)=0.6\times0.4=0.24$$

$$\mu_p=\sqrt{\frac{p(1-p)}{n}}=\sqrt{\frac{0.24}{900}}=1.63\%$$

(2)根据给定的置信度 $F(t)=0.9$，查概率表求很概率度 $t=1.64$。

(3)计算 $\Delta_p=t\mu_p=1.64\times1.63\%=2.67\%$，则总体比率的上下限为

$$下限=p-\Delta_p=60\%-2.67\%=57.33\%$$

$$上限=p+\Delta_p=60\%+2.67\%=62.67\%$$

我们可以概率90%的保证程度，估计该市成年人对此时装喜爱比率在57.33%~62.67%之间。

第四节 抽样的组织形式

一、抽样组织设计的基本原则

抽样推断是根据事先规定的要求而设计的抽样调查组织，并以所获得的这一部分实际资料为基础，进行推理演算做出结论。因此如何科学地设计抽样调查组织，保证随机条件的实现，并且取得最佳的抽样效果，这是一个至关重要的问题。

在抽样设计中，首先要保证随机原则的实现。随机取样是抽样推断的前提，失去这个前提，推断的理论和方法也就失去存在的意义。从理论上说，随机原则就是要保证总体每一单位都有同等的中选机会，或样本抽选概率是已知的。但在实践上，如何保这个原则的实现，需要考虑许多问题。一是要有合适的抽样框。抽样框要具备可实施的条件，可以从中抽取样本单位。仅仅这样是很不够的，一个合适的抽样框必须考虑它是不是能覆盖总体的所有单位。例如，某城市进行民意调查，如果以该市的电话号码簿名单为抽样框显然是不合适的，因为并不是所有居民户都安装电话，从这里取得的样本资料是很难说具有全市的代表性。抽样框还要考虑抽样单位与总体单位的对应问题。在实践中发生不一致的问题也不是少见的。有的是多个抽样单位对应一个总体单位，例如调查学校学生家庭情况，以学生名单为抽样框，在学生名单中可能有两个或更多的学生属于同一家庭。也有是一个抽样单位对应几个总体单位，例如人口调查中以住户列表为抽样框，每一住户就包括许多人口。像这类抽样很可能造成总体单位中选机会不均等，应该注意加以调整。二是取样的实施问题。当总体单位数很大甚至无限的情况下，要保证总体每单位中选的机会均等绝非是简单的工作。在设计中要考虑将总体各单位加以分类、排队或分阶段等措施，尽量保证

随机原则的实现。

其次,要考虑样本容量和结构问题。样本的容量究竟要多大才算是适应的?例如在粮食产量调查中,要调查多少亩才能反映全省几千万亩播种面积的亩产水平?在民意测验中,要调查多少人才能反映全国十几亿人口的意见。调查单位多了会增加组织抽样的负担,甚至造成不必要的浪费;但调查单位太少又不能够有效地反映情况,直接影响着推断的效果。样本的容量取决于对抽样推断准确性、可靠性的要求,而后者又因所研究问题的性质和抽样结果的用途而不同,很难给出一个绝对的标准。但在抽样设计时应该重视研究现象的差异、误差的要求和样本容量之间的关系,做出适当的选择。对相同的样本容量,还要考虑容量的结构问题。例如一个县要求抽取500亩播种面积,它可以是先抽5个村,然后每村抽100亩,也可以是先抽10个村,然后每村抽50亩,样本容量的结构不同,所产生的效果也不同。抽样设计应该善于评价而且有效利用由于调整样本结构而产生的效果。

再次,关于抽样的组织形式问题。要认识到不同的抽样组织形式,会有不同的抽样误差,因而就有不同的效果。一种科学的组织形式往往有可能以更少的样本单位数,取得更好的抽样效果。在抽样设计时必须充分利用已经掌握的辅助信息,对总体单位加以预处理,并采取合适的组织形式取样。例如粮食生产按地理条件分类,并分类取样;或按历史单产资料、当年估产资料,将各单位顺序排队,并等距取样;等等,都能收到更好的抽样效果。还应该指出,即使是同一种抽样组织形式,由于采用的分类标志不同、群体的划分不同等原因,仍然会产生不同的效果。因此应该认真细致地估计不同组织形式和不同抽样方法的抽样误差,并进行对比分析,从中选择有效和切实可行的抽样方案。

在抽样设计中还必须重视调查费用这个基本因素。实际上任何一项抽样调查都是在一定费用的限制条件下进行的,抽样设计应该力求调查费用节省。调查费用可以分为可变费用和不变费用。可变费用随着调查单位的多少、远近、难易而变化,如搜集数据费、数据处理和制表费等。不变费用是指不随工作量大小而变化的固定费用,如工作机关管理费、出版费等。节约调查费用往往集中于可变费用的开支上。在设计方案中我们还要注意到,提高准确度的要求和节省费用的要求并非一致,有时是相互矛盾的。抽样误差要求愈小,则调查费用往往需要愈大,因此并非抽样误差愈小的方案便是愈好的方案,许多情况是允许一定范围的误差就能够满足分析研究的要求。我们任务就在于在一定误差条件下选择费用最少的方案,或在一定的费用开支条件下,选择误差最小的方案。

下面介绍几种常用的抽样组织形式,如简单随机抽样、类型抽样、等距抽样和整群抽样等等,并就抽样方案的准确性和代表性的检查做些研究。

二、简单随机抽样

简单随机抽样是按随机原则直接从总体 N 个单位中抽取 n 个单位作为样本。不论是重复抽样或不重复抽样,都要保证每个单位在抽选中都有相等的中选机会。由于这种抽样组织形式除了抽样框的名单外,不需要利用任何其他信息,所以也称为单纯随机抽样。简单随机抽样是抽样中最基本也是最简单的抽样组织形式,它适用于均匀总体,即具有某种特征的单位均匀地分布于总体的各个部分,使总体的各部分都是同分布的。在抽样之前要求对总体各单位加以编号,然后用抽签的方式或根据随机数表来抽选必要的单位数。按简单随机抽样方式抽取的样本称为简单随机样本。以上各节所讨论的抽样方法都是就简单随机抽样而言的。

在设计的时候,可以根据所研究问题的性质确定允许的误差范围和必要的概率保证程度(或概率度),并根据历史资料或其他试点资料估计总体的标准差,通过抽样平均误差公式来计算必要的样本单位数。

在重复抽样下,样本平均数的极限抽样误差公式为

$$\Delta_x = t\mu_x = \frac{t\sigma}{\sqrt{n}}$$

则必要的样本单位数 $n=\frac{t^2\sigma^2}{\Delta_x{}^2}$。

在不重复抽样下,样本平均数的极限抽样误差公式为

$$\Delta_x = t\mu_x = \sqrt{\frac{t^2\sigma^2}{n}\left(1-\frac{n}{N}\right)}$$

则必要的样本单位数 $n=\frac{Nt^2\sigma^2}{N\Delta_x^2+t^2\sigma^2}$。

同样,重复抽样和不重复抽样的成数样本必要单位数分别为

$$n=\frac{t^2p(1-p)}{\Delta_p^2}$$

$$n=\frac{Nt^2p(1-p)}{N\Delta_p^2+t^2p(1-p)}$$

从上式可以看出,必要的样本单位数受允许的极限误差的制约,极限误差要求愈小则样本单位数就要愈多。以重复抽样来说,在其他条件不变下,当误差范围缩小一半时样本单位数必须增至四倍,而误差范围允许扩大一倍则样本单位数只需原来的四分之一。所以在抽样组织中对抽样误差可能允许的范围要十分慎重地考虑。

在多主题抽样中,往往一个样本要调查多项指标。例如我国的农村经济调查中县以上的农产量和农村住户调查便合并为一套样本网点。又如城市职工家计调查中,既要调查职工家庭年均年收入,也要调查职工家庭的消费构成。一个总体不同标志值的变异程度可能不同,对抽样允许误差范围也可能有不同的要求,因此计算所得的样本必要单位数也会有所不同,为了确保抽样误差控制在允许的范围内,应该采取样本单位数比较大的设计方案。

例如某市开展职工家计调查,根据历史资料该市职工家庭平均每人年收入的标准差为250元,而家庭消费的恩格尔系数(即家庭食品支出占消费总支出的比重)为65%。现在用重复抽样的方法,要求在95.45%的概率保证下,平均收入的极限误差不超过20元,恩格尔系数的极限误差不超过4%,求样本必要的单位数。

根据公式,在重复抽样条件下:

$$样本平均数单位数\ n=\frac{t^2\sigma^2}{\Delta_x^2}=\frac{2^2\ (250)^2}{20^2}=625(户)$$

$$样本乘数单位数\ n=\frac{t^2p(1-p)}{\Delta_p^2}=\frac{2^2\times 0.65\times 0.35}{0.04^2}=569(户)$$

两个抽样指标所要求的单位数不同,应采取其中比较多的单位数,即抽取625户进行家庭调查,以满足共同的要求。

简单随机抽样在实践上受到许多限制,当总体很大时对每单位编号、抽签等都会遇到难以克服的困难,但这种抽样方式在理论上说最符合随机原则,它的抽样误差容易得到数学上的论证。所以可以作为设计其他更复杂的抽样组织的基础,同时也是衡量其他抽样组

织形式抽样效果的比较标准。

三、类型抽样

类型抽样又称分层抽样。它的特点是先对总体各单位按主要标志加以分组,然后再从各组中按随机的原则抽选一定单位构成样本。

设总体由 N 个单位构成,把总体划分为 K 组,使 $N=N_1+N_2+\cdots+N_K$。然后从每组的 N_i 单位中抽取 n_i 单位构成样本容量为 n 的样本,使 $n=n_1+n_2+\cdots+n_k$,这样的抽样方法称为类型抽样。

通过分类,可以把总体中标志值比较接近的单位归为一组,减少各组内的差异程度,再从各组抽取样本单位就有更大的代表性,因而抽样误差也就相对缩小了。在总体单位标志值大小悬殊的情况下,运用类型抽样相比简单随机抽样可以得到比较准确的效果,在实际工作中得到广泛的应用。例如农产量抽样按地理条件分组、职工家计调查按国民经济部门分组、产品质量抽检按加工车床型号分组等等,都收到明显的效果。

由于分类是按有关的主要标志分组的,各组的单位数一般是不同的。类型抽样通常是按各组总体单位数占全及总体单位数的一定比例来抽取样本的。单位数较多的组应该多取样,单位数少的组则少取样,以保持各组样本单位数与样本总容量之比等于各组总体单位数与全及总体单位数之比。即

$$\frac{n_1}{N_1}=\frac{n_2}{N_2}=\cdots=\frac{n_k}{N_K}=\frac{n}{N}$$

所以各组的样本单位数为

$$n_i=\frac{nN_i}{N}$$

现在由各组分别取样,所以可以计算各组抽样平均数 $\overline{x_i}$:

$$\overline{x_i}=\frac{\sum_{i=1}^{k}N_i\overline{x_i}}{n}$$

再将各组抽样平均数 $\overline{x_i}$ 以各组的总体单位数 N_i 或样本单位数 n_i 为权数计算加权平均数,得全样本的抽样平均数 $\overline{x}$:

$$\overline{x}=\frac{\sum_{i=1}^{k}N_i\overline{x_i}}{n}=\frac{\sum_{i=1}^{n}n_i\overline{x_i}}{n}$$

类型抽样的抽样平均误差 μ_x 可以这样考虑:由于类型抽样是对每一组抽样,所以不存在组间误差,抽样平均误差取决于各组内方差的平均水平。首先计算各组内方差:

$$\sigma_i^2=\frac{\sum(x_{ij}-\overline{X}_i)^2}{N_i}\approx\frac{\sum(x_{ij}-\overline{x}_i)^2}{n_i}(i=1,2,\cdots,k)$$

再以各组样本单位数 n_i 为权数,计算各组内方差的平均数:

$$\overline{\sigma^2}=\frac{\sum n_i\sigma_i^2}{n}$$

样本平均数的抽样平均误差 μ_x 可按下列公式计算:

在重复抽样条件下： $\mu_x=\sqrt{\frac{\overline{\sigma_i^2}}{n}}$

在不重复抽样条件下： $\mu_x=\sqrt{\frac{\overline{\sigma_i^2}}{n}(1-\frac{n}{N})}$

例如某乡粮食播种面积20 000亩，现在按平原和山区面积比例抽取其中2%，计算各组平均亩产$\overline{x_i}$和各组标准差σ_i如表7.5所示，求样本平均亩产$\overline{x}$和抽样平均误差μ_x。

表7.5 某乡粮食播种面积资料

	全部面积N_i	样本面积n_i	样本平均亩产$\overline{x_i}$	亩产标准差σ_i
平原	14 000	280	560	80
山区	6 000	100	350	150
合计	20 000	400	497	106

$$\overline{x}=\frac{\sum n_i\overline{x_i}}{n}=\frac{280\times560+120\times350}{400}=497$$

$$\overline{\sigma^2}=\frac{\sum n_i\sigma_i^2}{n}=\frac{280\times80^2+120\times150^2}{400}=11\ 230$$

抽样平均误差μ_x计算如下：

$$\text{在重复抽样条件下：}\mu_x=\sqrt{\frac{\overline{\sigma_i^2}}{n}}=\sqrt{\frac{11\ 230}{400}}=5.3$$

$$\text{在不重复抽样条件下：}\mu_x=\sqrt{\frac{\overline{\sigma_i^2}}{n}(1-\frac{n}{N})}=\sqrt{\frac{11\ 230}{400}(1-\frac{400}{20\ 000})}=5.25$$

从以上计算过程可以看出，类型抽样的抽样平均误差与组间的方差无关，仅取决于组内方差的平均水平。由于总体方差等于组间方差与组内平均方差之和，所以类型抽样误差一般小于简单抽样误差。而且在类型抽样分组时应该尽可能扩大组间方差，缩小组内方差，即各组间的差异可以大，而各组内的差异必须小，这样就可以减少抽样误差，提高抽样效果。

四、等距抽样

等距抽样也称机械抽样或系统抽样。它先按某一标志对总体各单位进行排队，然后依一定顺序和间隔来抽取样本单位的一种抽样组织。由于这种抽样是在各单位大小顺序排队基础上，再按某种规则依一定间隔取样，这样可以保证所取得的样本单位比较均匀地分布在总体的各个部分，有较高的代表性。

作为总体各单位顺序排列的标志，可以是无关标志也可以是有关标志。所谓无关标志是指和单位标志值的大小无关或不起主要的影响作用。例如工业产品质量抽查按时间顺序取样，农产量抽样调查按田间的地理顺序取样，居民家计调查按街道的门牌号码抽取调查户，等等。

设总体由N个单位构成，现在需要抽取一个容量为n的样本。先将总体N个单位按某一无关标志排队，然后将N划分为n个单位相等部分，每部分包含k个单位，即$\frac{N}{n}=k$。现在

从第一部分顺序为 $1,2,\cdots,i,\cdots,k$ 个单位中随机抽取第 i 个单位。而在第二部分中抽取第 $i+k$ 单位,在第三部分中抽取第 $i+2k$ 单位……在第 n 个部分中抽取第 $i+(n-1)k$ 单位,共 n 个单位构成一个样本。由此可见,等距抽样每个样本单位的间隔均为 k。当第一个单位随机确定之后,其余各个单位的位置也就确定了。这样方法共可抽取 k 套样本。

在对总体各单位的变异情况有所了解的情况下,也可以采用有关标志进行总体单位排队。所谓有关标志是指作为排队顺序的标志和单位标志值的大小有密切的关系。例如农产量抽样调查,利用各县或乡近三年平均亩产量或当年估计亩产量排队,抽取调查单位。又如职工家计调查,按上年职工平均工资排队,抽取调查企业或调查户。按有关标志排队实质上是运用类型抽样的一些特点,有利于提高样本的代表性。

按有关标志顺序排队,并根据样本单位数加以 n 等分之后,对每一部分抽取一个样本单位有两种方法。

1. 半距中点取样

即取每一部分处于中间位置的单位。如第一部分顺序为 $1,2,\cdots,k$ 个单位中取第 $\frac{k}{2}$ 个单位。第二部分取第 $1\frac{1}{2}k$ 个单位,第三部分取 $2\frac{1}{2}k$ 个单位……第 n 部分取 $(n-1)\frac{1}{2}k$ 个单位,每单位的间隔都是 k,共有 n 个单位构成样本。所以要半距中点取样,这是因为按有关标志排队,各组单位都按从大到小或从小到大顺序排列,抽取处于中间位置的单位最能代表一般的水平。但这种取样随机性比较差,而且只能抽取一套样本,有其不足之处。

2. 对称等距取样

经过有关标志按大小顺序排队之后,第一部分随机取第 i 个单位,第二部分则取这部分最终倒数第 i 个单位,如此反复使两组保持对称等距。例如第一部分顺序为 $1,2,\cdots,k$ 个单位中随机取第 i 个单位,第二部分则取第 $2k-i$ 个单位,第三部分取 $2k+i$ 个单位,第四部分取 $4k-i$ 个单位……第 $n-1$ 部分取第 $(n-2)k+i$ 个单位,第 n 部分取第 $nk-i$ 个单位,等等,共取 n 个单位构成样本。所以要对称等距取样,这是因为按有关标志顺序排队,当第一个取偏小的标志值时,第二个会取偏大的标志值,这样既能实现随机原则,又从总体上说可以取得比较有代表性的样本,而每一次排队可以随机抽取 k 套样本。

在对称等距抽样中,不论是无关标志还是有关标志排队,都要注意避免抽样间隔与现象本身的周期性节奏相重合,引起系统误差的影响。例如农产量抽样调查,样本点的抽样间隔不宜和田间的长度相等。工业产品质量抽查,产品抽样时间间隔不宜和上下班时间一致,以免发生系统性的偏差,影响样本的代表性。

用对称等距抽样的方式抽取一个样本,就可以计算样本平均数 $\bar{x}$:

$$\bar{x}=\frac{\sum x}{n}$$

等距抽样的抽样平均误差,和标志排列的顺序有关,情况比较复杂。如果用来排队的标志是无关标志,而且随机起点取样,那么它的抽样误差就十分接近简单随机抽样的误差。为了简便起见,可以采用简单随机抽样误差公式来近似反映。即

$$\mu_x=\frac{\sigma}{\sqrt{n}}$$

或
$$\mu_x=\sqrt{\frac{\sigma^2}{n}\left(1-\frac{n}{N}\right)}$$

例如某块麦地长 360 米，宽 100 米，包括 100 条垄，这块麦地面积为

$$360\times100=36\ 000(\text{平方米})$$
$$360\times0.15=54(\text{亩})$$

现在从这块麦地按对称等距抽样的方式，抽取 50 个 2 米长垄为样本单位进行实割实测。

$$\text{样本距离}=\frac{\text{样本总长}}{\text{样本单位数}}=\frac{360\times100}{50}=720(\text{米})$$

从地角一边样本距离之半处抽取第一个样本单位，即从 360 米点前后各 1 米为第一个样本单位，以后每隔 720 米取一个样本点，一直抽取 50 个样本单位为止。测得各样本单位的产量如表 7.6 所示。

$$\text{样本平均产量}\ \bar{x}=\frac{\sum n_i x}{n}=\frac{60}{50}=1.2(\text{千克})$$

$$\text{每平方米平均产量}=\frac{\text{样本产量}}{\text{样本面积}}=\frac{1.2}{2\times1}=0.6(\text{千克})$$

表 7.6　各样本单位产量

样本产量 x	单位数 n_i	$n_i x$	$x-\bar{x}$	$(x-\bar{x})^2 n_i$
0.8	6	4.8	-0.4	0.96
1.0	12	12.0	-0.2	0.48
1.2	14	16.8	0	0
1.4	12	16.8	0.2	0.48
1.6	6	9.6	0.4	0.96
合计	50	60	—	2.88

$$\text{每亩平均产量}=\frac{100\times0.6}{0.15}=400(\text{千克})$$

$$\text{样本标准差}\ \sigma=\sqrt{\frac{\sum(x-\bar{x})^2 n_i}{n}}=\sqrt{\frac{2.88}{50}}=0.24(\text{千克})$$

$$\text{总体单位数}\ N=\frac{360\times100}{2}=18\ 000$$

$$\text{样本单位数}\ n=50$$

$$\text{样本抽样平均误差}\ \mu_x=\sqrt{\frac{\sigma^2}{n}\left(1-\frac{n}{N}\right)}=0.033\ 89(\text{千克})$$

$$\text{每亩抽样平均误差}=\text{每亩样本单位数}\times\mu_x=11.3(\text{千克})$$

五、整群抽样

整群抽样也称集团抽样。它是将总体各单位划分成许多群，然后从其中随机抽取部分群，对中选群的所有单位进行全面调查的抽样组织形式。

在抽样调查中没有总体单位的原始记录可以利用时，常常采用整群抽样。例如要调查

某市去年年底育龄妇女的生育人数,但又没有去年的育龄妇女的档案资料,无法对育龄妇女抽样,可以来用整群抽样的方式,将全市按户籍派出所的管辖范围分成许多区域,随机抽选其中若干区域。并对抽中的派出所辖区内按户籍册全面调查育龄妇女的生育人数。因为整群抽样是对中选群的全面调查,所以调查单位很集中,抽样工作大大简便,节省经费开支。例如要调查家庭副业发展情况,不是直接抽居民户,而是以村为单位,从中抽取若干村,然后对中选群的全体居民户进行调查,这样就方便多了。

设将总体的全部单位 N 划分为 R 群,每群包括 M 单位,则有 $N=RM$。现在从总体 R 群中随机抽取 r 群组成样本,并对中选 r 群的所有 M 单位进行调查。由于各群全面调查,所以

$$\text{第 } i \text{ 群样本平均数 } \bar{x}_i = \frac{\sum_{j=i}^{M} x_{ij}}{M} (i = 1,2,\cdots,r)$$

$$\text{全样本平均数 } \bar{x} = \frac{\sum_{i=1}^{r} \bar{x}_i}{r}$$

由于假设各群的单位数相等,所以只用简单算术平均求全样本的平均数。从上式可以看出,整群抽样实质上是以群代替单位标志值之后的简单随机抽样。因此样本平均数的抽样平均误差 μ_x 可以根据群间方差来推算。

设 δ^2 为群平均数的群间方差。

$$\delta^2 = \frac{\sum (X_i - \bar{X})^2}{R} \text{或} \delta^2 = \frac{\sum (\bar{x}_i - \bar{x})^2}{r}$$

整群抽样都采用不重复抽样的方法,所以抽样平均误差为

$$\mu_x = \sqrt{\frac{\delta^2}{r}\left(\frac{R-r}{R-1}\right)}$$

例如,从某县的 100 个村中随机抽 10 村,对村中各户家禽饲养情况进行调查,得平均每户饲养家禽 35 头,各村的平均数的方差为 16 头。根据整群抽样计算抽样平均误差为

$$\mu_x = \sqrt{\frac{\delta^2}{r}\left(\frac{R-r}{R-1}\right)} = \sqrt{\frac{16}{10}\left(\frac{100-10}{100-1}\right)} = 1.2(\text{头})$$

整群抽样是对中选群进行全面调查,所以只存在群间抽样误差,不存在群内抽样误差。这一点和类型抽样只存在组内抽样误差,不存在组间抽样误差恰好相反。因此,整群抽样和类型抽样虽然都要对总体各单位进行分组,但对分组所起的作用则是完全不同的,类型抽样分组的作用在于尽量缩小组内的差异程度,达到扩大组间方差,提高效果的目的;而整群抽样分组的作用则在于扩大群内的差异程度,以达到缩小群间方差,提高效果的目的。

整群抽样的好处是组织工作方便,确定一群便可以调查许多单位、但是正由于抽样单位比较集中,限制了样本在总体分配的均匀性,所以代表性较低,抽样误差较大。在实际工作小,采用整群抽样方法通常都要增加一些样本单位,以减少抽样误差,提高估计准确性。

练 习 题

一、不定项选择题

1. 评价一个点估计量是否优良的标准有( )。

A. 无偏性、有效性、一致性　　B. 无偏性、一致性、准确性

C. 准确性、有效性、及时性　　D. 准确性、及时性、完整性

2. 在重复简单随机抽样时，当抽样平均误差缩小一半，n 要(　　)。

A. 扩大 3 倍　　B. 增大 4 倍　　C. 增大 2 倍　　D. 缩小 2 倍

3. 抽样调查的主要目的是(　　)。

A. 用样本指标来推算总体指标　　B. 对调查单位做深入研究

C. 计算和控制抽样误差　　D. 广泛运用数学方法

4. 在抽样设计中，最好的方案是(　　)。

A. 抽样误差最小的方案　　B. 抽样单位最小的方案

C. 调查费用最少的方案　　D. 在一定误差要求下费用最小的方案

5. 抽样平均误差反映了样本指标与总体指标之间的(　　)。

A. 实际误差　　B. 实际误差的绝对值

C. 平均误差程度　　D. 可能误差范围

6. 事先确定总体范围，并对总体的每个单位都编号，然后根据《随机数码表》或抽签的方式来抽取样本的抽样组织形式，被称为(　　)。

A. 简单随机抽样　B. 机械抽样　C. 分层抽样　D. 整群抽样

7. 先将总体各单位按主要标志分组，再从各组中随机抽取一定单位组成样本，这种抽样形式被称为(　　)。

A. 简单随机抽样　B. 机械抽样　C. 分层抽样　D. 整群抽样

8. 按地理区域划分所进行的区域抽样，其抽样方法属(　　)。

A. 简单随机抽样　B. 等距抽样　C. 类型抽样　D. 整群抽样

9. 在同样条件下，不重复抽样的抽样标准误差与重复抽样的抽样标准误差相比，有(　　)。

A. 前者小于后者　　B. 前者大于后者

C. 两者相等　　D. 无法判断

10. 抽样平均误差的实质是(　　)。

A. 总体标准差　　B. 抽样总体的标准差

C. 抽样误差的标准差　　D. 样本平均数的标准差

二、简答题

1. 什么叫抽样极限误差？它和抽样平均误差的关系是什么？

2. 什么叫抽样分布？其作用如何？

3. 为什么说不重复抽样误差总是小于而又接近于重复的抽样误差。

4. 什么叫估计量？评价估计量优劣有哪些标准？

5. 什么是概率度？什么是置信度？这两者有什么关系？

6. 点估计和区间估计有什么区别和联系？

三、计算题

1. 某钢铁厂生产某种钢管，现从该厂某月生产的 500 根产品中抽取一个容量为 100 根的样本。已知一级品率为 60%，试求样本一级品率的抽样平均误差。

2. 对某型号的电子元件进行耐用性能检查，抽查的资料分组如题表7.1所示。又知该厂的产品质量检验标准规定，元件耐用时数达到1 000小时以上为合格品。求耐用时数的平均抽样误差和合格率的抽样平均误差。

题表7.1

耐用时数	元件数
900以下	1
900~950	2
950~1 000	6
1 000~1 050	35
1 050~1 100	43
1 100~1 150	9
1 150~1 200	3
1 200以上	1
合计	100

3. 某商店抽出36名顾客组成一个随机样本，调查他们对某种商品的需求量。根据以往的经验，对这种商品的需求量服从正态分布，标准差为2，从调查结果算出样本平均数为20，试求总体平均数为95%的置信区间。

4. 某工厂有1 500个工人，用简单随机重复抽样的方法抽出50个工人作为样本，调查其工资水平，资料如题表7.2所示。

题表7.2

月平均工资/元	524	534	540	550	560	580	600	660
工人数/人	4	6	9	10	8	6	4	3

要求：

(1)计算样本平均数和抽样平均误差。

(2)以95.45%的可靠性估计该厂工人的月平均工资和工资总额的区间。

5. 对一批成品按不重复方法抽取200件，其中废品8件，又知道样本单位数是成品总量的1/20。当概率为0.954 5时，可否认为这一批产品的废品率不超过5%？

第八章　相关分析和回归分析

【学习目的】

相关分析是较常用的统计分析方法。本章的目的在于提供从数量上研究现象之间相互联系的方法。该章主要讲述了相关分析、回归分析的基本理论和应用方法。

【学习要求】

➢ 掌握相关关系与函数关系的区别；
➢ 能够利用相关系数对相关关系进行测定，并且掌握相关系数的性质；
➢ 明确相关分析与回归分析各自特点以及它们的区别与联系；
➢ 建立回归直线方程，计算估计标准误差，理解估计标准误差的意义。

第一节　相关分析的意义与种类

一、相关关系的性质

(一)相关关系的概念和特点

一切客观事物都是互相联系的，事物的运动和变化也都和其他事物互相影响。有一些社会经济客观现象间的这种互相联系，可以通过一定的数量关系来测定并把它反映出来。统计要从数量上反映和研究现象之间相互联系的关系，从中找出它们量变的规律性。如年龄与人的生命力之间、消费品需求结构与居民收入水平之间、家庭收入和消费支出之间、施肥量与稻谷收获量之间、广告费支出与商品销售额之间等，都存在着一定的关系。现象间可测定关系一般分为两种：一种为函数关系，另一种为相关关系。相关关系指现象之间客观存在但又不具有确定性的依存关系。相关关系具有如下两个特点：

1. 现象之间确实存在数量上的相互依存关系

现象之间数量上的相互依存关系表现在：一个现象发生数量上的变化，另一个与之相联系的现象也会相应地发生数量上的变化。例如：商品流通费用增加，一般地讲，商品销售额也会随之而增加。反过来，如果商品销售额增加，一般情况下商品流通费用也会相应增加；再如：身材较高的人，一般体重也较重，反过来体重较重的人，一般来说身材也较高。另外，年龄与血压之间，播种量与粮食收获量之间，农作物施肥量与亩产量的关系，劳动生产率和成本、利润的关系，零售商品流转额与营业税额的关系，等等，都存在着数量上的依存关系。在表现现象相互依存关系的两个变量之中作为根据的变量叫作自变量，随自变量变化发生对应变化的变量叫作因变量。例如可以把身高作为自变量，则体重就是因变量，也可以把体重作为自变量，此时，身高就是因变量。

2. 现象之间数量上不确定、不严格的依存关系

相关关系的全称为统计相关关系，它属于变量之间的一种不完全确定的关系。这意味

着一个变量虽然受另一个(或一组)变量的影响,却并不由这一个(或一组)变量完全确定。例如身高为1.7米的人其体重有许多个值,体重为60千克的人,其身高也有许多个值。再如,产品单位成本和劳动生产率的水平变动之间存在着一定的依存关系,但是除了劳动生产率的水平变动以外,它还会受到原材料消耗、固定资产折旧、能源耗用以及管理费用等诸因素变动的影响。故身高与体重之间、产品单位成本和劳动生产率的水平变动之间,均没有完全严格确定的数量关系存在。再如,不同地块施同等数量的肥料,其亩产量不一定相同。这是因为影响亩产量的因素除施肥量外还有其他因素,如气候条件、土壤条件、灌溉条件、种子条件、管理情况等。即使许多重要因素亦基本相似,也还会有许多偶然性因素产生影响。不管有多少其他因素在同时影响亩产量的变化,施肥量的增减毕竟和亩产量关系非常密切。又如,增加一定量的商品广告费,会引起零售流转额的增加,但增加的量是不确定的。因为零售额的变动,除受广告推销的影响外,商品质量、职工素质、居民收入、消费心理、消费习惯等因素都在发生不同程度的影响。

由此可见,相关关系是现象间客观存在的,但其数值是不严格、不完全确定的相互依存关系。

(二)相关关系与函数关系的区别和联系

函数关系是变量之间的一种严格、完全确定性的关系,即一个变量的数值完全由另一个(或一组)变量的数值所决定、控制。函数关系通常可以用数学公式确切地表示出来。例如圆周长 L 和圆半径 r 之间存在函数关系,其关系式为 $L=2\pi r$,π 是个常数,圆的半径 r 值发生变化,圆周长就有一个确定的值与之相对应。又如,商品销售额=商品销售量×商品单价。在商品价格不变的条件下,商品销售量发生变化,就有一个确定的商品销售额与之相对应。但相关关系一般不是完全确定的。它们存在着密切的关系,但又不能由一个或几个变量的数值精确地求出另一个变量的值(这个变量实际上就是随机变量)。因此,相关关系难以像函数关系那样,用数学公式去准确表达。

造成这种情况的原因是影响一个变量的因素是很多的。其中有些因素是属于人们一时还没有认识和掌握的,也有一些因素是已经认识,但暂时还无法控制和测量的。另外,有些因素虽然可以控制和测量,但在测量这些变量的数值时,或多或少地都会有误差。所有这些偶然因素的综合作用造成了变量之间的不确定性关系,所以,相关关系与函数关系是有区别的。相关关系与函数关系也是有联系的。由于客观上常会出现观察或测量上的误差等原因,函数关系在实际工作中往往通过相关关系表现出来。当人们对某些现象内部规律有较深刻认识时,相关关系可能变为函数关系。为此,在研究相关关系时,又常常使用函数关系作为工具,用一定的函数关系表现相关关系的数量联系。

不论在何种情况下,作为研究对象之间的相关关系,必须是真实的、具有内在联系的关系,决不能是表面的、臆造的或是形式上的偶然巧合。因此,统计在研究现象间的相关关系时,应根据有关的科学理论,通过观察和试验,在对现象进行深入分析的基础上,建立这种联系,这样才能通过研究得出具有科学意义的正确结论。

二、相关关系的种类

(一)根据相关关系的程度划分,可分为不相关、完全相关和不完全相关

1. 不相关

如果变量间彼此的数量变化互相独立,则其关系为不相关。自变量变动时,因变量的数值不随之相应变动。例如,产品税额的多少与工人的出勤率、家庭收入多少与孩子的多少之间都不存在相关关系。

2. 完全相关

如果一个变量的变化是由其他变量的数量变化所唯一确定,此时变量间的关系称为完全相关。即因变量的数值完全随自变量的变动而变动,它在相关图上表现为所有的观察点都落在同一条直线上,这种情况下,相关关系实际上是函数关系。所以,函数关系是相关关系的一种特殊情况。

3. 不完全相关

如果变量间的关系介于不相关和完全相关之间,则称为不完全相关。如妇女的结婚年龄与受教育程度之间的一种关系。大多数相关关系属于不完全相关,是统计研究的主要对象。

(二)根据相关关系的方向划分,可分为正相关和负相关

1. 正相关

正相关指两个因素(或变量)之间的变化方向一致,都是呈增长或下降的趋势,即自变量的值增大(或减小),因变量的值也相应地增大(或减小),这样的关系就是正相关。例如,工业总产值增加,企业税利总额也随之增加;家庭消费支出随收入增加而增加,等等。

2. 负相关

负相关指两个因素或变量之间变化方向相反,即自变量的数值增大(或减小),因变量随之减小(或增大)。如劳动生产率提高,产品成本降低;产品成本降低,企业利润增加,等等。

(三)根据自变量的多少划分,可分为单相关和复相关

1. 单相关

两个因素之间的相关关系叫单相关,即研究时只涉及一个自变量和一个因变量。

2. 复相关

三个或三个以上因素的相关关系叫复相关,即研究时涉及两个或两个以上的自变量和因变量。

例如,只研究工业总产值的变动对税利总额的影响,就是单相关;若研究产品产值、产品成本、劳动生产率等诸因素对税利总额的影响,就是复相关。再如,只研究生产设备能力这一个因素对劳动生产率的影响就是单相关;若同时研究生产设备能力、工人技术水平两个因素对劳动生产率的影响,就是复相关。单相关是复相关的基础。在存在多个自变量因素时,可抓住最主要的因素研究其相关关系,把多变量的复相关转化成单相关来研究和测定。

(四)根据变量间相互关系的表现形式划分,可分为直线(或线性)相关和曲线(或非线性)相关

1. 直线(或线性)相关

当相关关系的自变量发生变动,因变量值随之发生大致均等的变动,从图像上近似地表现为直线形式,这种相关称为直线(或线性)相关。例如,销售量与销售额之间就呈直线相关关系。

2. 曲线(或非线性)相关

在两个相关现象中,自变量值发生变动,因变量也随之发生变动,这种变动不是均等的,在图像上的分布是各种不同的曲线形式,这种相关关系称为曲线(或非线性)相关。曲线相关在相关图上的分布,表现为抛物线、双曲线、指数曲线等非直线形式。例如,从人的生命全过程看,年龄与医疗费支出呈非线性相关。

三、相关分析和回归分析的任务

对现象之间数量关系的研究,统计上是从两个方面进行的:一方面是分析现象之间数量变化的密切程度,这就是相关分析;另一方面是找出现象之间数量变化的规律,这就是回归分析。

(一)相关分析的主要内容

(1)揭示现象之间是否存在相关关系。判断现象间是否存在着依存关系是相关分析的起点。只有存在互相依存关系时,才有必要采用相关分析去研究,这是相关分析的基本条件。一般可通过编制相关表和绘制相关图来分析现象间是否存在关系。

(2)确定相关关系的表现形式。只有判明了现象间相互关系的具体表现形式,才能运用相应的相关分析方法去解决。如果把曲线相关误认为是直线相关,按直线相关来分析,便会出现认识上的偏差,导致错误的结论。

(3)确定现象变量间相关关系的密切程度和方向。运用恰当的方法,对具有相关关系的变量,求得一个表明其相关密切程度的指标——相关系数,来反映现象之间相关关系的密切程度。只有对达到一定密切程度的相关关系,才可配合具有一定意义的回归方程。

(二)回归分析的主要内容

(1)建立相关关系的回归方程。利用回归方法,配合一个表明变量之间数量上的方程式,而且根据自变量的变动,来预测因变量的变动。

(2)测定因变量的估计值与估计值的误差程度。通过计算估计标准误差指标,可以反映因变量估计值的准确程度,从而将误差控制在一定范围内。

第二节　相关系数

一、相关关系的判断

在进行相关分析之前,首先要对社会现象之间是否存在一定的依存关系,以及存在什么样的依存关系做出判断。判断的方法主要有:

(一)定性判断法

这是从定性角度分析和判断现象之间是否具有相关关系,以及相关关系的类型。这种分析和判断所依据的是对现象的了解和对有关的理论知识、专业知识的掌握,以及一定的社会实践经验。

(二)相关图表法

在定性判断的基础上,把具有相关关系的两个量的具体数值按照一定左右顺序排列在一张表上,以观察它们之间的相互关系,这种表就称为相关表;把相关表上一一对应的具体数值在直角坐标系中用点标出来而形成的散点图则称为相关图。利用相关图和相关表,可以更直观、更形象地表现变量之间的相互关系。

【例 8.1】　某企业为加强管理、提高工作效率,随机抽选 12 名工人,用于考察工龄与日产量之间的相互关系,以此制定合理的工作定额。资料如表 8.1 所示。

表 8.1 某企业工人资料

工人序号	1	2	3	4	5	6	7	8	9	10	11	12
工龄/年	4	5	5	6	6	7	7	8	8	9	9	10
日产量/(件 · 日$^{-1}$)	55	58	60	60	62	66	69	74	74	78	80	80

由表 8.1 可知,工人的工龄与其日产量之间的关系是:工人工龄愈长,其日产量相对愈高,呈明显的正相关关系。根据表 8.1 的资料绘制相关图,如图 8.1 所示。

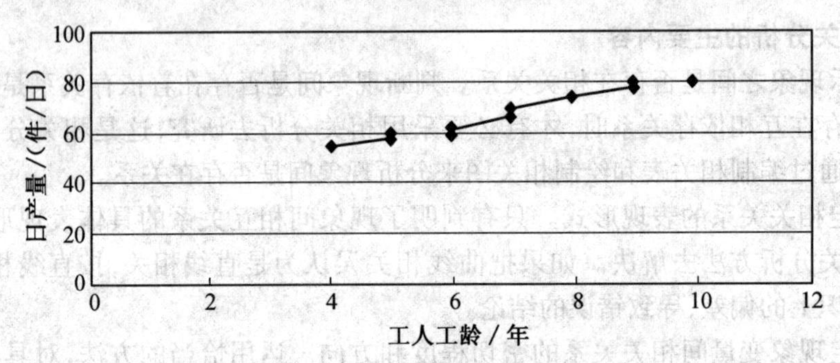

图 8.1 工人工龄与日产量之间相关图

从图 8.1,也可清楚地看出该企业工人的工龄与日产量之间是线性正相关的。在总体单位很多时,就要按分配数列编制分组相关表。

【例 8.2】 根据 420 个商店的销售额与流通费用率的资料,编制分组相关表(见表8.2)和相关图(见图 8.2)。

表 8.2 商品销售额与流通费用率分组相关表

按销售额分组/万元	商店数/个	流通费用率/%
4 以下	18	9.85
4 ~ 8	34	7.70
8 ~ 12	35	6.65
12 ~ 16	46	6.20
16 ~ 20	65	6.00
20 ~ 24	60	5.90
24 ~ 28	42	5.80
28 ~ 32	36	5.70
32 ~ 36	20	5.65
36 以上	14	5.60

从表 8.2 可知,随着商品销售额的增加,流通费用率相应降低。

从图 8.2 进一步可知这两个变量之间相关点的分布状况及相关程度,表现为开始阶段流通费用率下降较快,随着商品销售额的增加,下降渐趋平缓,两者关系呈近似双曲线相关。

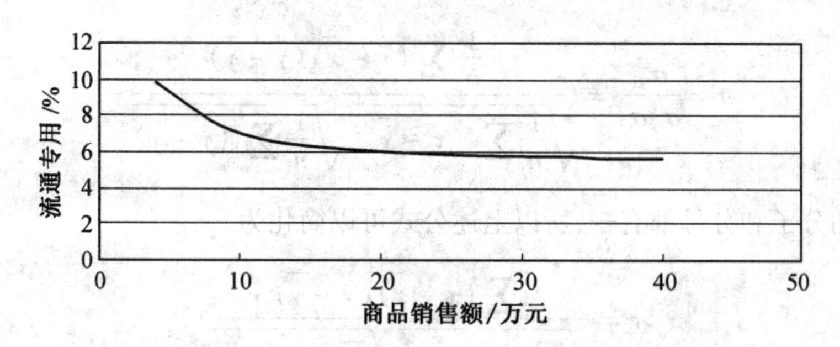

图 8.2　商品销售额与流通费率相关图

二、相关系数

(一)相关系数的概念

相关图可以帮助我们直观了解相关关系,但这只是初步的判断,是相关分析的开始。为了说明现象之间相关关系的密切程度,就要计算相关系数。相关系数是直线相关条件下说明两个现象之间相关关系密切程度的统计分析指标。

(二)相关系数的测定与应用

计算相关系数使用相关表的材料,我们先说明根据简单相关表计算相关系数的方法。首先计算三个指标。

1. 自变量数列的标准差

$$\sigma_x = \sqrt{\frac{\sum (x - \bar{x})^2}{n}} = \sqrt{\frac{1}{n}\sum (x - \bar{x})^2}$$

式中,σ_x 代表自变量数列的标准差;x 代表自变量及其产量值,$x_1, x_2, \cdots, x_n$;$\bar{x}$ 代表自变量数列的平均值,$\bar{x} = \frac{\sum x}{n}$;$n$ 代表自变量数列的项数。

2. 因变量数列的标准差

$$\sigma_y = \sqrt{\frac{\sum (y - \bar{y})^2}{n}}$$

式中,σ_y 代表因变量数列的标准差;y 代表因变量及其变量值,$y_1, y_2, \cdots, y_n$;$\bar{y}$ 代表因变量数列的平均值,$\bar{y} = \frac{\sum y}{n}$;$n$ 代表因变量数列的项数,它和自变量数列的项数相等。

3. 两个数列的协方差

$$\sigma_{xy}^2 = \frac{\sum (x - \bar{x})(y - \bar{y})}{n} = \frac{1}{n}\sum (x - \bar{x})(y - \bar{y})$$

式中,σ_{xy} 代表两个数列的协方差;$x - \bar{x}$ 代表自变量数列各变量值与平均值的离差;$y - \bar{y}$ 代表因变量数列各变量值与平均值的离差。

根据上述三个指标就可以计算相关系数,通常用 r 代表相关系数。它直接来源于数理统计中关于相关系数的定义。

$$r=\frac{\sigma_{xy}^{2}}{\sigma_{x}\sigma_{y}}=\frac{\frac{1}{n}\sum(x-\bar{x})(y-\bar{y})}{\sqrt{\frac{1}{n}\sum(x-\bar{x})^{2}}\sqrt{\frac{1}{n}\sum(y-\bar{y})^{2}}}$$

该公式的分子和分母都有$\frac{1}{n}$,所以上述公式可以简化为

$$r=\frac{\sum(x-\bar{x})(y-\bar{y})}{\sqrt{\sum(x-\bar{x})^{2}}\sqrt{\sum(y-\bar{y})^{2}}}$$

我们用前面的表 8.1 为例,来说明相关系数的计算过程。

【例 8.3】 根据表 8.1,可进一步计算,如表 8.3。

表 8.3 相关系数计算表

工人序号	工龄/年	日产量/(件/日)	$x-\bar{x}$ $\bar{x}=7$	$y-\bar{y}$ $\bar{y}=68$	$(x-\bar{x})\cdot(y-\bar{y})$	$(x-\bar{x})^2$	$(y-\bar{y})^2$
1	4	55	−3	−13	39	9	169
2	5	58	−2	−10	20	4	100
3	5	60	−2	−8	16	4	64
4	6	60	−1	−8	8	1	64
5	6	62	−1	−6	6	1	36
6	7	66	0	−2	0	0	4
7	7	69	0	1	0	0	1
8	8	74	1	6	6	1	36
9	8	74	1	6	6	1	36
10	9	78	2	10	20	4	100
11	9	80	2	12	24	4	144
12	10	80	3	12	36	9	144
合计	84	816	—	—	181	38	898

将表 8.3 的计算结果代入式中

$$r=\frac{\sum(x-\bar{x})(y-\bar{y})}{\sqrt{\sum(x-\bar{x})^{2}}\sqrt{\sum(y-\bar{y})^{2}}}=\frac{181}{\sqrt{38}\times\sqrt{898}}=0.979\ 8$$

这表明:该企业工人的工龄长短与其日产量大小之间存在着高度正相关关系。

(三)相关关系的分析

相关系数的性质如下:

(1)相关系数的取值范围在−1 和+1 之间,即$-1\leqslant r\leqslant 1$。

(2)计算结果,若 r 为正,则表明两变量为正相关;若 r 为负,则表明两变量为负相关。

(3)相关系数 r 的数值越接近于 1(1 或−1),表示相关系数越强;越接近于 0,表示相关系数越弱。如果 $r=1$ 或 $r=-1$,则表示两个现象完全直线相关。如果 $r=0$,则表示两个现象完全不相关(不是直线相关)。

(4)判断两变量线性相关密切程度的具体标准为:

$|r|<0.3$,称为微弱相关;$0.3\leqslant|r|<0.5$,称为低度相关;$0.5\leqslant|r|<0.8$,称为显著相关;$0.8\leqslant|r|<1$,称为高度相关。

第三节　线性回归分析

一、"回归"一词的由来

19世纪末有一个叫高尔顿的生物统计学家,他的表哥是家喻户晓的达尔文,受表哥的著作《物种起源》的影响,高尔顿用统计的方法在这个领域做了进一步的研究。1855年,高尔顿发表了一篇名为《遗传的身高向平均方向的回归》的论文,论文分析了父母身高和孩子身高之间的关系,提出由父母的身高可以预测孩子的身高:父母越高,孩子越高;父母越矮,孩子越矮。这不是重点,重点是,他通过研究,发现一个神奇的现象:身高高的父母所生的子女的身高一般不太会超过其父母,而个子矮的父母的孩子比其父母长得更高。换句话说,身高走向极端的人的子女的身高往往要比其父母的身高更接近人群的平均身高。如图8.3所示。

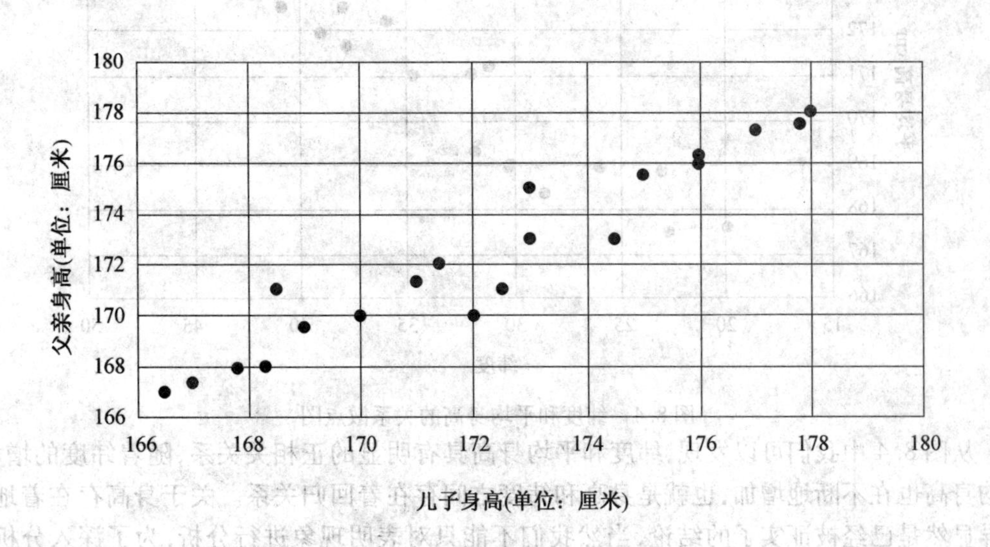

图8.3　父子身高的关系散点图

针对这种现象,高尔顿选择了"回归"这个词来命名这种研究方法,这个词在统计学界被沿用至今。

除了父母身高和子女身高有关联外,还有一种现象是身高在地区之间的差异。现收集了中国20个城市的成年男子的平均身高资料,以及省会城市的纬度坐标,整理如表8.4所示(数据来源:杨轶莘《大数据时代下的统计学》)

表8.4　我国部分地区平均身高和纬度的关系表

序号	平均身高(Y)	纬度(X)	序号	平均身高(Y)	纬度(X)
1	174.17	39.9	1	171.17	31.23
2	174.15	41.8	2	171.03	32.07

续表8.4

序号	平均身高(Y)	纬度(X)	序号	平均身高(Y)	纬度(X)
3	174.13	45.8	3	171.01	34.75
4	173.61	36.67	4	169.24	31.83
5	173.03	38.47	5	169	30.28
6	172.50	40.83	6	168.9	26.08
7	172.48	38.05	7	168.34	28.68
8	172.22	36.07	8	167.55	20.03
9	171.91	39.13	9	167.48	22.82
10	171.64	37.87	10	168.83	23.13

同样,为直观展示,绘制平均身高和纬度的散点图如图8.4所示。

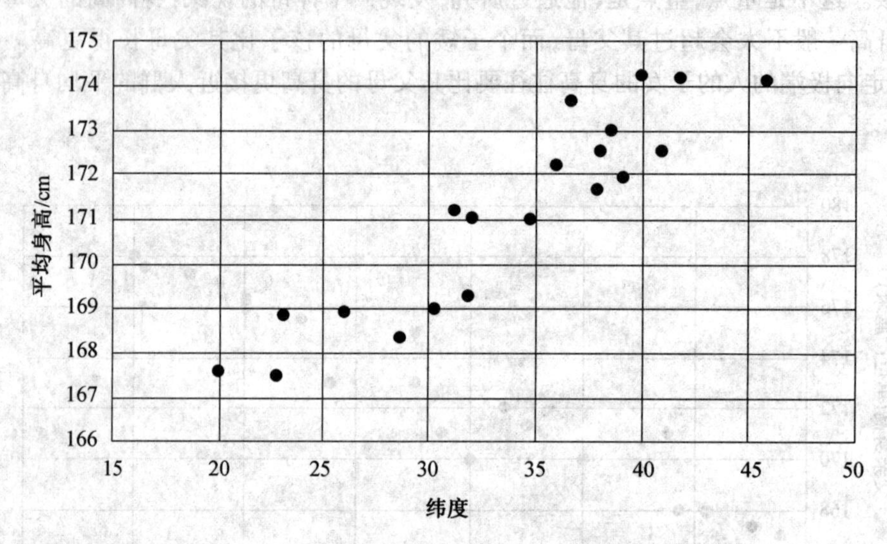

图8.4 纬度和平均身高的关系散点图

从图8.4中我们可以发现,纬度和平均身高具有明显的正相关关系,随着纬度的增大,平均身高也在不断地增加,也就是身高和纬度之间存在着回归关系。关于身高存在着地区差异显然是已经被证实了的结论,当然我们不能只对表明现象进行分析,为了深入分析它们的关系,就要引入本节的重点——回归分析。

二、回归分析的意义

相关分析研究变量之间的相互关系,表明其变动的规律性。如前所述,相关关系不同于函数关系,它不一定是主从关系或者因果关系,在多个因素中,谁是因谁是果,哪个是主哪个是从,是区分不清楚的。相关分析的统计分析方法,只能回答变量之间相关的紧密程度和方向。回归分析就是根据变量之间的主从或因果的回归关系,对变量之间的数量变化进行测定,建立数学模型,对因变量进行预测或估计的统计分析方法。

进行回归分析,是将变量之间的相关关系在一定情况下转化为函数关系而展开的。例如,自变量 x 给某一确定值,则会有因变量 y 的若干不同值与其对应,欲反映 x 和 y 之间的关系,对每一给定的 x 值,不能用 y 的某一具体值来对应,而应该用 y 的所有可能值的平均数来对应。因为,能用以反映 y 对 x 相关关系的,不是 y 的具体值,而是 y 的代表值,这个 y 的代表值,将随 x 变动而变动,所以称为变动平均数。只有当 y 的具体值的平均数变成 x 的函数,形成回归关系,才可以对变量之间进行回归分析。

回归分析建立的数学表达式称为回归方程(或回归模型)。根据回归方程配合的曲线,称配合曲线,其表现形式有直线和曲线等。

三、简单线性回归分析的特点

简单线性回归分析是简单直线回归分析,其特点是:

(1)两个变量之间的关系,一个是自变量,另一个是因变量,分析时,需明确自变量和因变量的各自承担者。

(2)x 和 y 两个变量,从方程式看,存在着两个关系式,一是以 x 为自变量、y 为因变量的关系式,另一个是以 y 为自变量、x 为因变量的关系式,从图像上观察是两条不同的关系直线。因此,若分析的现象之间不存在明显的因果关系或主从关系,两个变量的地位可以互换,画出的是两条直线;否则,只能是一条关系直线。

(3)在直线回归方程中的回归系数表明因变量 y 对自变量 x 的回归关系,它有正负之分,与相关系数的正负是一致的。正的系数表明上升直线,两个变量同方向变化;负的系数表明下降直线,两个变量反方向变化。

(4)直线回归方程中,要求自变量是非随机的,是给定的值。将自变量值引入方程,求出估计的因变量值,这个估计值就是众多因变量实际值的一个平均值,又称理论值或趋势值。因此,可以计算估计值的标准误差。

四、直线回归方程

建立直线回归方程,是直线回归分析中最为关键的问题,即确定一条直线来代表各个相关点的变动趋势。数学证明,符合“离差平方和最小”的直线是最合适的。在这条直线上,据以推算的估计值(用 y_c 代表)与 y 的实际值离差的平方和,比其他任何直线推算的数值都要小。这是按“最小二乘法”来决定直线方程的方法。

y_c 表示对应于自变量 x 的因变量 y 的变动平均数(即估计值)。

直线回归方程一般表述为

$$y_c=f(x)$$

具体写为

$$y_c=a+bx$$

从图像上看到,a 是直线的截距,b 是斜率,即回归系数。a 和 b 是方程中的待定参数,按照最小二乘法,可以估计这些参数值。根据微分学中求极值的原理,直线回归方程中的参数 a,b 应满足:$\sum(y-y_c)^2=$最小值,或者 $\sum(y-a-bx)^2=$最小值。在坐标图上显示,各观察点和关系直线沿纵坐标轴方向的距离平方和是最小的。

令 $$ss_E=\sum(y-y_c)^2=\sum(y-a-bx)^2$$

分别求出 ss_E 对 a 和 b 的偏微分,并根据 ss_E 是极小值的要求,使其偏微分等于零,即

$$\frac{\partial(ss_E)}{\partial a}=\frac{\partial}{\partial a}\sum(y-a-bx)^2=0$$

$$\frac{\partial(ss_E)}{\partial b}=\frac{\partial}{\partial b}\sum(y-a-bx)^2=0$$

从而整理出两个标准方程式：

$$na+b\sum x=\sum y$$

$$a\sum x+b\sum x^2=\sum xy$$

依据上述两个标准方程，可以分别求解出如下两个参数值：

$$a=\frac{\sum x^2\sum y-\sum x\sum xy}{n\sum x^2-(\sum x)^2}$$

$$b=\frac{n\sum xy-\sum x\sum y}{n\sum x^2-(\sum x)^2}$$

假设某班组工人的工龄和劳动生产率如表 8.5 所示，劳动生产率有正指标和逆指标两种表现形式。现依据表 8.5 的资料分列两表，编制相应的回归方程并进行相应的回归分析，其结果表现的数量是不同的，配合的直线走向相背，却说明同一内容和趋势。

表 8.5　某班组工人的工龄及劳动生产率

工人工号		1	2	3	4	5
工龄/年		8	9	10	13	15
劳动生产率	件/小时	3	5	4	6	7
	分钟/件	20	12	15	10	8.6

利用表 8.5 中的资料，按劳动生产率正指标的回归分析进行计算，见表 8.6。

表 8.6　按某班组工人劳动生产率正指标回归分析计算

工号	工龄 x/年	劳动生产率 y/（件/时）	x^2	xy	y_c
1	8	3	64	24	3.5
2	9	5	81	45	4.0
3	10	4	100	40	4.5
4	13	6	169	78	6.0
5	15	7	225	105	7.0
合计	55	25	639	292	25.0

则

$$a=\frac{\sum x^2\sum y-\sum x\sum xy}{n\sum x^2-(\sum x)^2}=\frac{639\times 25-55\times 292}{5\times 639-(55)^2}=-0.5$$

$$b=\frac{n\sum xy-\sum x\sum y}{n\sum x^2-(\sum x)^2}=\frac{5\times 292-55\times 25}{5\times 639-(55)^2}=0.5$$

将参数 a,b 的值代入回归方程 $y_c=a+bx$，得到反映工龄与劳动生产率的一般回归关系的方程式，即

$$y_c=(-0.5)+0.5x$$

式中的数值和符号说明：$a=-0.5$ 件，即劳动生产率的起点在图像中表现为 y 轴与回归直线的交点；$b=0.5$ 件，回归系数为正值，说明工龄每增加 1 年，每人每小时可多生产 0.5 件，工龄越长，劳动生产率越高。当然，这种变化有一个区间范围。

利用表 8.5 中的资料，按劳动生产率逆指标的回归分析进行计算，见表 8.7。

表 8.7　按某班组劳动生产率逆指标回归分析计算

工号	工龄 x /年	劳动生产率 y /(分钟/件)	x^2	xy	y_c
1	8	20	64	160	17.1
2	9	12	81	108	15.8
3	10	15	100	150	14.5
4	13	10	169	130	10.6
5	15	8.6	225	129	8.0
合计	55	65.6	639	677	66.0

则

$$a=\frac{\sum x^2\sum y-\sum x\sum xy}{n\sum x^2-\left(\sum x\right)^2}=\frac{639\times 65.6-55\times 677}{5\times 639-(55)^2}=27.5$$

$$b=\frac{n\sum xy-\sum x\sum y}{n\sum x^2-\left(\sum x\right)^2}=\frac{5\times 677-55\times 65.6}{5\times 639-(55)^2}=-1.3$$

式中的数值和符号说明：$a=27.5$ 分钟，即新工人劳动生产率的起点，在图像中是回归直线与 y 轴的交点；$b=-1.3$ 分钟，回归系数为负值，表明工龄每增加 1 年，每生产 1 件可以缩短 1.3 分钟的时间，工龄越长，劳动生产率越高，所费工时越少。

运用分组相关表，同样可用前述方法建立直线回归方程和配合一条直线。与前述不同的是，在计算过程中，需用次数加权的方法，即直线回归方程 $y_c=a+bx$ 中的参数 a 和 b 的求解方程组为

$$\begin{cases}a\sum f+b\sum xf=\sum yf\\ a\sum xf+b\sum x^2f=\sum xyf\end{cases}$$

因此，推导出求参数 a,b 值的公式为

$$a=\frac{\sum x^2f\sum yf-\sum xf\sum xyf}{\sum f\sum x^2f-\left(\sum xf\right)^2}$$

$$b=\frac{\sum f\sum xyf-\sum xf\sum yf}{\sum f\sum x^2f-\left(\sum xf\right)^2}$$

【例 8.4】　某股份公司各厂的劳动生产率和创利水平资料如表 8.8 所示。

表 8.8　某股份公司各厂的劳动生产率和创利水平

全员劳动生产率 x /万元	全员人均创利 y /万元	企业个数 f	xf	yf	x^2	x^2f	xy	xyf	y_c
8	3	2	16	6	64	128	24	48	3.721
9	5	4	36	20	81	324	45	180	4.181
10	4	3	30	12	100	300	40	120	4.641
13	6	5	65	30	169	845	78	390	6.021
15	7	2	30	14	225	450	105	210	6.941
合计	—	16	177	82	—	2 047	—	948	—

则

$$a=\frac{\sum x^2f\sum yf-\sum xf\sum xyf}{\sum f\sum x^2f-\left(\sum xf\right)^2}=\frac{2\,047\times 82-177\times 948}{16\times 2\,047-(177)^2}=0.041$$

$$b=\frac{\sum f\sum xyf-\sum xf\sum yf}{\sum f\sum x^2f-\left(\sum xf\right)^2}=\frac{16\times 948-177\times 82}{16\times 2\,047-(177)^2}=0.460$$

建立直线回归方程：

$$y_c=0.041+0.460x$$

$a=0.041$ 万元是人均创利的起始点。$b=0.460$ 万元表示劳动生产率每提高 1 万元，可多创利 4 600 元。不同劳动生产率水平相应的人均创利水平的估计值，按回归方程的推算结果，已在表 8.8 的最后一栏中列出。

五、估计标准误差

(一) 估计标准误差的意义

估计标准误差是衡量 y 的实际值和估计值离差一般水平的分析指标。回归方程的一个重要作用在于：根据自变量的已知值推算因变量的可能值。这个可能值（又称估计值、理论值、平均值）和真正的实际值可能一致或者有出入。换句话说，估计值和实际值之间是有离差的。一般情况下，这个离差数值小，即 y_c 值与 y 值接近，表明推断准确，估计值的代表性高；离差数值大，即 y_c 值与 y 值相距甚远，表明推断不够准确，估计值的代表性就低。十分明显，将一系列 y_c 值与 y 值进行比较，可以发现它们存在着一系列的离差，有的是正差，有的是负差。回归方程的代表性如何，一般是通过估计标准误差指标的计算予以检验的。

估计标准误差是用来说明回归方程代表性强弱的统计分析指标，它与标准差的性质相近，不同的是，估计标准误差是说明平均线的代表性的，而标准差是说明平均数的代表程度。

(二) 估计标准误差的计算

1. 离差法

根据因变量实际值和估计值的离差计算估计标准误差的方法，称为离差计算法。其计算公式为

$$s_{yx}=\sqrt{\frac{\sum(y-y_c)^2}{n-2}}$$

式中,$n-2$ 是自由度。

因为在公式 $\sum(y-y_c)^2=\sum(y-a-bx)^2$ 中,参数 a,b 是由实际资料计算出的,所以就丧失了两个自由度。公式中的 s_{yx} 是估计标准误差,其下标 yx 表示 y 依 x 而回归的方程。y 是因变量实际值,y_c 是根据回归方程推算出来的因变量估计值。估计标准误差还有另一种表示——s_{xy},其下标 xy 表示 x 依 y 而回归的方程。因为同一现象会存在着两条回归直线,两个变量互为因果,所以能计算两个估计标准误差。

由于实际运用时变量值资料相当多,所以计算公式中自由度的考虑就不一定太迫切和要紧,因而估计标准误差的公式可写为

$$s_{yx}=\sqrt{\frac{\sum(y-y_c)^2}{n}}$$

或

$$s_{xy}=\sqrt{\frac{\sum(x-x_c)^2}{n}}$$

【例 8.5】 利用表 8.5 的资料,计算估计标准误差。先编制一张计算表(详见表 8.9),计算表前两栏是原始资料,y_c 栏是依据直线回归方程 $y_c=-0.5+0.5x$ 推算出来的因变量的估计值。

表 8.9　估计标准误差计算表

工人序号	工龄/年	劳动生产率/(件/时)	y_c	$y-y_c$	$(y-y_c)^2$
1	8	3	3.5	−0.5	0.25
2	9	5	4.0	1.0	1.00
3	10	4	4.5	−0.5	0.25
4	13	6	6.0	0	0
5	15	7	7.0	0	0
合计	—	25	25.0	—	1.5

因此

$$s_{yx}=\sqrt{\frac{\sum(y-y_c)^2}{n-2}}=\left(\sqrt{\frac{1.50}{5-2}}\right)=0.707$$

或

$$s_{yx}=\sqrt{\frac{\sum(y-y_c)^2}{n}}=\left(\sqrt{\frac{1.50}{5}}\right)=0.548$$

上述的两个计算结果存在出入。若变量值相当多,这种出入就会小到最低限度,所以,用不着顾及自由度,根据 n 项计算即可满足其要求。

2. 参数法

利用参数 a,b 的已知值,可以计算出估计标准误差,此方法称为参数法。其计算公式为

$$s_{yx}=\sqrt{\frac{\sum y^2-a\sum y-b\sum xy}{n-2}}$$

或

$$s_{yx}=\sqrt{\frac{\sum y^2-a\sum y-b\sum xy}{n}}$$

仍以表 8.5 的资料进行计算，先编制一张计算表(见表 8.10)。

表 8.10　估计标准误差计算表

工人序号	工龄 x /年	劳动生产率 y /(件/时)	y^2	xy
1	8	3	9	24
2	9	5	25	45
3	10	4	16	40
4	13	6	36	78
5	15	7	49	105
合计	—	25	135	292

已知参数 $a=-0.5, b=0.5$，则

$$s_{yx}=\sqrt{\frac{\sum y^2-a\sum y-b\sum xy}{n-2}}=\sqrt{\frac{135-(-0.5)\times 25-0.5\times 292}{5-2}}=0.707$$

若不考虑自由度，其结果为

$$s_{yx}=\sqrt{\frac{\sum y^2-a\sum y-b\sum xy}{n}}=\sqrt{\frac{135-(-0.5)\times 25-0.5\times 292}{5}}=0.548$$

(三)估计标准误差和相关系数的关系

估计标准误差和相关系数存在着紧密的关系。当 s_{yx} 值渐小时，r 值渐大。s_{yx} 值越小，说明各相关点离回归直线越近，相应的 r 就越渐近于 ± 1，表明相关关系很密切。若 $s_{yx}=0$，r 值就是 ± 1，此时为完全相关。s_{yx} 值越大，则 r 值越小，从图像上看到，相关点离回归直线就远些。若 $s_{yx}=\sigma_y$，表明回归直线和因变量 y 数列的平均线相重合，变量 x 与变量 y 就不相关了。

估计标准误差和相关系数的关系用数学模型表示为

$$s_{yx}=\sigma_y\sqrt{1-r^2}$$

$$r=\sqrt{\frac{\sigma_y^2-s_{yx}^2}{\sigma_y^2}}$$

若用 s_{yx} 与 σ_y 求相关系数，与前述积差法直接求相关系数会得到相同结果，所不同的只是这种计算结果难以确定相关的性质，一定要借助回归方程中 x 的系数的正负号来判断。

【例 8.6】　利用表 8.5 的资料进行示范，先编制计算表(见表 8.11)。

表 8.11　计算表

工人序号	工龄 x /年	劳动生产率 y /(件/时)	$y-\bar{y}$	$(y-\bar{y})^2$
1	8	3	-2	4
2	9	5	0	0
3	10	4	-1	1
4	13	6	1	1
5	15	7	2	4
合计	—	25	—	10

计算出：$\bar{y}=5$ 件；$\sigma_y=1.414$ 件；$s_{yx}=0.548$。

因此

$$s_{yx}=\sigma_y\sqrt{1-r^2}$$

$$(0.548)^2=(1.414)^2\times(1-r^2)$$

$$r^2=0.85$$

$$r=0.92$$

直线回归方程中 x 的系数 b 是正值，则此相关系数是正值，表明高度正相关。

六、多元线性回归方程

前述的是一元线性回归方程的建立，是按一个因变量 y 只由一个自变量 x 来推算的。然而，客观经济现象却相当错综复杂，影响因变量变化的自变量可能有无数个，其中有主导作用的自变量和非主导作用的自变量的区别。因此，为了全面测定与估价，就需要将一个因变量与多个自变量联系起来分析与推算。例如，企业产品的成本取决于原材料的消耗、产量、产品质量、技术水平以及经营状况等。欲测定产品成本的变化和原材料的消耗、产品质量、产量等对成本的影响，这就面临着测定多因素的相关和回归的问题。

在研究线性相关的情况下，使用两个或两个以上的自变量估计因变量，称为多元线性回归；建立的数学模型，称为多元线性回归方程。多元线性回归方程是建立在简单回归所使用的假设和方法的基础之上的，计算相当复杂，但其基本原理与一元线性回归模型相类似。

（一）多元直线回归方程的建立

假定 y 代表被研究的社会经济现象，x 代表引起该现象变化的各个变量，共有 n 个：x_1，x_2，…，x_n。也就是说，y 是由 x_1，x_2，…，x_n 所引起变化的经济现象。因此，多元线性回归方程的一般表述是

$$y_c=a+b_1x_1+b_2x_2+\cdots+b_nx_n$$

为了便于理解，先从二元回归方程开始论述。二元回归就是只用两个自变量来计算因变量的变化，它是多元回归的最简单的表现形式。其二元线性回归方程为

$$y_c=a+b_1x_1+b_2x_2$$

式中，y_c 为二元回归的估计值；a 为常数项，b_1 为 y 对 x_1 的回归系数；b_2 为 y 对 x_2 的回归系数。

因为 b_1 表示自变量 x_2 为一定值时，由于自变量 x_1 增减 1 个单位而使 y 改变的平均值，b_2 表示在自变量 x_1 为一定值时，由于自变量增减 1 个单位而使 y 改变的平均值，所以 b_1 和 b_2 往往称为偏回归系数。

建立二元线性回归方程，要求解参数 a，b_1 与 b_2 的值，其方法与直线回归的道理一样，依然运用最小平方法，因此可以得到如下三个标准方程式：

$$\left.\begin{aligned} na+b_1\sum x_1+b_2\sum x_2&=\sum y\\ a\sum x_1+b_1\sum x_1^2+b_2\sum x_1x_2&=\sum x_1y\\ a\sum x_2+b_1\sum x_1x_2+b_2\sum x_2^2&=\sum x_2y \end{aligned}\right\}$$

【例 8.7】　某行业 10 个企业的增加值的资料如表 8.12 所示，估计增加值的趋势。

表 8.12　某行业 10 个企业的增加值

企业	职工人数 x_1 /人	生产性固定资产 x_2 /万元	增加值 y /百万元	x_1y	x_2y	x_1x_2	x_1^2	x_2^2	y^2
甲	16	45	29	464	1 305	720	256	2 025	841
乙	14	42	24	336	1 008	588	196	1 764	576
丙	15	44	27	405	1 188	660	225	1 936	729
丁	13	45	25	325	1 125	585	169	2 025	625
戊	13	43	26	338	1 118	559	169	1 849	676
己	14	46	28	392	1 288	644	196	2 116	784
庚	16	44	30	480	1 320	704	256	1 936	900
辛	16	45	28	448	1 260	720	256	2 025	784
壬	15	44	28	420	1 232	660	225	1 936	784
癸	15	43	27	405	1 161	645	225	1 849	729
合计	147	441	272	4 013	12 005	6 485	2 173	19 461	7 428

解：

$$\begin{cases} 10a+147b_1+441b_2=272 \\ 147a+2\ 173b_1+6\ 485b_2=4\ 013 \\ 441a+6\ 485b_1+19\ 461b_2=12\ 005 \end{cases}$$

在多元回归分析中，需注意多重共线问题的发生。当多个自变量的相关度表现很高时，因为多次重复其相关关系，会使回归系数被歪曲，丧失可靠性，所以，在选择自变量估计因变量时应十分慎重，在进行多元回归分析之前，应认真对众多欲用的自变量进行相关分析，以便尽量降低多重共线现象的作用。

（二）多元回归的估计标准误差

围绕多元回归方程的建立，观察其估计值与实际值的离散程度。若离散程度低，表明所配合的多元回归方程比较接近实际，用以进行预测估计，准确性就相应高些；反之，其准确程度就会低些。因此，测定多元回归平面的离散程度，说明多元回归方程推算结果的准确程度，就需运用多元回归估计标准误差分析指标。其基本公式是

$$s_{y,12}=\sqrt{\frac{\sum(y-y_c)^2}{n}}$$

式中，$s_{y,12}$ 为多元回归估计标准误差；其他符号意义和前面一致。

基本公式计算较繁杂，因此，推导出以下的简捷计算公式，以充分利用已计算出来的数据确定估计标准误差为

$$s_{y,12}=\sqrt{\frac{\sum y^2-a\sum y-b_1\sum x_1y-b_2\sum x_2y}{n}}$$

将表 8.12 中的资料代入，计算该例多元回归估计标准误差为

$$s_{y,12}=\sqrt{\frac{7\ 428-(-22.099\ 4\times 272)-1.061\ 4\times 4\ 013-0.764\ 1\times 12\ 005}{10}}=0.813\ 5$$

对比增加值的平均数 $\bar{y} = 272 \div 10 = 27.2$，估计标准误差系数为

$$\frac{0.813\,5}{27.2} = 2.99\%$$

（三）多元回归估计标准误差和复相关系数的关联

在多元相关分析中，需测定多元变量之间的相关关系密切程度，运用的计算方法和简单相关系数的原理是一致的。其计算公式为

$$r = \sqrt{\frac{a\sum y + b_1 \sum x_1 y + b_2 \sum x_2 y - n(\bar{y})^2}{\sum y^2 - n(\bar{y})^2}}$$

复相关系数的取值范围，通常介于0和1之间，且取正值。因为在研究多变量相关关系时，b_1 和 b_2 只说明回归的部分系数（即偏回归系数），尽管 b_1 和 b_2 有正负之分，仍然无法根据其中任一系数的正负来决定复相关系数的正负，所以仅有正相关系数。

利用表8.12的资料，计算复相关系数为

$$r = \sqrt{\frac{-22.099 \times 272 + 1.061\,4 \times 4\,013 + 0.764\,1 \times 12\,005 - 10 \times (27.2)^2}{7\,428 - (27.2)^2 \times 10}} = 0.881\,1$$

复相关系数和多元回归估计标准误差存在着紧密联系。若估计标准误差等于0，表明各观察值的实际值与估计值都是相等的，即 $\sum(y - y_c)^2 = 0$ 全部落在所配合的回归平面上，是最佳的理想配合，复相关系数等于1。当然，实际中这是不可能的。它们两者之间的联系用公式表述如下：

$$r_{y,12} = \sqrt{1 - \frac{s_{y,12}^2}{\sigma_y^2}}$$

运用公式不难推出复相关系数。仍依据表8.12的资料计算：

$$r_{y,12} = \sqrt{1 - \frac{0.661\,8}{2.96}} = 0.881\,1$$

上述计算结果说明，职工人数、工业固定资产和增加值之间有较高的相关关系。

第四节　非线性回归分析

一、非线性回归分析的意义

在研究现象的相关关系时，其并不完全呈现直线关系，还会反映出某种非线性的曲线关系，因此，就应配合适当的曲线形式，为两个变量拟合一条相应的曲线作为回归线，进行非线性相关和回归分析。

客观世界存在着许多非线性相关，如抛物线相关、双曲线相关、指数相关和幂函数相关等，其配合方法、计算方法均比线性相关复杂得多。然而，在多数场合，非线性相关和回归分析，可以通过变量的变换改成线性相关和回归分析，运用线性回归分析方法解决非线性回归问题，从而大大简化了计算的繁杂程度并节约了时间。

二、非线性回归方程

(一)抛物线方程

许多社会经济现象的变化关系,往往近似于抛物线的形状,它的回归方程式的表述是

$$y_c = a + bx + cx^2$$

公式中的 a,b,c 是待定参数,按最小平方法,它们应该满足:

$$ss_E = \sum (y - y_c)^2 = \sum [y - (a + bx + cx^2)]^2 = \text{最小值}$$

欲使 ss_E 为最小,需求 ss_E 的偏微分,并令其等于零,故得出如下三个标准方程:

$$\begin{cases} na + b\sum x + c\sum x^2 = \sum y \\ a\sum x + b\sum x^2 + c\sum x^3 = \sum xy \\ a\sum x^2 + b\sum x^3 + c\sum x^4 = \sum x^2 y \end{cases}$$

求解此方程组,可得到唯一的一组解,就是抛物线方程式的参数 a,b,c 值。

可用简便方法,求解上列方程组。

令 $x' = \dfrac{x - A_x}{\Delta_x}$($\Delta_x$ 为 x 数列的组距),则

$$x - A_x = x'\Delta_x$$
$$x = A_x + x'\Delta_x$$

上式中 A_x 为假定原点。当 x 值的项数为奇数时,就以居中的 x 值为 A_x,若 x 为偶数项,就以居中的两个 x 值的平均数为 A_x。这样,就使 $\sum x' = 0$, $\sum x'^3 = 0$。采用新变量后,原来的方程式的系数 a,b,c 需做相应替代:

$$\begin{aligned} y_c &= a + bx + cx^2 = a + b(A_x + x'\Delta_x) + c(A_x + x'\Delta_x)^2 \\ &= (a + bA_x + cA_x^2) + (2cA_x\Delta_x + b\Delta_x)x' + c\Delta_x^2 x'^2 \end{aligned}$$

设 $A = a + bA_x + cA_x$, $B = 2cA_x\Delta_x + b\Delta_x$, $C = c\Delta_x^2$。则新方程式改写成:

$$y_c = A + Bx' + Cx'^2$$

解 A,B,C 值得联立方程组为

$$\begin{cases} nA + C\sum x'^2 = \sum y \\ B\sum x'^2 = \sum x'y \\ A\sum x'^2 + C\sum x'^4 = \sum x'^2 y \end{cases}$$

解出 A,B,C 的值后,再求出原方程组的 a,b,c 值。

【例 8.8】 以农业生产的施肥量和收获率的相关关系,对其进行回归分析,从相关图上可以看出是近似抛物线形式。资料及分析如表 8.13 所示。

表 8.13 抛物线方程计算表

施肥量 x/(千克/公顷)	收获率 y/(千克/公顷)	x'	x'^2	x'^3	x'^4	$x'y$	x'^2y	y^2	y_c
0	152	-4	16	-64	256	-608	2 423	23 140	119

续表8.13

施肥量 x/(千克/公顷)	收获率 y/(千克/公顷)	x'	x'^2	x'^3	x'^4	$x'y$	x'^2y	y^2	y_c
5	300	-3	9	-27	81	-900	2 700	90 000	298
10	405	-2	4	-8	16	-810	1 620	164 025	451
15	547	-1	1	-1	1	-547	547	299 209	578
20	653	0	0	0	0	0	0	426 409	679
25	792	1	1	1	1	792	792	627 264	755
30	872	2	4	8	16	1 744	3 488	760 384	805
35	840	3	9	27	81	2 520	7 560	705 600	829
40	780	4	16	64	256	3 120	12 480	608 400	827
合计	5 340	0	60	0	708	5 311	31 619	3 704 395	5 340

设$A_X=20$,$\Delta_X=5$,$\Delta_X^2=25$。计算出表内的有关数据,并依表中资料得出方程组:

$$\begin{cases}9A+60C=5\ 340\\60B=5\ 311\\60A+708C=31\ 619\end{cases}$$

解方程组得:$A=679.487\ 7$,$B=88.516\ 6$,$C=-12.923\ 1$。

将上述结果代入替换式:

$$\begin{cases}A=a+bA_x+cA_x\\B=2cA_x\Delta_x+b\Delta_x\\C=c\Delta_x^2\end{cases}$$

得方程组:

$$\begin{cases}679.487\ 7=a+20b+400c\\88.516\ 6=5b+200c\\-12.923\ 1=25c\end{cases}$$

解方程组,求出参数值:$a=118.643\ 7$,$b=38.380\ 2$,$c=-0.516\ 9$。

建立回归方程式:

$$y_c=118.643\ 7+38.380\ 2x-0.516\ 9x^2$$

将x值引入上述回归方程式,即得y的估计值。将y的估计值列入表8.13中,并以此进行预测。配合曲线图像,可看到一条抛物线,表明收获率随着施肥量的增加而增长,但施肥量增加到某一高度,收获率会呈下滑趋势。

(二)双曲线方程

因变量随着自变量而增加,最初增加很快,以后渐趋减慢,而后呈现平稳之势,这种相关关系可以采用双曲线配合,建立双曲线回归方程,进行分析。

双曲线回归方程式为

$$\frac{1}{y_c}=a+b\cdot\frac{1}{x}$$

若用简化式表示，令 $y'_c=\frac{1}{y_c}$，$x'=\frac{1}{x}$。则上述方程改变为

$$y'_c=a+bx'$$

这样，就可运用线性方程式求解 a 与 b 的值，其计算可简化得相当多。

【例 8.9】 已知某省 16 个地市的国内生产总值和投资情况的资料，若用相关图初步显示，根据经验判断，它们之间的关系可用双曲线表示。有关计算如表 8.14 所示。

表 8.14 双曲线方程计算表

地市	国内产值 x/亿元	投资额 y/亿元	x'	y'	x'^2	$x'y'$
1	5.23	0.016	0.19	62.50	0.036	11.88
2	5.63	0.015	0.18	66.67	0.032	12.00
3	5.94	0.016	0.17	62.50	0.029	10.63
4	6.35	0.019	0.16	52.63	0.026	8.42
5	6.88	0.025	0.15	40.00	0.023	6.00
6	7.53	0.029	0.13	34.48	0.017	4.48
7	7.96	0.028	0.13	35.71	0.017	4.64
8	8.68	0.028	0.12	35.71	0.014	4.29
9	9.35	0.031	0.11	32.25	0.012	3.55
10	9.82	0.034	0.10	29.41	0.010	2.94
11	10.63	0.034	0.09	29.41	0.008	2.65
12	11.71	0.035	0.09	28.57	0.008	2.57
13	13.06	0.044	0.08	22.73	0.006	1.82
14	14.13	0.026	0.07	17.86	0.005	1.25
15	15.16	0.062	0.07	16.12	0.005	1.13
16	16.92	0.066	0.06	15.15	0.004	0.91
合计	—	—	1.90	581.71	0.251	79.16

根据表中资料计算：

$$b=\frac{n\sum x'y'-\sum x'\sum y'}{n\sum x'^2-\left(\sum x'\right)^2}=\frac{16\times 79.16-1.9\times 581.71}{16\times 0.251-(1.9)^2}=397.32$$

$$a=\frac{\sum y'}{n}-b\cdot\frac{\sum x'}{n}=\frac{581.71}{16}-397.32\times\frac{1.9}{16}=-11.32$$

故：

$$y'_c=-11.32+397.32x$$

建立双曲线回归方程，上式用 $y'_c=\frac{1}{y_c}$，$x'=\frac{1}{x}$ 进行替代，得

$$\frac{1}{y_c}=-11.32+397.32\times\frac{1}{x}$$

(三) 指数曲线方程

当因变量与自变量的关系存在着等比级数的模式时，可以建立指数曲线方程进行回归

分析。指数曲线方程为

$$y_c = ab^x$$

改变成对数模式：

$$\lg y_c = \lg a + x\lg b$$

令：$\lg y_c = y'$，$\lg a = a'$，$\lg b = b'$。则有线性方程：

$$y'_c = a' + b'x$$

求解 a'，b'值后，引入替代式，可找出曲线方程的参数 a 与 b 的值。

（四）其他曲线方程

研究社会经济生活现象的非线性相关与回归问题，除了前述三种方程较常运用外，有时还可运用幂函数曲线方程、公伯兹曲线方程和罗杰斯提曲线方程。

1. 幂函数曲线方程

$$y_c = dx^b$$

改变成对数模式：

$$\lg y_c = \lg d + b\lg x$$

令 $y'_c = \lg y_c$，$x' = \lg x$，$a = \lg d$，则上式改变为线性方程：

$$y'_c = a + bx'$$

然后求解出曲线方程的参数 a 与 b 的值。

2. 公伯兹曲线方程

$$y_c = de^{bx}$$

改变成对数模式：

$$\ln y_c = \ln d + bx$$

令 $y'_c = \ln y_c$，$a = \ln d$，则上式改变为线性方程：

$$y'_c = a + bx$$

3. 罗杰斯提曲线方程

$$y_c = \frac{1}{a + be^{-x}}$$

令 $y'_c = \frac{1}{y_c}$，$x' = e^{-x}$，则改变为线性方程：

$$y'_c = a + bx'$$

三、相关分析应注意的问题

相关分析提高了人们对社会经济现象之间相互依存关系的认识，由定性进入定量。

通过相关图表、相关系数和回归直线，能帮助人们判断现象之间有没有关系，密切程度如何，一个现象的数值变化会使另一现象对应地发生什么样的变化，等等，从而使人们具体深入地认识现象之间相互依存关系及其变化规律。

（一）应建立在现象之间确实存在相关关系的基础上

判断现象之间是否存在相互关系是进行相关分析首先要解决的问题。相关分析的方法不能判断现象之间有无关系，也不能解释相关关系产生的原因。若把没有相关关系的现象视作有相关关系，并用相关方法去测定它们的密切程度，就会使认识误入歧途。

判断相关关系和使用相关方法时，要注意质的界限，或者说要注意相关关系发生作用的范围。许多情况下,现象之间只是在一定范围内才具有相关关系,因而相关分析也只能在一定范围内使用,超出其范围可能变得荒谬。

(二)回归方程、相关系数和回归误差应结合使用

直线回归方程反映现象之间数量变化的趋势和规律,并可用于推算或预测。相关系数或回归误差说明回归的代表性大小,使人们了解推算或预测的准则的准确程度。把这些内容结合运用,可以达到使认识更具体、更深化。

(三)要注意现象质的界限及相关关系作用的范围

在进行相关分析和回归分析时,要注意现象质的界限及相关关系作用的范围。超出了这个范围,分析结果就可能歪曲事实。我们用数学模型得到的回归方程,一般都是根据一定范围内的有限资料计算的,其有效性一般只适合用于内插预测,不宜用于外推预测,如果外推到范围以外,就不一定是“最佳”线了。根据样本数据建立的回归方程代表了经济变量之间的数量关系。这种关系是在一定的条件下建立的,因此也只能在一定的条件下才能够成立。忽视了相关关系建立的条件,把这种关系无限制地向外推广是不正确的,由此得到的结论是值得怀疑的。例如:施肥量和农作物生产量只在一定范围内才具有正相关关系。施肥量超过一定限度,产量不但不会增加,反而会减少。密植也是如此,密植过了头也会减少产量。其他许多现象也是如此。因此用相关分析和回归方程分析方法进行推算和预测时要注意它的作用范围。

(四)要具体问题具体分析

回归方程是用实际资料计算的,是一种经验公式。因此在分析时一定要注意具体问题具体分析。若条件发生变化,不能机械照搬,以免造成失误,利用回归方程对经济现象进行分析,最后得到的经济变量之间的数量关系是一种统计关系。要使我们所得到的这种关系具有真实性、可靠性、排除偶然性,一定要注意具体问题具体分析,并注意对经济现象进行大量、充分的观察。

(五)要考虑社会现象之间的复杂性

社会经济现象之间的经济关系比自然技术现象之间的关系复杂得多。影响社会经济现象之间的关系,不仅有自然技术因素的关系,而且有政治的、经济的、道德的甚至是心理的因素等等,而且社会条件的变化也比较多、比较快,因此,在推广应用时要注意社会经济现象的复杂性,例如价格上涨、销售量减少、价格下降、销售量增加,这是一般规律。但人的一些心理因素以及一些偶然因素仅用相关分析的方法是估计不出来的。因此,在应用相关分析研究现象的关系时,必须注意社会经济现象的复杂性。

练 习 题

一、思考题

1. 什么是相关关系?它与函数关系有何不同?
2. 相关分析与回归分析有哪些区别与联系?
3. 相关系数的种类有哪些?
4. 线性相关分析的特点是什么?

二、单项选择题

1. 两个变量之间的相关关系称为(　　)。

A. 单相关　B. 复相关　C. 不相关　D. 直线相关

2. 直线相关即(　　)。

A. 线性相关　B. 非线性相关　C. 曲线相关　D. 正相关

3. 复相关关系即(　　)。

A. 复杂相关关系　B. 三个变量的相关关系

C. 三个或三个以上变量的相关关系　D. 两个变量的相关关系

4. 从变量之间相关的表现形式看,可分为(　　)。

A. 正相关与负相关　B. 单相关与复相关

C. 直线相关与曲线相关　D. 完全相关与无相关

5. 物价上涨,销售量下降,则物价与销售量之间属于(　　)。

A. 无相关　B. 负相关　C. 正相关　D. 无法判断

6. 相关系数(　　)。

A. 只适用于直线相关　B. 只适用于曲线相关

C. 既适用于直线相关,也适用于曲线相关　D. 直线相关曲线相关都不适用

7. 相关系数为零时,表明两个变量间(　　)。

A. 无相关关系　B. 无直线相关关系

C. 无曲线相关关系　D. 中度相关关系

8. 相关系数的绝对值为 1 时,表明两个变量之间存在着(　　)。

A. 正相关关系　B. 负相关关系

C. 完全线性相关关系　D. 完全不线性相关关系

9. 两个变量间的相关关系越不密切,相关系数 r 值就越接近于(　　)。

A. -1　B. +1　C. 0　D. -1 或+1

10. 相关系数的值越接近-1,表明两个变量间(　　)。

A. 正相关关系越弱　B. 负线性相关关系越强

C. 线性相关关系越弱　D. 线性相关关系越强

11. 回归分析的前提条件是两个变量存在(　　)。

A. 函数关系　B. 比例关系　C. 平衡关系　D. 相关关系

三、多项选择题

1. 下列属于正相关的有(　　)。

A. 一个变量的值增加,另一个变量的值也随之增加

B. 一个变量的值增加,另一个变量的值减少

C. 一个变量的值减少,另一个变量的值也减少

D. 一个变量的值减少,另一个变量的值却增加

E. 一个变量的值增加或减少,另一个变量的值不变

2. 相关系数有以下特点(　　)。

A. 两个变量是对等的,只有一个相关系数

B. 相关系数有正负号,反映正相关或负相关

C. 对于全面统计资料,两个变量都是随机的

D. 对于非全面统计资料,两个变量都是随机的

E. 对于非全面统计资料,两个变量中只有一个是随机的

3. 下列表达中正确的有(　　)。

A. 明显的因果关系一定不是相关关系

B. 两变量的相关系数值较大,则其之间一定存在着密切的线性相关关系

C. 相关系数的正负号表明两变量相关关系的方向

D. 以样本相关系数来推断总体相关系数,存在着抽样误差

4. 相关与回归中相关分析的意义在于(　　)。

A. 研究变量之间是否存在着相关关系

B. 测定相关关系的密切程度

C. 表明相关形式

D. 配合相关关系的方程式

E. 进行统计预测或推断

5. 同龄人身高与体重的相关关系属于(　　)。

A. 单相关　B. 复相关　C. 相关　D. 线性相关　E. 曲线相关

6. 应用相关分析与回归分析需注意的问题是(　　)。

A. 在定性分析的基础上进行定量分析

B. 要注意现象质的界线及相关关系作用的范围

C. 要具体问题具体分析

D. 要考虑社会经济现象的复杂性

E. 对回归模型中计算出来的参数有效性应进行检验

四、实际应用计算题

1. 试根据下列资料建立回归方程并试确定 y 倚 Z 的直线回归方程。

$$\sigma_x = 25, \sigma_y = 36, r = 0.9, a = 2.8, n = 71$$

$$\sum x = 1\,890, \sum y = 31.3, \sum x^2 = 5\,355, \sum y^2 = 174.5, \sum xy = 9\,318$$

2. 某企业产品产量与单位成本资料如题表 8.1 所示。

题表 8.1

月份	产量/件	单位成本/(元/件)
1	2 000	73
2	3 000	72
3	4 000	71
4	3 000	73
5	4 000	69
6	5 000	68

试计算:

(1)确定直线回归方程,指出产量每增加1 000件时,单位成本平均下降多少?

(2)假定产量为6 000件时,单位成本为多少元?

(3)单位成本为70元,产量应为多少件?

3. 银行为了了解居民每年收入与储蓄的关系,以便制订发展存款业务计划,对月收入在500 ~2 000元的100个居民进行了调查。月收入为X(元),储蓄金额为Y(元),经初步整理与计算,得到如下结果:

$$LX=1\ 239, LY=879, LXY=11\ 430, LX^2=17\ 322$$

要求:确定以储蓄金额为因变量的直线回归方程,并解释L的含义。

4. 10家零售商店的销售额和利润率资料如题表8.2所示。试求:

(1)职工人均月销量额和利润的r值;

(2)建立利润率对人均月销售额的回归直线方程;

(3)若某商店人均销售额为6.5万元,试评估其利润率;

(4)计算估计标准误差。

题表8.2

商品编号	职工月销售额x /万元	利润率y /%
1	6	12.6
2	5	10.4
3	8	18.5
4	1	3.0
5	4	8.1
6	7	16.3
7	6	12.3
8	3	6.2
9	3	6.6
10	7	16.8

5. 为了研究劳动生产率与企业设备生产能力之间的关系,某集团公司对所属8家企业进行了调查。设年设备生产力为x千瓦/人,劳动生产率y万元/人。调查资料整理结果如下数据:$\sum x=26.6$,$\sum y=64.2$,$\sum xy=218.07$,$\sum x^2=91.9$,$\sum y^2=524.48$。试求:

(1)劳动生产率与年设备生产能力之间的关系系数,并说明二者之间的密切程度;

(2)确定劳动生产率与设备生产能力之间的回归方程,说明回归系数的经济意义;

(3)计算估计标准误差。

6. 某地区居民非商品支出和文化娱乐服务支出的资料如题表8.3所示。试求:

(1)相关系数;

(2)若居民文化娱乐支出额达2亿元。其他商品支出将会是什么水平;

(3)评价其预测的可信度。

题表8.3

年份	1	2	3	4	5	6	7	8	9	10
货运量y/万吨	2.8	2.9	3.2	3.2	3.4	3.2	3.3	3.7	3.9	4.2
工业增长值x/百万元	25	27	29	32	34	36	35	39	42	45

第九章 统计分析与评价

第一节 统计分析的概述

一、统计分析的概念

统计分析是以客观统计资料为依据,运用定性与定量相结合的方法,对现象进行分析研究,从而揭示事物之间内在联系,揭示事物的本质、特点和发展变化的规律性,并提出解决问题方法的工作过程。

统计分析是整个统计工作重要的一个阶段,它是提供统计研究成果的阶段,在整个统计工作过程中,发挥着非常重要的作用,具体表现在以下几个方面:

(一)统计分析是认识客观世界的重要工具

对于自然现象,统计分析在天文、气象、生物等领域,对了解和掌握这些领域的情况、规律,以及对这些领域的研究和发展起着重要的作用。在社会经济方面,从国民的综合平衡、各种比例关系的协调发展,到人口的控制、企业的生产经营管理,都要应用统计分析。统计分析可以使我们认识世界,了解各地区、各部门的发展状况和趋势。

(二)统计分析是全面地对客观事物进行认识

客观事物不是孤立存在的,而是相互联系、相互制约的。比如,国民经济各部门间的速度、比例和效益之间的关系,到底要达到什么样的规模比例,才能实现持续、高效的发展呢?这就需要我们在充分占有历史资料的基础上,全面考察与分析国民经济发展所处的历史阶段及历史发展的经验和趋势,才能得出正确的结论。统计分析从数量上、总体上对现象进行全面的分析,有助于我们对整个现象做全面的了解和认识,探讨事物变化的原因,提出可行的对策。

(三)统计分析是发挥统计整体功能,提高统计工作地位的重要手段

随着我国的对外开放的更加深入,社会经济领域必将发生更加深刻的变化。为了正确分析社会经济问题,做出正确而科学的决策,对统计分析的要求越来越高,既要求各个层次的统计部门提供更准确更客观的统计数据,而且要求加强分析研究,提供建议,为决策提供可靠的依据。统计分析把数据、情况、问题、建议等融为一体,既有定性分析,又有定量分析,比一般统计数据更集中、更系统、更清楚地反映客观事物,又便于研究、理解和利用,因而是发挥统计信息、咨询、监督作用的主要手段。与此同时,也提高了统计工作的社会地位。

(四)统计分析打开了社会了解统计工作的重要窗口

统计分析可以综合反映和传播一个国家、一个地区、一个部门的多种统计信息,例如提供分析整个国民经济与社会的月度、季度、年度发展状况的资料;分析金融系统中的存款、贷款、股票发行、保险等的实际情况;分析房地产市场中的产、销、价格等情况;分析外贸进出口的完成情况;分析劳动力市场和再就业情况;分析企业生产活动中产、供、销各环节,以及人财物等因素。因而统计分析可以充分展示各种统计成果,成为各级领导、各界和家庭了解统计工作的重要窗口,增加了人们对统计工作的了解,进一步提高了人们对统计工作重要性的认识。

二、统计分析的任务

统计分析的任务是综合利用各种统计资料,准确、及时地为各级领导客观决策和管理提供科学可行的、具有量化特点的咨询意见和对策建议。表现在以下几个方面。

(一)为建立社会主义市场经济体制的总目标服务

我国正处在建立社会主义市场经济体制的过程中,全国工作的重点是以经济建设为中心,这就要求统计分析必须把重点转移到为社会主义市场经济服务方面来,围绕建立社会主义经济的总目标,选准课题进行分析研究,要密切注意发展社会主义市场经济体制中出现的新情况、新问题,为领导加强宏观调控提供有量化特点的咨询意见和对策建议。

(二)对宏观经济和微观经济的活动情况进行监测和预警

统计分析对宏观经济的研究,着重观察总体平衡,包括社会总供给和总需求的平衡,财政收入、物资产销、外汇收入的平衡,以促进国民经济长期持续、快速、协调地发展。在分析微观经济时应着重观察企业的生产经营情况、发展潜力和经济效益,以及企业在同行业、同类型中的竞争力。通过对整个宏观经济和微观经济的统计分析,可以对整个宏观经济和微观经济进行监测和预警检查,以防止经济过热、过冷或偏离宏观的指导。

(三)进行统计预测

统计分析要利用所掌握的丰富的客观的统计资料,运用多种预测方法,包括传统的预测方法、专家预测方法、现代数学模型预测方法等,在对宏观经济或微观经济分析的基础上,找出事物之间的内在联系、因果关系、发展规律,从而对宏观经济或微观经济学做出有根据的预测,供各部门进行决策和安排工作时参考,为科学决策奠定基础。

三、统计分析与评价的一般程序

(一)选择并确定研究课题

研究课题是统计综合评价分析的初始环节。课题的选择应从实际出发,根据客观的需要加以确定,应具有现实意义,并力求相当的预见性。

(二)建立评估项目体系

进行统计综合分析,必须建立一个能够从不同角度、不同侧面反映评价对象的项目系列,这个项目系列,可以是指标体系也可以是一些无法形成统计指标的项目。

评价项目体系可以是单一层次的,也可以是多层次的。例如,我国评价独立核算工业企业的经济效益,是利用工业增加值率、百元固定资产原值实现利税、资金利税率、产值利税率、百元销售收入实现利润、工业成本费用利润率和流动资产周转次数等项目指标进行评价,该评价项目体系是单一层次的。又如,对课程教学质量的评估,采用二次评价项目体系。对于因素更多的复杂现象,可以用三级或多级综合评判法进行评价。

表 9.1 课程教学质量评估体系

一级系统	师资队伍	工作规范	教学环节	教学成果
二级子系统	师资结构	管理条例	课堂讲授	作业质量
	师表育人	纪律秩序	辅导答疑	学生成绩
	教材建设	教改措施	作业批改	同行评价
	论文数质	资料建设	社会实践	学生反映

(三)确定评价项目的权数

在实际评价中,当评价某企业经济效益好与坏、某工程项目投资效益好与坏,涉及许多因素,而每一因素又有各种不同的评价值。例如,一种产品是否受欢迎,受到多种因素的影响,这些因素包括产品的质量、价格、式样、包装等。对上述这四个因素做出综合评价,而这四个因素对我们评价的目标——产品的受欢迎程度——所起的作用强度不同。在综合评价的某一个领域中,对目标值起权衡作用的数值即权数,在评价中,须对各个目标值赋予相应的权数。

如果评价项目体系是单一层次的,要求所有项目的权数总和等于 1。如果评价项目体系是多层次的,例如表 9.1 中,要求在一级系统中,师资队伍、工作规范、教学环节和教学成果 4 个项目的权数之和等于 1;要求各个二级子系统中所有的各项目权数总和等于 1,例如"教学环节"中的"课堂讲授""辅导答疑""作业批改""社会实践"这个二级子系统的各项目权数之和为 1。权数的确定方法有多种,本书将在本章第二节做介绍。

(四)选择单项目的评价方法及综合评价结果

对已建立的评价项目体系,要逐一地对单个项目进行评价,必须通过调查搜集有关资料。若所获得的资料是以定序尺度来计量的,可赋予一定的数码,例如,以 5,4,3,2,1 数码作为评价等级,以便进行评价。若所获得的资料是以定距尺度或定比尺度来计量的,可采用相应的统计方法计算出相关的统计指标,而后进行评价。对评价结果的综合汇总,常用的主要方法有:总分评定法、加权平均综合法和距离综合法等。

四、统计分析与评价结果的局限性

(一)统计分析与评价结果不具有唯一性

统计分析与评价可采用的方法有多种,选择不同的评价方法,可能有不同的结果。即使采用同一种方法,也会由于评语等级的选择、各等级所赋予分值的拟定、权数的确定、各个单项目评价结果的合成等环节上的不同而出现不同的评级结果。

(二)统计分析结果具有相对性

统计分析与评价尽管采用了一定的数学模式,其结果用数值表示,但它只有相对的意义,一般情况下,它仅适用于在性质相同的对象之间进行比较和排序。

(三)统计分析结果常带有主观性

在统计分析中,必须建立权数向量对各单项目评价结果进行综合,而权数大部分是评判人员主观确定的,因此,统计评价的结果,往往带有一定的主观性。

第二节 统计综合评价

一、统计综合评价的意义和作用

一个国家的国力、现代化水平、竞争能力、行业的经济效益，人民生活水平、生活质量等大大小小涉及社会经济发展的问题无不需要做出评定、判别、估价和排序，这是统计综合评价的问题。综合评价越来越被重视，它是统计综合评价的一项重要研究课题。具体地说，统计综合评价是利用社会经济现象总体的指标体系，结合各种定性材料，构建综合评价模型，通过数量的比较、计算，求得综合评价值，对被评价对象做出明确的评定和排序的一种统计分析方法。综合评价的结果表现为排出名次顺序，分出等级并做出判断。

由于社会经济现象的总体是由多因素构成并相互影响的复杂系统，而一个统计指标往往只能反映总体某一方面的状况，不可能全面概括总体的综合特征，因而无法满足人们从整体上综合认识社会经济现象的要求，这就是单个统计指标的局限性。因此就必须建立科学、合理的统计指标体系，以保证对社会经济总体状况认识的全面性和客观性。

但是统计指标体系是从若干不同方面对统计总体的数量特征进行反映的，不同的统计指标在不同单位、地区及各经济活动主体之间，其数值大小、高低各不相同、互有长短，这就需要对这些有差异的指标进行综合评价，做出总体优劣的判断。

例如，对市场上甲、乙两种属于同一类别的商品进行质量比较，共有 $N+M$ 项性能对比指标。假定所选择的性能指标中有 N 项甲商品比乙商品更优，有 M 项甲商品比乙商品更差，那么究竟甲、乙两种商品的质量谁更好呢？又如，对全国31个省、自治区、直辖市的综合经济实力进行考核，不可避免会出现下述情况：有的省在某个指标中名列前茅，另外的考评指标则位置靠后，要怎样才能正确评价各省在全国的地位呢？……这一系列的相类似的问题，都是我们在日常社会经济生活及工作中经常碰到的。解决的途径就是运用统计综合分析法。

进行统计综合评价，其主要作用在于：

(1)对于分析的现象总体有一个综合认识。从本质上讲，综合评价是一种多项指标综合的方法，即将事物不同方面的评价值综合在一起，获得事物总体的认识。例如，经常进行的企业经济效益综合评价，就是将劳动消耗效益、资金占用效益、投资效益、新产品开发效益、产品质量效益等从各个方面反映企业效益状况的指标，利用某种综合评价方法进行合成，最终获得企业经济效益状况的总体认识。

(2)对于不同地区或单位之间的综合评价结果进行比较和排序。对社会经济现象总体，人们不仅要对其本身的状况与水平有一个全面综合的认识，还要了解它在同类总体中的层次位置，即对其质量有一个序列认识，用以比较各评价主体的差异状况，分析差距水平。例如，同行业企业的经济效益排名、国与国之间综合国力的比较与排序等，这些都是必须借助统计综合评价。

二、统计综合评价的一般步骤

统计综合评价有各种各样的评价方法，它们基本步骤与过程大致相同。具体包括：

(一)明确评价目标

在实际工作当中,综合评价总是针对某一个或若干个专题统计分析开展的,都是要达到一个特定的目的或目标。并且,统计评价的目标决定了综合评价的指标体系及具体方法。因此,对某一事物进行综合评价,首先要明确为什么要综合评价,评价事物的哪一方面,评价的精确要求如何以及评价要说明什么问题,等等。

(二)选择并确定评价指标体系

在确定综合评价目标之后,就要对分析目标进行因素分析,找出影响总体评价目标的各方面的因素,建立一套能够从不同角度、不同侧面反映评价对象的指标体系。这是关系到综合评价是否客观、准确的关键问题。评价指标的选择应满足下述原则:第一,要满足评价目标的要求,所选指标必须能囊括所有需要分析评价的主要方面;第二,要尽量避免出现评价作用重复的指标,因为在某一个侧面出现若干重叠的评价指标,等于无意间加大了这个侧面的比重,导致各个评价指标之间失去平衡;第三,要注意指标的准确性和可行性,所选指标应能准确地反映它所代表的那个方面情况,同时在资料搜集、计算等方面也是可行的。

(三)选择恰当的综合评价方法

统计综合评价有各种各样的评价分析方法,它们都有各自的特点及运用领域。进行综合评价时,方法的选择非常重要。综合评价方法的主要运用是使不能同度量的指标同度量化,以及将各指标评价价值合成为总评价值。

(四)确定评价指标的权重系数

虽然每个所选指标都反映总体的某一个方面的特征,但各项指标在总目标评价中的重要程度存在差别,因此需要根据各种指标的重要性程度,赋予不同的权重系数。某项指标在反映总体数量特征中重要程度越高,要求分配的权数越大,反之则小。各项指标权重系数综合必须等1。

(五)选择合适的评价标准

评价标准选择合适,可以客观地对分析对象的状况做出评价;选择得不恰当,则得不到合理的评价结果,甚至会得到错误的结论,达不到综合评价的目的。因此。确定科学的、客观的评价标准是进行综合评价的一项重要步骤。通常,综合评价标准有时间评价标准、空间评价标准、历史评价标准、定额(计划)标准和经验评价标准等,我们可以根据具体的评价目标及方法进行选择。

(六)将各项指标的评价值合成为总评价值

把总评价值与所选定的评价标准进行对比分析,评定优劣,以便找出薄弱环节,发现问题,并提出对策和建议。

三、综合评价的常用方法

这里介绍几种目前常用的综合评价统计方法。

(一)综合评分法

这是一种常用的综合评价方法。首先根据评价的目的及评价对象的特点选择若干指标组成评价指标体系,并根据各项指标的评分标准及打分方法计分;然后根据各项指标显示的实际数值按评分标准进行比较,将所有指标分值相加得出总分,再与评价标准进行比较,做出全面评价,以确定优劣,排出名次或分出等级。

综合评分法的关键是评价标准和打分标准。常用的计分方法有：

(1)名次计分法。即先根据各评分指标的优劣排出被评对象的名次,名次在前得高分,名次在后得低分,然后同一总体各指标的得分相加排定顺序。

(2)百分法。即根据100分为标准总分,然后分别规定各个指标占多少分,可以等分,如20项指标每项占5分,也可以不等分,这就相当于加权。同时规定打分标准,每项指标达到什么水平可以得多少分,再根据实际值按规定分别计分,将各项指标得分加总就得到总评价值,以总评价值与评价标准进行比较对照便可确定优劣,排出名次顺序。

下面我们举一个简单的例子说明综合评分的应用：

某电视机厂用问卷调查形式请消费者对该厂生产的电视机质量进行评价,所用方法为打分法(分100分、80分、60分、40分和20分五个层次),回收有效问卷1 000份,假设所选评价指标及评分结果的分组资料如表9.2所示。

表9.2　消费者对电视机质量评分结果分组表

评价指数	得分数					平均得分
	100分	80分	60分	40分	20分	
清晰度	500	200	300	50	50	81
耗电量	400	250	200	100	50	77
抗震能力	100	500	200	100	100	68

首先分别就每项评价指标计算1 000份有效答卷的平均得分(见表9.1最后一栏),如清晰度的平均得分为

$$(500\times100+200\times80+200\times60+50\times40+50\times20)\div1\ 000=81(分)$$

然后,计算该厂电视机的综合得分。假定清晰度、耗电量及抗震能力的权数分别为0.40,0.40,和0.20,则该厂电视机质量的综合平均得分为

$$81\times0.4+77\times0.4+68\times0.2=76.8(分)$$

利用所得结果,可做进一步的分析与评价。

综合评分方法简单易行,容易掌握和运用,是社会实践中经常使用的综合评价法。但显得比较粗糙,主观因素影响比较大。

(二)功效系数法

功效系数是指各评价指标的实际值占该指标允许变动范围相对位置。功效系数法则是在进行综合评价时先运用功效系数对指标进行无量纲同度量化转换,然后再采用算数平均数或几何平均数方法,对各项功效系数求总功效系数,作为总体事物综合的评价值,并加以比较判断。具体做法是：

(1)确定反映总体特征的各项指标评价指标：$x_i(i=1,2,\cdots,n)$。

(2)确定各项评价指标的满意值($^h x_i$)和不允许值($^s x_i$)。满意值是指在目前条件可能达到的最优值,不允许值为该指标不应出现的最低值。满意值与不允许值之差就作为允许变动范围参照系数。

(3)计算各项评价指标的功效系数d,对指标进行无量纲化处理。一般计算公式为

$$d_i=\frac{x^i-{}^s x_i}{{}^h x_i-{}^s x_i}$$

(4)根据各指标的重要程度,确定各项评价指标的权数p_i。

(5)计算被评价总体系数 D。可以用加权算术平均法计算,也可以用几何平均法计算。然后根据 D 值大小排列其优劣顺序。

举例说明这种综合评价方法如下:

表9.3为某市四个企业有关经济效益指标的资料。现在要在这四个企业经济效益进行综合评价以排定名次。所用的方法为功效系数法。

为了方便计算,本例只选用了全员劳动生产率等四个评价指标。

表9.3　四个企业经济效益指标资料

企业	效益指标			
	全员劳动生产率/(元/人年)	百元固定资产净产值/元	百元总产值销售收入/元	百元销售收入利税额/元
甲	5 733	60.5	91.5	16.7
乙	3 575	52.5	93.2	7.3
丙	3 929	71.2	84.9	10.7
丁	4 404	69.7	88.0	12.8

(1)确定各项指标的满意值和不允许值。这里,我们假定各项指标的最佳值为满意值,最低值为不允许值。如全员劳动生产率的满意值为甲企业的5 733元/人年,不允许值为乙企业的3 575元/人年。

(2)计算各企业各个指标的功效系数。以丙企业全员劳动生产率为例:

$$d_i=\frac{x^i-{}^s x_i}{{}^h x_i-{}^s x_i}=\frac{3\ 929-3\ 575}{5\ 733-3\ 575}=0.164\ 0$$

同样的方法可以计算出其他指标功效系数(见表9.4)。

表9.4　功效系数表

企业	功效系数			
	d_1	d_2	d_3	d_4
甲	1.000 0	0.436 8	0.795 2	1.000 0
乙	0.000 0	0.000 0	1.000 0	0.000 0
丙	0.164 0	1.000 0	0.000 0	0.361 7
丁	0.384 2	0.921 1	0.373 5	0.585 1

(3)按企业分别合成计算各企业的功效系数。本例中,假设所有指标的权数相同,就采用简单算术平均法进行计算,公式为

$$D=(\sum_{i=1}^{n}d_i)/n$$

求解的功效系数为

$$D_{甲}=(1+0.436\ 8+0.795\ 2+1)/4=0.808$$

同理,$D_{乙}=0.25$,$D_{丙}=0.381$,$D_{丁}=0.566$。

由总功效系数可以看出,$D_{甲}>D_{乙}>D_{丙}>D_{丁}$,这就可以排出四个企业综合经济效益的名次顺序

(三)平均指数法

该方法是在选定评价总体的指标体系基础上,将评价指标的实际值与相对应的某种基

准数值进行比较,得到个体指标指数值,然后用事先确定好的每项指标的权数对所有个体指数进行加权平均,算出综合评价的平均指数。计算总指数的公式为

$$k = \frac{1}{\sum_{i=1}^{n} w_i}\left(\frac{Q_{11}}{Q_{10}} \cdot W_1 + \frac{Q_{21}}{Q_{20}} \cdot W_2 + \cdots + \frac{Q_{n1}}{Q_{n0}} \cdot W_N\right)$$

式中,K 代表综合评价的总指数;Q_{i1}代表第 i 个评价指标的实际数值;Q_{i0}代表第 i 个评价指标的基准数值,该数值可以是过去的实际、计划定额数或一定范围内的平均数;W_i 代表第 i 个评价指标的权重系数。

平均指数法只适用于每一评价指标均为数量指标的情形。运用该方法时,必须注意以下两点:

(1)逆指标(数值越低越好的指标)必须转换成正指标才能进行加权平均计算,方法是取其倒数。

(2)比较标准地选择影响综合评价的意义。用计划数做标准时所评价的是被评价对象的计划完成情况;选用时间标准时所评价的则是被评价对象的增长、发展情况;以平均数为标准,则既可用于进行历史比较,也可以进行横向比较。

四、综合国力评价

国力是指一个国家在各个方面所具备的实力,最主要的是经济实力。综合国力则是指一个主权国家在一个时期内所拥有的各种力量的有机总和,是所有国家赖以生存和发展的基础,也是世界强国据以确立其国际地位、发挥其国际影响和作用的实力基础。认识一个国家综合国力的途径就是对其进行综合测定,用综合测定值评价一个国家的综合国力水平及进行横向的国际比较。因此,综合国力评价实质上是运用统计综合评价方法从宏观上进行定量分析的一项统计研究工作。

对一国的综合国力进行评价,关键是确定构成综合国力的基本要素,然后再分别设置反映各种构成要素特征的分指标体系,从而形成一个系统反映一国综合国力的分层次、分主次的,具有高度概括性和战略性的统计指标体系。一般来说,综合国力构成要素包 括物质要素和精神要素两大类,具体涵盖一个国家的地理、资源、人口、经济、军事、科技、政治组织以及民族精神和凝聚力等。

综合国力各项具体指标及整个指标体系计算方法的选择。各项具体指标中的物质因素指标具有直观性和可计量性,可以从各国及国际机构常规统计中已发布的统计资料中得到,或者采用适当的方法经过计算处理后可以得到。精神因素指标则是无形的,不可计量性是其普遍的特征,进行综合国力评价时,必须把它们转换成可计量的数量指标,然后采用综合评分计算法和综合指数计算法相结合的方法,将各种属性不同、量纲不一的指标标准化,再合成一个数值,并以此对国力进行综合评估与比较分析。

第三节　统计综合分析

一、统计综合分析的含义

所谓统计综合分析,是指根据分析研究的目的,在科学的理论指导下,以客观统计资料

为依据,结合具体实际情况,运用定性分析与定量分析相结合的方法,对社会经济现象总体进行系统的分析研究,阐明问题产生的原因,揭示事物之间的内在联系,从而认识事物的本质和发展规律的一种统计分析方法。在整个统计活动过程中,统计综合分析是统计分析阶段的具体分析方法,是充分发挥统计职能的关键环节。

大家知道,统计工作的基本环节是统计调查、统计整理和统计分析。通常认为,统计调查的资料经过统计整理得到反映总体数量特征的总量指标,是整理过程的终结,也标志着统计工作进入统计分析阶段。

可以说,统计分析的概念是广义的,它是从上述所说的许多统计分析方法中抽象出来。这里我们是把统计综合分析看成是统计分析阶段的一种具体分析方法。

统计工作实践中,统计人员经常做统计分析。他们写出的统计分析报告或统计分析论文从阐明的内容与使用的分析方法来看,与我们这里所说的统计综合分析概念是一致的,他们只是不使用"综合"一词。

每一种统计分析方法都有其自身的特点,达到一定的目的,各种统计方法又是互相联系的。

统计综合分析最主要的特点是,对于现实的客观现象的总体,从数量入手,分析各种社会经济现象之间的数量对比关系,从而发现并提出问题。它的实质是,以实际统计资料为主要依据的定量分析。但是统计综合分析不是数字的罗列,而是把真实、客观的数据和具体实际情况相结合,定量与定性分析相结合,探讨事物变化的原因,提出可行的对策。

统计综合分析的另一明确的特点是它的综合性,即在分析过程中综合运用多种分析方法。统计综合分析对象是某种社会经济现象总体。使用一种分析方法只能反映现象总体的某一侧面,使用多种分析方法做综合分析才能认识总体的全貌,掌握其变动的全过程,以达到从各方面对客观现象全面了解。因此,统计综合分析,把以上各章节所阐明的分析方法"移植"过来,组成分析方法体系来进行,从而也说明统计综合分析与其他统计分析方法的联系是十分密切的。

应该指出,统计综合分析有其特有的基本程序,它包括:确定分析目的并选定题目;拟定分析提纲;搜集、鉴别与整理资料;进行分析,得出结论;根据分析结果提出统计分析报告。基本程序体现了统计综合分析作为统计分析的一种方法,不同于其他统计分析方法的地方。其中,写出"统计分析报告"是统计综合分析所具有的最终成果,体现这种统计分析方法的独到之处。下面做详细说明。

二、统计综合分析的基本程序

作为一种统计方法,统计综合分析根据统计分析任务以及所研究重点的不同,可以选取各种不同的形式。但无论何种形式的综合分析,其基本程序都是相同的。一般来说,统计综合分析有下述几个步骤:

(一)确定分析目的并选定分析题目

统计综合分析是一项针对性很强的工作。做好这项工作首先必须明确分析研究所要解决的问题是什么。只有明确了分析目的,统计综合分析各阶段的工作才能围绕着分析目的来进行,从而达到节时省力,提高分析质量的效果。

统计综合分析目的确定集中地体现在研究课题的选择上。分析选题反映着研究的主题和问题的关键,要做到目的明确、选题准确一般来说,课题的选择要根据客观的需要,可以是多种多样,如社会各界关注的热点问题,有争论的难点问题或社会经济实践中出现的新事物、新问题,等等。不管所选定的题目源于哪个方面,应当是关键性的、有一定预见性的问题,并且在选题中要处理好需要与可能的关系,所选择的题目应当是在现有的社会、经济技术条件下能够完成的。

(二)拟定分析提纲

确定了分析目的、选定了分析题目之后,接着就要拟定分析提纲,设计课题研究的计划分析提纲是整个分析工作的行动过程的指导性规划,一般包括以下内容:分析研究的对象、内容;分析的目标、要求;从哪些方面进行分析,列出分析思路的大纲和细目;分析所需要的资料及其来源;资料取得的方式、方法;整个分析工作过程的实际步骤和分工。分析提纲确定以后,在实际分析研究中可以根据出现的新情况、新问题随时进行补充、修改。

(三)搜集、鉴别与整理资料

统计综合分析要以统计数据资料为基础,因此,课题选定之后,具体分析工作的首要一步就是用各种方法调查、搜集足够丰富的、客观可靠的资料。统计资料的搜集,要围绕分析题目,按照分析提纲的要求来进行,并在搜集过程中注意将各种方法结合运用。资料是多方面的,包括日常积累的历史资料和专门搜集的新资料,本单位的及与分析问题相关的外单位的资料,同行业国内外的先进水平的资料,等等;有时还需要在分析中进行一些补充性的调查。各种资料由于来源不同,在总体范围、指标口径、计算方法等方面都会有差别,因此仅仅占有充分的资料还不够,有必要对所获得的资料进行审查和鉴别。包括:1. 鉴别资料的真伪,审查资料的准确程度,特别是对通过抽样调查手段取得的资料;2. 审核资料的代表性及代表的范围有多大;3. 审核资料的可比性,尤其是在进行动态分析对比或空间横向比较分析时,须特别注意资料的范围、口径、所用价格及计算方法是否一致,各自条件如何。如果存在不一致的地方,应根据具体情况进行必要的调整、换算,方能进行对比,以免导致结论错误。

在对统计资料进行鉴别、审查之后,还要根据分析的目的及提纲的要求,对资料进行加工、整理和消化。即对搜集的资料进行去粗取精、去伪存真、由表及里的加工处理和间接推算,从中筛选出分析研究所需要的有用资料,舍去与分析题目无关的资料;同时,把相互联系的资料整理汇总到一起,使之更加系统化、条理化,可以作为统计综合分析的直接依据。

(四)进行分析,得出结论

统计综合分析过程就是依据经过审查、鉴别和整理加工后的资料,运用各种方法进行认真、仔细的思考和系统周密分析研究的过程。

面对大量的资料,统计分析人员要认识它、理解它、分析它,从中发现问题,形成初步的意见或观点,并找出原因,做出判断,得出结论。在分析过程中,要利用统计所特有的分析方法,诸如分组法、指数法、时间序列分析法、平衡分析法、抽样推断分析法等等。这些方法中既有描述方法,又有推断方法;既有静态分析,又有动态分析;既分析结构,又比较总量。因此,我们在综合分析时应该根据问题的需要,动用这些方法来分析事物之间的联系,考察事物的发展变化,研究事物之间的依存因果关系,并在分析的基础上进行综合思考,提出解决问题的建议。

(五)根据分析结果提出统计分析报告

统计综合分析结果的主要形式是写成书面的分析报告。它是统计综合分析的最后程序,集中体现研究的最终成果。分析报告一般包括下面几部分内容:

(1)基本情况概述;(2)分析发现的问题及主要成绩;(3)问题产生的原因;(4)提出改进建议。撰写统计分析报告时,须注意紧扣主题,从分析现象总体的基本数量入手,结合有关情况和事实,进行科学的归纳、总结、推断和论证,做到有材料、有事例、有观点、有建议、中心突出、简明扼要;并注意逻辑层次清晰,观点和材料之间的统一。

练 习 题

1. 什么是统计综合分析?有什么特点?
2. 什么是综合评分法、功效系数法、平均指数法?比较三种方法的优劣。
3. 什么是综合国力评价?综合国力评价的关键是什么?

附　录

附录一　常用对数表

log	0	1	2	3	4	5	6	7	8	9	表				尾				差
											1	2	3	4	5	6	7	8	9
10	0 000	0 043	0 086	0 128	0 170	0 212	0 253	0 294	0 334	0 374	4	8	12	17	21	25	29	33	37
11	0 414	0 453	0 492	0 531	0 569	0 607	0 645	0 682	0 719	0 755	4	8	11	15	19	23	26	30	34
12	0 792	0 828	0 864	0 899	0 934	0 969	1 004	1 038	1 072	1 106	3	7	10	14	17	21	24	28	31
13	1 139	1 173	1 206	1 239	1 271	1 303	1 335	1 367	1 399	1 430	3	6	10	13	16	19	22	26	29
14	1 461	1 492	1 523	1 553	1 584	1 614	1 644	1 673	1 703	1 732	3	6	9	12	15	18	21	24	27
15	1 761	1 790	1 818	1 847	1 875	1 903	1 931	1 959	1 987	2 014	3	6	8	11	14	17	20	22	25
16	2 041	2 068	2 095	2 122	2 148	2 175	2 201	2 227	2 253	2 279	3	5	8	11	13	16	18	21	24
17	2 304	2 330	2 355	2 380	2 405	2 430	2 455	2 480	2 504	2 529	2	5	7	10	12	15	17	20	22
18	2 553	2 577	2 601	2 625	2 648	2 672	2 695	2 718	2 742	2 765	2	5	7	9	12	14	16	19	21
19	2 788	2 810	2 833	2 856	2 878	2 900	2 923	2 945	2 967	2 989	2	4	7	9	11	13	16	18	20
20	3 010	3 032	3 054	3 075	3 096	3 118	3 139	3 160	3 181	3 201	2	4	6	8	11	13	15	17	19
21	3 222	3 243	3 263	3 284	3 304	3 324	3 345	3 365	3 385	3 404	2	4	6	8	10	12	14	16	18
22	3 424	3 444	3 464	3 483	3 502	3 522	3 541	3 560	3 579	3 598	2	4	6	8	10	12	13	15	17
23	3 617	3 636	3 655	3 674	3 692	3 711	3 729	3 747	3 766	3 784	2	4	6	7	9	11	13	15	17
24	3 802	3 820	3 838	3 856	3 874	3 892	3 909	3 927	3 945	3 962	2	4	5	7	9	11	12	14	16
25	3 979	3 997	4 014	4 031	4 048	4 065	4 082	4 099	4 116	4 133	2	3	5	7	9	10	12	14	15
26	4 150	4 166	4 183	4 200	4 216	4 232	4 249	4 265	4 281	4 298	2	3	5	7	8	10	11	13	15
27	4 314	4 330	4 346	4 362	4 378	4 393	4 409	4 425	4 440	4 456	2	3	5	6	8	9	11	13	14
28	4 472	4 487	4 502	4 518	4 533	4 548	4 564	4 579	4 594	4 609	2	3	5	6	8	9	11	12	14
29	4 624	4 639	4 654	4 669	4 683	4 698	4 713	4 728	4 742	4 757	1	3	4	6	7	9	10	12	13
30	4 771	4786	4 800	4 814	4 829	4 843	4 857	4 871	4 886	4 900	1	3	4	6	7	9	10	11	13
31	4 914	4 928	4 942	4 955	4 969	4 983	4 997	5 011	5 024	5 038	1	3	4	6	7	8	10	11	12
32	5 051	5 065	5 079	5 092	5 105	5 119	5 132	5 145	5 159	5 172	1	3	4	5	7	8	9	11	12
33	5 185	5 198	5 211	5 224	5 237	5 250	5 263	5 276	5 289	5 302	1	3	4	5	6	8	9	10	12
34	5 315	5 328	5 340	5 353	5 366	5 378	5 391	5 403	5 416	5 428	1	3	4	5	6	8	9	10	11
35	5 441	5 453	5 465	5 478	5 490	5 502	5 514	5 527	5 539	5 551	1	2	4	5	6	7	9	10	11
36	5 563	5 575	5 587	5 599	5 611	5 623	5 635	5 647	5 658	5 670	1	2	4	5	6	7	8	10	11
37	5 682	5 694	5 705	5 717	5 729	5 740	5 752	5 763	5 775	5 786	1	2	3	5	6	7	8	9	10
38	5 798	5 809	5 821	5 832	5 843	5 855	5 866	5 877	5 888	5 899	1	2	3	5	6	7	8	9	10
39	5 911	5 922	5 933	5 944	5 955	5 966	5 977	5 988	5 999	6 010	1	2	3	4	5	7	8	9	10
40	6 021	6 031	6 042	6 053	6 064	6 075	6 085	6 096	6 107	6 117	1	2	3	4	5	6	7	9	10

续附录一

log	0	1	2	3	4	5	6	7	8	9	表尾差								
											1	2	3	4	5	6	7	8	9
41	6 128	6 138	6 149	6 160	6 170	6 180	6 191	6 201	6 212	6 222	1	2	3	4	5	6	7	8	9
42	6 232	6 243	6 253	6 263	6 274	6 284	6 294	6 304	6 314	6 325	1	2	3	4	5	6	7	8	9
43	6 335	6 345	6 355	6 365	6 375	6 385	6 395	6 405	6 415	6 425	1	2	3	4	5	6	7	8	9
44	6 435	6 444	6 454	6 464	6 474	6 484	6 493	6 503	6 513	6 522	1	2	3	4	5	6	7	8	9
45	6 532	6 542	6 551	6 561	6 571	6 580	6 590	6 599	6 609	6 618	1	2	3	4	5	6	7	8	9
46	6 628	6 637	6 646	6 656	6 665	6 675	6 684	6 693	6 702	6 712	1	2	3	4	5	6	7	7	8
47	6 721	6 730	6 739	6 749	6 758	6 767	6 776	6 785	6 794	6 803	1	2	3	4	5	5	6	7	8
48	6 812	6 821	6 830	6 839	6 848	6 857	6 866	6 875	6 884	6 893	1	2	3	4	4	5	6	7	8
49	6 902	6 911	6 920	6 928	6 937	6 946	6 955	6 964	6 972	6 981	1	2	3	4	4	5	6	7	8
50	6 990	6 998	7 007	7 016	7 024	7 033	7 042	7 050	7 059	7 067	1	2	3	3	4	5	6	7	8
51	7 076	7 084	7 093	7 101	7 110	7 118	7 126	7 135	7 143	7 152	1	2	3	3	4	5	6	7	8
52	7 160	7 168	7 177	7 185	7 193	7 202	7 210	7 218	7 226	7 235	1	2	2	3	4	5	6	7	7
53	7 243	7 251	7 259	7 267	7 275	7 284	7 292	7 300	7 308	7 316	1	2	2	3	4	5	6	6	7
54	7 324	7 332	7 340	7 348	7 356	7 364	7 372	7 380	7 388	7 396	1	2	2	3	4	5	6	6	7
55	7 404	7 412	7 419	7 427	7 435	7 443	7 451	7 459	7 466	7 474	1	2	2	3	4	5	5	6	7
56	7 482	7 490	7 497	7 505	7 513	7 520	7 528	7 536	7 543	7 551	1	2	2	3	4	5	5	6	7
57	7 559	7 566	7 574	7 582	7 589	7 597	7 604	7 612	7 619	7 627	1	2	2	3	4	5	5	6	7
58	7 634	7 642	7 649	7 657	7 664	7 672	7 679	7 686	7 694	7 701	1	1	2	3	4	4	5	6	7
59	7 709	7 716	7 723	7 731	7 738	7 745	7 752	7 760	7 767	7 774	1	1	2	3	4	4	5	6	7
60	7 782	7 789	7 796	7 803	7 810	7 818	7 825	7 832	7 839	7 846	1	1	2	3	4	4	5	6	6
61	7 853	7 860	7 868	7 875	7 882	7 889	7 896	7 903	7 910	7 917	1	1	2	3	4	4	5	6	6
62	7 924	7 931	7 938	7 945	7 952	7 959	7 966	7 973	7 980	7 987	1	1	2	3	3	4	5	6	6
63	7 993	8 000	8 007	8 014	8 021	8 028	8 035	8 041	8 048	8 055	1	1	2	3	3	4	5	5	6
64	8 062	8 069	8 075	8 082	8 089	8 096	8 102	8 109	8 116	8 122	1	1	2	3	3	4	5	5	6
65	8 129	8 136	8 142	8 149	8 156	8 162	8 169	8 176	8 182	8 189	1	1	2	3	3	4	5	5	6
66	8 195	8 202	8 209	8 215	8 222	8 228	8 235	8 241	8 248	8 254	1	1	2	3	3	4	5	5	6
67	8 261	8 267	8 274	8 280	8 287	8 293	8 299	8 306	8 312	8 319	1	1	2	3	3	4	5	5	6
68	8 325	8 331	8 338	8 344	8 351	8 357	8 363	8 370	8 376	8 382	1	1	2	3	3	4	4	5	6
69	8 388	8 395	8 401	8 407	8 414	8 420	8 426	8 432	8 439	8 445	1	1	2	2	3	4	4	5	6
70	8 451	8 457	8 463	8 470	8 476	8 482	8 488	8 494	8 500	8 506	1	1	2	2	3	4	4	5	6
71	8 513	8 519	8 525	8 531	8 537	8 543	8 549	8 555	8 561	8 567	1	1	2	2	3	4	4	5	5
72	8 573	8 579	8 585	8 591	8 597	8 603	8 609	8 615	8 621	8 627	1	1	2	2	3	4	4	5	5
73	8 633	8 639	8 645	8 651	8 657	8 663	8 669	8 675	8 681	8 686	1	1	2	2	3	4	4	5	5
74	8 692	8 698	8 704	8 710	8 716	8 722	8 727	8 733	8 739	8 745	1	1	2	2	3	3	4	5	5
75	8 751	8 756	8 762	8 768	8 774	8 779	8 785	8 791	8 797	8 802	1	1	2	2	3	3	4	5	5
76	8 808	8 814	8 820	8 825	8 831	8 837	8 842	8 848	8 854	8 859	1	1	2	2	3	3	4	5	5

续附录一

log	0	1	2	3	4	5	6	7	8	9	表尾差								
											1	2	3	4	5	6	7	8	9
77	8 865	8 871	8 876	8 882	8 887	8 893	8 899	8 904	8 910	8 915	1	1	2	2	3	3	4	4	5
78	8 921	8 927	8 932	8 938	8 943	8 949	8 954	8 960	8 965	8 971	1	1	2	2	3	3	4	4	5
79	8 976	8 982	8 987	8 993	8 998	9 004	9 009	9 015	9 020	9 025	1	1	2	2	3	3	4	4	5
80	9 031	9 036	9 042	9 047	9 053	9 058	9 063	9 069	9 074	9 079	1	1	2	2	3	3	4	4	5
81	9 085	9 090	9 096	9 101	9 106	9 112	9 117	9 122	9 128	9 133	1	1	2	2	3	3	4	4	5
82	9 138	9 143	9 149	9 154	9 159	9 165	9 170	9 175	9 180	9 186	1	1	2	2	3	3	4	4	5
83	9 191	9 196	9 201	9 206	9 212	9 217	9 222	9 227	9 232	9 238	1	1	2	2	3	3	4	4	5
84	9 243	9 248	9 253	9 258	9 263	9 269	9 274	9 279	9 284	9 289	1	1	2	2	3	3	4	4	5
85	9 294	9 299	9 304	9 309	9 315	9 320	9 325	9 330	9 335	9 340	1	1	2	2	3	3	4	4	5
86	9 345	9 350	9 355	9 360	9 365	9 370	9 375	9 380	9 385	9 390	1	1	2	2	3	3	4	4	5
87	9 395	9 400	9 405	9 410	9 415	9 420	9 425	9 430	9 435	9 440	0	1	1	2	2	3	3	4	4
88	9 445	9 450	9 455	9 460	9 465	9 469	9 474	9 479	9 484	9 489	0	1	1	2	2	3	3	4	4
89	9 494	9 499	9 504	9 509	9 513	9 518	9 523	9 528	9 533	9 538	0	1	1	2	2	3	3	4	4
90	9 542	9 547	9 552	9 557	9 562	9 566	9 571	9 576	9 581	9 586	0	1	1	2	2	3	3	4	4
91	9 590	9 595	9 600	9 605	9 609	9 614	9 619	9 624	9 628	9 633	0	1	1	2	2	3	3	4	4
92	9 638	9 643	9 647	9 652	9 657	9 661	9 666	9 671	9 675	9 680	0	1	1	2	2	3	3	4	4
93	9 685	9 689	9 694	9 699	9 703	9 708	9 713	9 717	9 722	9 727	0	1	1	2	2	3	3	4	4
94	9 731	9 736	9 741	9 745	9 750	9 754	9 759	9 763	9 768	9 773	0	1	1	2	2	3	3	4	4
95	9 777	9 782	9 786	9 791	9 795	9 800	9 805	9 809	9 814	9 818	0	1	1	2	2	3	3	4	4
96	9 823	9 827	9 832	9 836	9 841	9 845	9 850	9 854	9 859	9 863	0	1	1	2	2	3	3	4	4
97	9 868	9 872	9 877	9 881	9 886	9 890	9 894	9 899	9 903	9 908	0	1	1	2	2	3	3	4	4
98	9 912	9 917	9 921	9 926	9 930	9 934	9 939	9 943	9 948	9 952	0	1	1	2	2	3	3	4	4
99	9 956	9 961	9 965	9 969	9 974	9 978	9 983	9 987	9 991	9 996	0	1	1	2	2	3	3	3	4

附录二 正态分布概率表

t	$F(t)$	t	$F(t)$	t	$F(t)$	t	$F(t)$
0.00	0.000 0	0.32	0.251 0	0.64	0.477 8	0.96	0.662 9
0.01	0.008 0	0.33	0.258 6	0.65	0.484 3	0.97	0.668 0
0.02	0.016 0	0.34	0.266 1	0.66	0.490 7	0.98	0.672 9
0.03	0.023 9	0.35	0.273 7	0.67	0.497 1	0.99	0.677 8
0.04	0.031 9	0.36	0.281 2	0.68	0.503 5	1.00	0.682 7
0.05	0.039 9	0.37	0.288 6	0.69	0.509 8	1.01	0.687 5
0.06	0.047 8	0.38	0.296 1	0.70	0.516 1	1.02	0.692 3
0.07	0.055 8	0.39	0.303 5	0.71	0.522 3	1.03	0.697 0
0.08	0.063 8	0.40	0.310 8	0.72	0.528 5	1.04	0.701 7
0.09	0.071 7	0.41	0.318 2	0.73	0.534 6	1.05	0.706 3
0.10	0.079 7	0.42	0.325 5	0.74	0.540 7	1.06	0.710 9
0.11	0.037 6	0.43	0.332 8	0.75	0.546 7	1.07	0.715 4
0.12	0.095 5	0.44	0.340 1	0.76	0.552 7	1.08	0.719 9
0.13	0.103 4	0.45	0.347 3	0.77	0.558 7	1.09	0.724 3
0.14	0.111 3	0.46	0.354 5	0.78	0.564 6	1.10	0.728 7
0.15	0.119 2	0.47	0.361 6	0.79	0.570 5	1.11	0.733 0
0.16	0.127 1	0.48	0.368 8	0.80	0.576 3	1.12	0.737 3
0.17	0.135 0	0.49	0.375 9	0.81	0.582 1	1.13	0.741 5
0.18	0.142 8	0.50	0.382 9	0.82	0.587 8	1.04	0.745 7
0.19	0.150 7	0.51	0.389 9	0.83	0.593 5	1.15	0.749 9
0.20	0.158 5	0.52	0.396 9	0.84	0.599 1	1.16	0.754 0
0.21	0.166 3	0.53	0.403 9	0.85	0.604 7	1.17	0.758 0
0.22	0.174 1	0.54	0.410 8	0.86	0.610 2	1.18	0.762 0
0.23	0.181 9	0.55	0.417 7	0.87	0.615 7	1.19	0.766 0
0.24	0.189 7	0.56	0.421 5	0.88	0.621 1	1.20	0.769 9
0.25	0.197 4	0.57	0.431 3	0.89	0.626 5	1.21	0.773 7
0.26	0.205 1	0.58	0.438 1	0.90	0.631 9	1.22	0.777 5
0.27	0.212 8	0.59	0.444 8	0.91	0.637 2	1.23	0.781 3
0.28	0.220 5	0.60	0.451 5	0.92	0.642 4	1.24	0.785 0
0.29	0.228 2	0.61	0.458 1	0.93	0.647 6	1.25	0.788 7
0.30	0.235 8	0.62	0.464 7	0.94	0.652 8	1.26	0.792 3
0.31	0.233 4	0.63	0.471 3	0.95	0.657 9	1.27	0.795 9

续附录二

t	F(t)	t	F(t)	t	F(t)	t	F(t)
1.28	0.799 5	1.61	0.892 6	1.94	0.947 6	2.54	0.988 9
1.29	0.803 0	1.62	0.894 8	1.95	0.948 8	2.56	0.989 5
1.30	0.806 4	1.63	0.896 9	1.96	0.950 0	2.58	0.990 1
1.31	0.809 8	1.64	0.899 0	1.97	0.951 2	2.60	0.990 7
1.32	0.813 2	1.65	0.901 1	1.98	0.952 3	2.62	0.991 2
1.33	0.816 5	1.66	0.903 1	1.99	0.953 4	2.64	0.991 7
1.34	0.819 8	1.67	0.905 1	2.00	0.954 5	2.66	0.992 2
1.35	0.823 0	1.68	0.907 0	2.02	0.956 6	2.68	0.992 6
1.36	0.826 2	1.69	0.909 0	2.04	0.958 7	2.70	0.993 1
1.37	0.829 3	1.70	0.910 9	2.06	0.960 6	2.72	0.993 5
1.38	0.832 4	1.71	0.912 7	2.08	0.962 5	2.74	0.993 9
1.39	0.835 5	1.72	0.914 6	2.10	0.964 3	2.76	0.994 2
1.40	0.838 5	1.73	0.916 4	2.12	0.966 0	2.78	0.994 6
1.41	0.841 5	1.74	0.918 1	2.14	0.967 6	2.80	0.994 9
1.42	0.844 4	1.75	0.919 9	2.16	0.969 2	2.82	0.995 2
1.43	0.847 3	1.76	0.921 6	2.18	0.970 7	2.84	0.995 5
1.44	0.850 1	1.77	0.923 3	2.20	0.972 2	2.86	0.995 8
1.45	0.852 9	1.78	0.924 9	2.22	0.973 6	2.88	0.996 0
1.46	0.855 7	1.79	0.926 5	2.24	0.974 9	2.90	0.996 2
1.47	0.858 4	1.80	0.928 1	2.26	0.976 2	2.92	0.996 5
1.48	0.861 1	1.81	0.929 8	2.28	0.977 4	2.94	0.996 7
1.49	0.863 8	1.82	0.931 2	2.30	0.978 6	2.96	0.996 9
1.50	0.866 4	1.83	0.932 8	2.32	0.979 7	2.98	0.997 1
1.51	0.869 0	1.84	0.934 2	2.34	0.980 7	3.00	0.997 3
1.52	0.871 5	1.85	0.935 7	2.36	0.981 7	3.20	0.998 6
1.53	0.874 0	1.86	0.937 1	2.38	0.982 7	3.40	0.999 3
1.54	0.876 4	1.87	0.938 5	2.40	0.983 6	3.60	0.999 68
1.55	0.878 9	1.88	0.939 9	2.42	0.984 5	3.80	0.999 86
1.56	0.881 2	1.89	0.941 2	2.44	0.985 3	4.00	0.999 94
1.57	0.883 6	1.90	0.942 6	2.46	0.986 1	4.50	0.999 993
1.58	0.885 9	1.91	0.943 9	2.48	0.986 9	5.00	0.999 999
1.59	0.888 2	1.92	0.945 1	2.50	0.987 6		
1.60	0.890 4	1.93	0.946 4	2.52	0.988 3		

参考文献

[1] 吴凤庆,王艳明.统计学[M].北京:科学出版社,2008.
[2] 朱建平,孙小素.应用统计学[M].北京:清华大学出版社,2009.
[3] 贾俊平,何晓群.统计学[M].北京:中国人民大学出版社,2013.
[4] 杨晶,李艳.统计学基础[M].北京:机械工业出版社,2007.
[5] 黄良文,朱建平.统计学[M].北京:中国统计出版社,2008.